Adobe Illustrator 2020

经典教程 **彩色版**

[美] 布莱恩·伍德（Brian Wood） 著

张敏 译

人民邮电出版社

北京

图书在版编目（CIP）数据

Adobe Illustrator 2020经典教程：彩色版 ／（美）
布莱恩·伍德（Brian Wood）著；张敏译. -- 北京：
人民邮电出版社，2021.4（2022.3重印）
ISBN 978-7-115-55864-0

Ⅰ．①A… Ⅱ．①布… ②张… Ⅲ．①图形软件—教材
Ⅳ．①TP391.412

中国版本图书馆CIP数据核字（2020）第268264号

版权声明

◆ 著　　　　［美］布莱恩·伍德（Brian Wood）
译　　　　张 敏
责任编辑　陈聪聪
责任印制　王 郁　彭志环

◆ 人民邮电出版社出版发行　　北京市丰台区成寿寺路 11 号
邮编 100164　电子邮件 315@ptpress.com.cn
网址 https://www.ptpress.com.cn
涿州市京南印刷厂印刷

◆ 开本：800×1000　1/16
印张：30.75　　　　　　　2021 年 4 月第 1 版
字数：717 千字　　　　　　2022 年 3 月河北第 6 次印刷
著作权合同登记号　图字：01-2019-6279 号

定价：149.00 元

读者服务热线：(010)81055410　印装质量热线：(010)81055316
反盗版热线：(010)81055315
广告经营许可证：京东市监广登字 20170147 号

内容提要

　　本书是 Adobe Illustrator 2020 软件的学习用书。本书共 17 课，涵盖了快速浏览 Adobe Illustrator 2020，认识工作区，选择图稿的技巧，使用形状创建明信片图稿，编辑和合并形状与路径，变换图稿，使用基本绘图工具，使用钢笔工具绘图，使用颜色优化标志，为海报添加文字，使用图层组织图稿，渐变、混合和图案，使用画笔创建海报，效果和图形样式的创意应用，创建 T 恤图稿，Illustrator 与其他 Adobe 应用程序联用，以及分享项目等内容。

　　本书语言通俗易懂，所讲解的内容配有大量图示，特别适合 Adobe Illustrator 初学者阅读。此外，有一定使用经验的读者从本书中也可以学到大量高级功能和 Adobe Illustrator 2020 新增功能的使用技巧。

前言

Adobe Illustrator 是一款应用于印刷、多媒体和在线图形设计的工业标准插图软件。无论您是制作出版物印刷图稿的设计师、插图绘制技术人员、设计多媒体图形的艺术家，还是网页或在线内容的创作者，Adobe Illustrator 都能为您提供专业级的作品制作工具。

关于经典教程

本书是由 Adobe 产品专家编写的 Adobe 图形和出版软件官方系列培训图书之一。本书中的功能和练习均基于 Illustrator（2020 版）。

本书经过精心设计，方便读者按照自己的节奏学习。如果读者是 Adobe Illustrator 的初学者，将从本书中学到使用该软件所需的基础知识。如果读者具有一定的 Adobe Illustrator 使用经验，将会发现本书介绍了许多更高级的技能，包括最新版本的 Adobe Illustrator 的操作提示和使用技巧。

本书不仅在每课中提供了完成特定项目的具体步骤，还为读者预留了探索和试验的空间。读者可以从头到尾阅读本书，也可以只阅读感兴趣和需要的部分内容。此外，第 1 ～ 16 课每课最后有一个复习部分，方便读者测验本课所学知识。

先决条件

在阅读本书之前，您应对您的计算机及其操作系统有所了解。您需要知道如何使用鼠标、标准菜单和命令，以及如何打开、存储和关闭文件。如果您需要查阅这些技术，请参考 macOS 或 Windows 的打印文档或联机文档。

安装软件

在阅读本书之前，请确保您的系统设置正确，并且成功安装了所需的软件和硬件。您必须单独购买 Adobe Illustrator 软件。有关软件安装的完整说明，请访问 Adobe 官网。您需要按照屏幕上的操作说明，通过 Adobe Creative Cloud 将 Illustrator 软件安装到您的硬盘上。

 注意 当指令因平台而异时，macOS 命令先出现，Windows 命令后出现，同时用括号注明操作系统。例如，按住 Option 键（macOS）或 Alt 键（Windows），然后在图稿以外进行单击。

还原默认首选项

注意 如果查找首选项文件有困难，请联系 brian@brianwoodtraining.com 寻求帮助。

每次打开 Adobe Illustrator 软件时，首选项文件控制着命令设置在屏幕上的显示方式；每次退出 Adobe Illustrator 时，面板位置和某些命令设置会记录在不同的首选项文件中。如果您想将工具和位置还原为默认设置，则可以删除当前的 Adobe Illustrator 首选项文件；如果该文件尚不存在，Adobe Illustrator 软件会创建一个新的首选项文件，并在下次启动软件时保存该文件。

每课开始之前，您必须还原 Adobe Illustrator 的默认首选项。这可确保 Adobe Illustrator 的工具功能和默认值的设置完全如本书所述。完成本书课程之后，如果您愿意，也可以还原您保存的设置。

删除或保存当前的 Adobe Illustrator 首选项文件

在您首次退出 Adobe Illustrator 软件后会创建首选项文件，并且首选项文件在您之后每次使用软件时会不断更新。若要删除或保存当前的 Adobe Illustrator 首选项文件，启动 Adobe Illustrator 后，您可以按照下列步骤操作。

注意 在 Windows 操作系统中，AppData 文件夹默认是隐藏的，您很可能需要启用 Windows 功能以显示隐藏的文件和文件夹。有关说明，请参阅 Windows 操作文档。

1　退出 Adobe Illustrator。

2　对于 macOS，名为 Adobe Illustrator Prefs 的首选项文件，位置如下。

   - <OSDisk>/Users/< 用户名 >/Library*/Preferences/Adobe Illustrator 24 Settings/en_US**/ Adobe Illustrator Prefs

提示 为了在每次开始新课时快速找到并删除 Adobe Illustrator 首选项文件，请为 "Adobe Illustrator 24 Settings" 文件夹设置别名（macOS）或快捷方式操作系统（Windows）。

3　对于 Windows，名为 Adobe Illustrator Prefs 的首选项文件，位置如下。

   - <OSDisk>\Users\< 用户名 >\AppData\Roaming\Adobe\

Adobe Illustrator 24 Settings\en_US**\x86 或 x64\Adobe Illustrator Prefs

提示 在 macOS 中，"Library（库）"文件夹默认是隐藏的。若要访问此文件夹，请在 "Finder" 中按住 Option 键，然后在 Finder 中的 "前往（Go）" 菜单中选择 "Library"。

注意 您安装的软件版本与本书不同，文件夹名称可能会有所不同。

有关详细信息，请参阅 Illustrator 帮助。如果找不到首选项文件，可能是您尚未启动 Adobe Illustrator，或者您已移动首选项文件。

4　复制该文件并将其保存到硬盘上的另一个文件夹中（如果需要还原这些首选项），或删除文件。

5　启动 Adobe Illustrator。

完成课程后还原已保存的首选项设置

1　退出 Adobe Illustrator。

2　删除当前的首选项文件。找到您保存的原始首选项文件，并将其移动到 Adobe Illustrator 原来的文件夹中。

资源与支持

本书由"数艺设"出品，"数艺设"社区平台（www.shuyishe.com）为您提供后续服务。

配套资源

书中实例的效果图源文件。

资源获取请扫码

"数艺设"社区平台，为艺术设计从业者提供专业的教育产品。

与我们联系

我们的联系邮箱是 szys@ptpress.com.cn。如果您对本书有任何疑问或建议，请您发邮件给我们，并请在邮件标题中注明本书书名及 ISBN，以便我们更高效地做出反馈。

如果您有兴趣出版图书、录制教学课程，或者参与技术审校等工作，可以发邮件给我们；有意出版图书的作者也可以到"数艺设"社区平台在线投稿（直接访问 www.shuyishe.com 即可）。如果学校、培训机构或企业想批量购买本书或"数艺设"出版的其他图书，也可以发邮件联系我们。

如果您在网上发现针对"数艺设"出品图书的各种形式的盗版行为，包括对图书全部或部分内容的非授权传播，请您将怀疑有侵权行为的链接通过邮件发给我们。您的这一举动是对作者权益的保护，也是我们持续为您提供有价值的内容的动力之源。

关于"数艺设"

人民邮电出版社有限公司旗下品牌"数艺设"，专注于专业艺术设计类图书出版，为艺术设计从业者提供专业的图书、U 书、课程等教育产品。出版领域涉及平面、三维、影视、摄影与后期等数字艺术门类，字体设计、品牌设计、色彩设计等设计理论与应用门类，UI 设计、电商设计、新媒体设计、游戏设计、交互设计、原型设计等互联网设计门类，环艺设计手绘、插画设计手绘、工业设计手绘等设计手绘门类。更多服务请访问"数艺设"社区平台 www.shuyishe.com。我们将提供及时、准确、专业的学习服务。

目　录

第0课 快速浏览Adobe Illustrator 2020

本课概览

　　本课将以交互的方式演示 Adobe Illustrator 2020 的具体操作，您将了解并学习它的主要功能。

 完成本课内容大约需要 45 分钟。

在本课的 Adobe Illustrator 演示中，
您将学习到该软件的主要功能。

0.1 开始本课

本课将会对 Adobe Illustrator 软件中使用较为广泛的工具及其功能进行大致讲解，为之后的操作讲解奠定基础。同时，本课还将带您制作一张服装精品店的图稿。首先，请打开最终图稿，查看本课将要制作的内容。

1　为了确保您的软件的工具和面板功能如本课所述，请删除或重命名 Adobe Illustrator 的首选项文件，具体操作请参阅本书"前言"部分的"还原默认首选项"。

> **Ai** | **注意**　如果您还没有从您的"账户"页面下载本课的课程文件到计算机中，请立即下载。具体操作参见本书"前言"部分。

2　启动 Adobe Illustrator。

3　选择"文件">"打开"，或在显示的主屏幕中单击"打开"。打开"Lesson00"文件夹中的"L00_end.ai"文件。

> **Ai** | **注意**　如果在打开文档后出现快速浏览窗口，关闭该窗口即可。

4　选择"视图">"画板适合窗口大小"，查看您将在本课中制作的图稿示例，如图 0-1 所示。您可以将此文件一直打开，以供参考。

图0-1

0.2 创建新文档

在 Adobe Illustrator 中，您可以根据需求使用一系列的预设选项创建新文档。在本例中，您会将制作的图稿印刷为明信片，因此，选择"打印"预设来创建新文档。

> **Ai** | **注意**　有关创建和编辑画板的更多信息，请参见第 5 课。

> **Ai** | **注意**　本课中的图片是在 Windows 中获取的，可能与您看到的略有不同，特别是在使用 macOS 的情况下。

1. 选择"文件">"新建"。

2. 在"新建文档"对话框中，选择顶部的"打印"选项，如图 0-2 所示。确保选定了"Letter"文档预设后，在右侧的"预设详细信息"区域设置以下内容。

- 名称（"预设详细信息"下方）：BoutiqueArt。
- 单位（"宽度"的右侧）：英寸（1 英寸 =2.54 厘米）。
- 宽度：11 in。
- 高度：9 in。

图0-2

3. 单击"创建"按钮，创建一个新的空白文档。

4. 选择"文件">"存储为"，在"存储为"对话框中，保留"BoutiqueArt.ai"作为文件名，并定位到"Lessons">"Lesson00"文件夹，将"格式"选项设置为"Adobe Illustrator(ai)"（macOS）或者将"保存类型"选项设置为"Adobe Illustrator(*.AI)"（Windows），然后单击"保存"按钮。

5. 在弹出的"Illustrator 选项"对话框中，保持 Illustrator 选项为默认设置，然后单击"确定"按钮。

6. 选择"窗口">"工作区">"重置基本功能"。

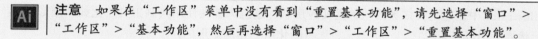

注意 如果在"工作区"菜单中没有看到"重置基本功能"，请先选择"窗口">"工作区">"基本功能"，然后再选择"窗口">"工作区">"重置基本功能"。

0.3 绘制形状

绘制形状是 Illustrator 的基础操作，在本书中您将创建很多形状。下面开始创建一个矩形。

注意 有关创建和编辑形状的更多信息，请参见第 3 课。

1. 选择"视图">"画板适合窗口大小"。

   您看到的白色区域即为画板，它就是您绘制图稿的位置，如图 0-3 所示。画板类似于 Adobe InDesign® 中的页。

2. 在左侧的工具栏中选择"矩形工具" ▢，如图 0-4 所示。将鼠标指针放在画板的左上角（图 0-5 中的红色 ×），按住鼠

图0-3

标左键并向右下方拖动。当鼠标指针旁边的灰色测量标签显示宽度大约是 10 in 且高度大约是 7 in 时，释放鼠标左键。此时矩形形状仍处于选中状态。

> **注意** 如果在绘制矩形时无法看到它的大小（灰色测量标签），请通过选择"视图">"智能参考线"，来确保智能参考线已经启用。若"智能参考线"菜单项旁边有复选标记，则表示已将其启用。

图0-4

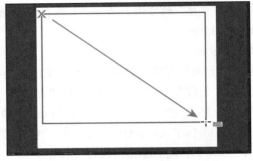

图0-5

0.4 编辑形状

Illustrator 中创建的大多数形状都是实时形状，这意味着在使用绘制工具（比如"矩形工具"）创建形状之后仍可以编辑它们。接下来，您将圆化所创建的矩形的角。

> **注意** 在第 3 课和第 4 课中，您将学到更多关于编辑形状的内容。

1 选中矩形后，选择矩形底边中点向下拖动，如图 0-6 所示。直到您能在鼠标指针旁边的灰色测量标签中看到高度大约为 8 in，如图 0-7 所示。

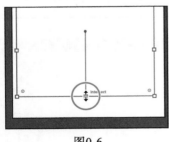

图0-6

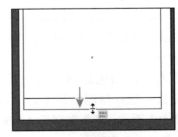

图0-7

2 将鼠标指针放在形状的中心（蓝色圆点），如图 0-8 所示。当鼠标指针变为 时，将矩形拖到画板中心，如图 0-9 所示。

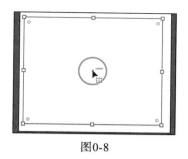

图0-8

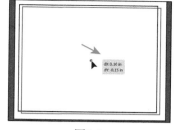

图0-9

3　仍选中此矩形，单击右上角的圆角控制点⊙并将其朝矩形中心拖动，当灰色测量标签显示的值大约为 0.7 in 时，松开鼠标左键，如图 0-10 所示。

Illustrator 中许多类型的形状都有控制点，如本节演示的圆角控制点，此外还有用于编辑多边形边数的控制点、为椭圆添加饼图角度的控制点等。

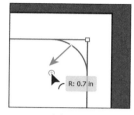

图0-10

> **Ai** **提示**　您也可以圆化所有的角。第 3 课将介绍有关创建和编辑实时形状的更多信息。

4　选择"文件">"存储"，保存文档。

0.5　应用和编辑颜色

为作品着色是 Illustrator 中的常见操作。您可以选择一种颜色为创建的形状描边（边框）或填色。您可以使用和编辑 Illustrator 每个文档自带的默认色板来创建属于自己的个性颜色组。在本节中，您将更改所选矩形的填充颜色。

> **Ai** **注意**　第 8 课将介绍有关填色和描边的更多信息。

1　在选择此矩形的情况下，单击"文档"窗口右侧"属性"面板中"填色"一词左侧的填色框□。在弹出的面板顶部选择"色板"选项▦，将显示默认色板。将鼠标指针移动到橙色色板上，当出现"C=0　M=50　Y=100　K=0"的提示时，单击该色板将橙色应用于所选形状，如图 0-11 所示。

您可以使用默认色板，也可以创建自己的颜色并将它们保存为色板，以便之后使用。

2　在"填色"色板中，双击上一步应用于矩形的橙色色板，进行编辑。

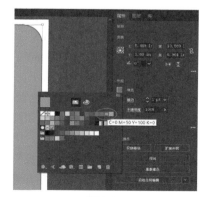

图0-11

3 在"色板选项"对话框中，将颜色值改为"C=9%""M=7%""Y=9%""K=0%"，使其呈现浅棕色，并勾选"预览"查看更改，如图0-12所示。单击"确定"，保存对色板的更改。

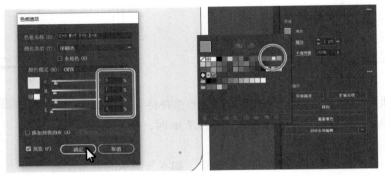

图0-12

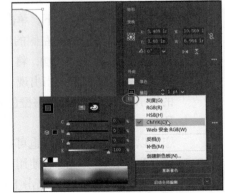

Ai **注意** 继续操作，您会发现可能需要隐藏"色板"等面板，您可以按 Esc 键来执行此操作。

---

4 按 Esc 键，隐藏"色板"面板。

0.6 编辑描边

描边是形状和路径等图形的轮廓（边框）。描边的很多外观属性都可以更改，包括宽度、颜色和虚线等。在本节中，您将调整矩形的描边。

Ai **注意** 第 3 课将介绍有关描边的更多信息。

---

1 在选中矩形的情况下，单击"属性"面板中的"描边"颜色框▣。在弹出的面板中，单击顶部的"颜色混合器"按钮（▣），创建自定义颜色。如果没有在面板中看到 CMYK 滑块，请在面板菜单▤中选择"CMYK"，如图 0-13 所示。

2 将颜色值改为"C=80%""M=39%""Y=29%""K=3%"，如图 0-14 所示。

3 单击面板顶部的"色板"选项▣，再单击面板底部的"新建色板"按钮▣，将色板保存以便下次使用，如图 0-15 所示。

4 在弹出的"新建色板"对话框中，取消选中"添加到我的库"，然后单击"确定"，如图 0-16 所示。蓝色将作为保存的色板显示在"色板"面板中。

图0-13

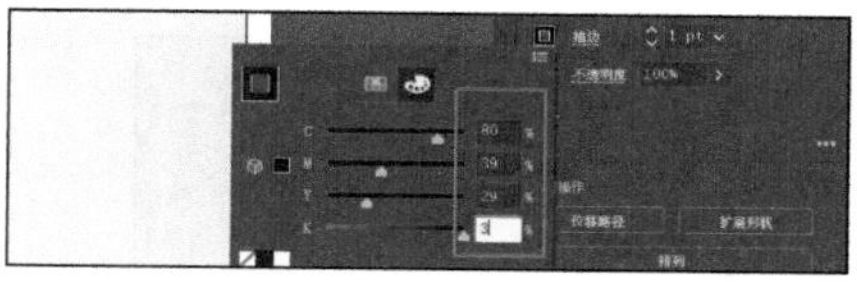

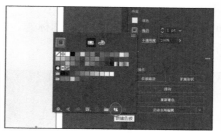

图0-14

图0-15

图0-16

5 单击"属性"面板中的"描边"一词，打开"描边"
面板，更改下列选项。

- 描边"粗细"：3 pt。
- "虚线"复选框：选中。
- 虚线：3 pt（单击左侧的"间隙"，输入"3 pt"）。

完成后效果如图 0-17 所示。

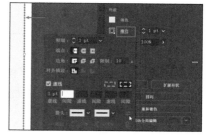

图0-17

0.7 使用图层

使用图层能够更简单、有效地组织和选择图稿。下面，您将使用图层来组织自己的图稿。

Ai | **注意** 第 10 课将介绍有关使用图层和"图层"面板的更多信息。

---

1 选择"窗口" > "图层"，在文档窗口右侧显示"图层"面板。

2 在"图层"面板中双击"图层 1"（图层名称），输入"Background"，如图 0-18 所示。然
后按回车键，即可更改图层名。

为图层命名可以更好地组织整个作品的内容，目前，您创建的矩形位于该图层上。

3 在"图层"面板底部单击"创建新图层"按钮，创建一个新的空白图层，如图 0-19
所示。

4 双击新图层名称"图层 2"，输入"Content"，按回车键，更改图层名称，如图 0-20 所示。

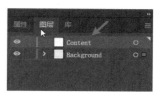

图0-18

图0-19

图0-20

通过在图稿中创建多个图层，您可以控制堆叠对象的显示方式。在本文档中，因为"Content"图层位于"Background"图层之上，所以"Content"图层上的图稿内容将位于"Background"图层的图稿内容之上。

5　单击"Background"图层名称左侧的眼睛图标，暂时隐藏"Background"图层上的矩形，如图0-21所示。

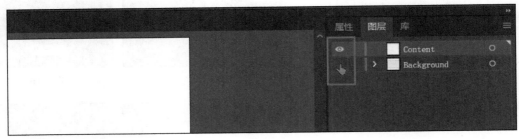

图0-21

6　单击"Content"图层，确保它在"图层"面板中被选中，如图0-22所示。后续绘制的新图稿内容都将被添加到所选的"Content"图层中。

0.8　使用文字

接下来，在画板上添加文本并更改其格式。您将使用一些需要联网才能激活的Adobe字体。如果您的计算机没有联网，则可以选择已安装的其他字体。

图0-22

| Ai | **注意**　第9课将介绍有关文字的更多信息。 |

1　在左侧的工具栏中选择"文字工具"，然后在画板底部的空白区域中单击。单击后将显示一个文本框，其中显示选中的占位文本"滚滚长江东逝水"），在其中输入"Boutique"，如图0-23所示。

2　当光标仍在文本框中时，选择"选择">"全部"，选择所有文本。

3　单击软件窗口右上角的"属性"面板选项卡，显示"属性"面板。单击"填色"框，在弹出的面板中，确保在面板顶部选择了"色板"选项，然后选择在上一步中创建的蓝色色板，如图0-24所示。按Esc键可隐藏面板。

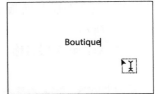

图0-23

4　在"属性"面板的"字符"部分，在"设置字体大小"中输入"52 pt"，按回车键确认更改字体大小。接下来，您将应用Adobe字体，它需要联网。如果您没有联网或无法访问Adobe字体，则可以从"设置字体系列"菜单中任选一种字体，如图0-25所示。

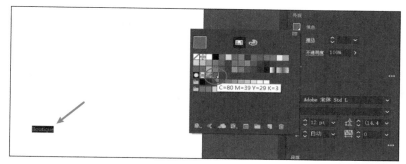

图0-24

注意　激活字体可能需要一定的时间。

5　单击"属性"面板中"设置字体系列"右侧的箭头，在弹出的菜单中，单击"查找更多"以查看 Adobe 字体列表（见图 0-26）。您看到的字体列表跟图 0-26 可能有所不同，但并没有什么影响。

图0-25　　　　　　　　　　　　　　　　　　　图0-26

6　向下滚动菜单，找到名为"Montserrat"的字体，单击"Montserrat"字体名称左侧的箭头以显示字体样式（见图 0-27 中的红圈）。

7　单击"Light"字体名称右侧的激活按钮△，确保字体被激活。

8　在显示字体已被激活的对话框中单击"确定"按钮。如果遇到同步问题，请检查 Creative Cloud 桌面应用程序，在此您可以看到字体同步已关闭（本例中应打开）或任何其他问题的提示消息。

图0-27

9　单击"显示已激活的字体"按钮，筛选并显示字体列表中已激活的字体。将鼠标指针移到菜单中的"Montserrat Light"字体上，该菜单还会显示所选文本的实时预览，单击"Montserrat Light"字体并应用它，如图 0-28 所示。

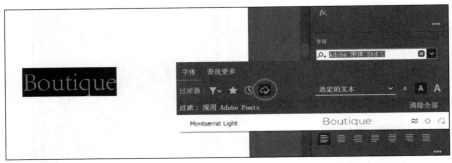

图0-28

10 选择文本后，在右侧的"属性"面板中，修改字距▦中的值，输入300，按回车键确认更改。

11 单击"字符"部分的"更多选项"图标▦▦▦，显示更多选项。单击"全部大写字母"按钮▦▦，使文本大写，如图 0-29 所示。

图0-29

12 选择"选择">"取消选择"，然后选择"文件">"存储"。

0.9 使用形状生成器工具创建形状

"形状生成器工具"🖱️是一种通过合并和擦除简单形状来创建复杂形状的交互式工具。接下来，您将使用"形状生成器工具"把构成"橡子"顶部的几个形状组合起来。

> **Ai** | **注意** 在第 4 课中，您可以了解有关使用"形状生成器工具"的更多信息。

1 将鼠标指针移到左侧工具栏中的"矩形工具"▦上，单击鼠标左键并长按，在弹出的菜单中选择"椭圆工具"⬭，如图 0-30 所示。

2 按住鼠标左键在在文本上方拖动，创建一个椭圆，其大小根据图稿大小来定，如图 0-31 所示。

3 连续 3 次选择"视图">"放大"，放大形状视图。

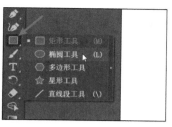

图0-30

图0-31

4 按 D 键，将默认的白色填色和黑色描边应用到形状上。

5 在"属性"面板中，单击"描边"框，然后选择面板顶部的"颜色混合器"选项，生成新颜色。将颜色值改为"C=15%""M=84%""Y=76%""K=4%"，如图 0-32 所示。按回车键隐藏面板。

6 将"属性"面板中的描边粗细更改为"2 pt"，如图 0-33 所示。

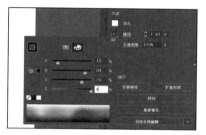

图0-32

图0-33

7 将鼠标指针移到"椭圆工具"上，单击鼠标左键并长按选择"矩形工具"，在椭圆顶部按住鼠标左键并拖动，创建一个小矩形，如图 0-34 左图所示。

8 向形状中心拖动圆角控制点⊙，使矩形的角变圆，如图 0-34 右图所示。

> **Ai** | **注意** 如果没有看到圆角控制点⊙，则可能需要放大视图。您可以通过选择"视图" > "放大"来完成该操作。

9 在左侧的工具栏中选择"选择工具"▶，按住鼠标左键拖动椭圆使其与圆角矩形对齐。当它们对齐时，会出现一个临时的垂直的洋红色指示标记，如图 0-35 所示。

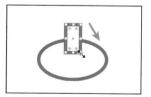

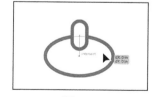

图0-34

图0-35

> **Ai** | **注意** 如果您的图看起来不像书中展示的那样，不要担心，我们的目标是了解如何创建和编辑形状。另外，这是一个"橡子"，它们可以有不同的形状和大小！

10 使用"选择工具"，按住鼠标左键从左上到右下拖拽出一个虚线框，框选绘制好的两个图形，如图 0-36 左图所示。

11 在左侧的工具栏中选择"形状生成器工具"。

将鼠标指针移动到图 0-36 中图所示的红色"×"的地方，按住 Shift 键，按住鼠标左键拖曳框选两个形状的一部分，松开鼠标左键，松开 Shift 键，完成组合，效果如图 0-36 右图所示。

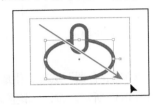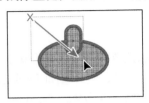

图0-36

0.10 使用曲率工具

使用"曲率工具" ，您可以快速、直观地绘制和编辑路径，创建光滑、精细的曲线和直线路径。在本节中，您将探索"曲率工具"的用法，并绘制橡子的最后一部分。

> **Ai** **注意** 在第 6 课中，您可以了解更多关于"曲率工具"的信息。

1 在工具栏中选择"曲率工具"。

2 将鼠标指针从上一步创建的橡子顶部移到空白区域，单击后开始绘制形状，如图 0-37 左图所示。接着将鼠标指针移到如图 0-37 右图所示位置。

图0-37

3 单击后释放鼠标，如图 0-38 左图所示。继续绘制形状，移动鼠标指针，如图 0-38 右图所示，注意移动时路径会以不同的方式弯曲。

图0-38

每次单击都会创建锚点，锚点用来控制路径的形状。

4 将鼠标指针向左上方移动，当路径与图 0-39 类似时单击，继续绘制形状。

5 将鼠标指针移到您第一次单击的地方，鼠标指针旁边将显示一个小圆圈，单击即可闭合路径，创建一个形状，如图 0-40 所示。

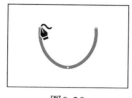

图0-39

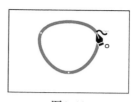

图0-40

6 将鼠标指针移到左侧的锚点上，当鼠标指针变为 ▶。时（见图 0-41 左图），双击使它变成一个角，如图 0-41 右图所示。

7 对右侧的锚点（创建的第一个锚点）执行同样的操作：将鼠标指针移到该点上，双击使其成为一个角，如图 0-42 所示。到这一步，您已经拥有了制作橡子所需的所有形状。

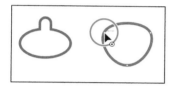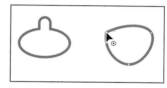

图0-41

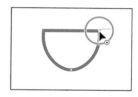

图0-42

0.11 变换图稿

在 Illustrator 中，有许多方法可以移动、旋转、斜切、缩放、扭曲和剪切图稿，也就是说，只要变换图稿，您就可以得到想要的效果。接下来，您将执行变换图稿的操作。

> **Ai** **注意** 在第 5 课中，您将了解有关变换图稿的更多信息。

1 在左侧的工具栏中选中"选择工具" ▶，单击 0.10 节中创建的橡子形状的顶部。

2 在左侧的工具栏中选中"橡皮擦工具" ◆，按住鼠标左键以 U 形擦过橡子形状的顶部，即可擦除部分内容，如图 0-43 所示。松开鼠标左键后，您将看到生成的形状。

3 擦除橡子顶部下方的其他剩余图形，如图 0-44 所示。

图0-43

图0-44

4 选中"选择工具"，按住鼠标左键将橡子的顶部拖到橡子的底部，尽可能使它们居中，参考图 0-45 所示的橡子图。

5 单击"文件"窗口右侧的"属性"面板底部的"排列"按钮，然后选择"置于顶层"将橡子的顶部形状放到橡子底部形状之上，如图 0-46 所示。

6 按住 Option 键（macOS）或 Alt 键（Windows），并在橡子顶部形状的边界框上拖动合适的点，使其变宽或变窄——以最适合顶部的位置为准。大小合适之后，松开鼠标左键，并单击空白处取消选择，如图 0-46 所示。

Ai | **注意** 橡子的顶部窄了一点，您也可以根据需要对它调整使其变大。

7 按住鼠标左键拖框选中橡子顶部形状，如图 0-47 所示。

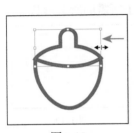
图0-45

图0-46

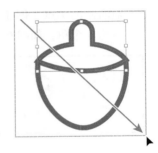
图0-47

8 在右侧的"属性"面板中单击"填色"框，然后选择"无" ⊿ ，清除白色填充。您会看到，橡子的顶部形状与橡子的底部形状有重叠。您可以使用"形状生成器工具" ⊕ 来解决此问题。

9 在左侧的工具栏中选择"形状生成器工具"。将指针移动到图 0-48 左图中红色"×"的位置。按住鼠标左键拖动经过顶部的形状以拼合它们，如图 0-48 右图所示。注意，不要拖到橡子底部形状上。

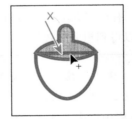
图0-48

Ai | **注意** 如果"形状生成器工具"出错，请选择"编辑" > "还原合并"，然后再试一次。

10 将橡子形状保持为选中状态，然后选择"文件" > "存储"。

0.12 使用符号

符号是存储在"符号"面板中的可复用对象。符号非常有用，因为它们可以帮您节省时间，也可以缩减文件大小。现在，您将在橡子图稿中创建一个符号。

 注意 第14课将介绍有关符号使用的更多信息。

1 使用"选择工具" ▶ ，选中橡子图标。

2 选择"窗口">"符号"，打开"符号"面板。单击面板底部的"新建符号"按钮 ，将所选图稿存储为符号，如图 0-49 所示。

3 在弹出的"符号选项"对话框中，将符号命名为"Acorn"，然后单击"确定"按钮。如果弹出警告对话框，也单击"确定"按钮，如图 0-50 所示。

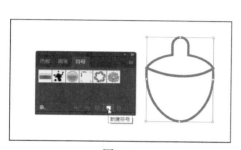

图0-49

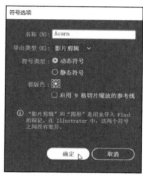

图0-50

现在，图稿作为一个已保存的符号出现在"符号"面板中，而画板上用于创建符号的橡子则是一个符号实例。

4 从"符号"面板中，将"橡子"符号缩略图拖到画板上两次，如图 0-51 所示，稍后再排列它们。

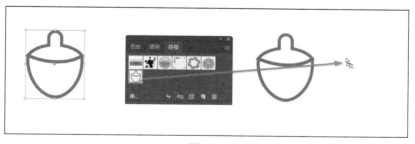

图0-51

 注意 您的橡子符号实例可能与图中所示的位置不一样，这没有任何影响。此外，图 0-51 还展示了将第三个符号拖到画板上的情况。

5 单击"符号"面板组右上角的"×"按钮将其关闭。

6 选中其中一个橡子图形后，将指针移动到框住橡子的矩形拐角处，待指针变成双向旋转箭头后，按住鼠标左键拖动旋转橡子，如图 0-52 所示。

7　单击选择另外一个橡子，并将其朝相反方向旋转，如图 0-53 所示。

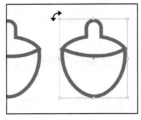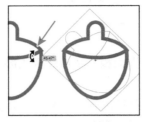

图0-52

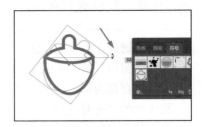

图0-53

8　双击画板上的一个橡子的红色路径框，进入隔离模式。在弹出的对话框中，单击"确定"
　　按钮。

Ai　　**提示**　还可以单击"文档"窗口右侧"属性"面板中的"编辑符号"按钮。

9　单击橡子底部图形的线条（边框）将其选中，如图 0-54 所示。

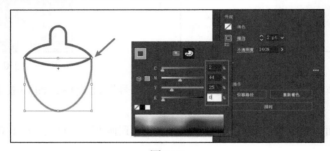

图0-54

10　单击"属性"面板中的"描边"框，然后在弹出的面板中单击面板顶部的"颜色混合器"
　　选项，将颜色值更改为"C=2%""M=44%""Y=26%""K=0%"，如图 0-54 所示。输入
　　最后一个值后，按 Esc 键或回车键确认更改并关闭面板。

11　选择"对象"＞"排列"＞"置于底层"，确保橡子底部图形位于顶部图形之下。

Ai　　**注意**　如果"置于底层"变暗，则表示您已设置了"置于底层"。

12　在文档窗口的空白区域双击，退出编辑（隔离）模式，并注意其他橡子也会跟着发生
　　变化。

0.13　创建和编辑渐变

渐变是两种或多种颜色的混合，可以用于图稿的填色或者描边。接下来，您将为文字应用渐变。

Ai | **注意** 第 11 课将介绍有关渐变使用的更多内容。

1 选择"视图">"画板适合窗口大小"。
2 单击软件窗口右上角的"图层"面板选项卡，显示该面板，单击"Background"图层名称左侧可视性列（眼睛图标列），显示"Background"图层中的矩形，如图 0-55 所示。
3 在左侧的工具栏中选中"选择工具" ▶，单击背景中的矩形将其选中。
4 单击软件窗口右上角的"属性"面板选项卡，显示该面板。在"属性"面板中，单击"填色"框，并确保选中了"色板"选项▦，选择带有工具提示"白色，黑色"的白黑渐变色块，如图 0-56 所示。

Ai | **注意** 选择渐变色后可能会弹出一条消息，您可以单击"确定"按钮将其关闭。但如果这样做，则很可能需要再次单击"属性"面板中的"填色"框来显示色板。

图0-55

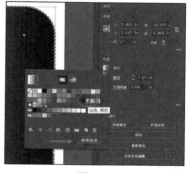

图0-56

5 在面板底部，单击"渐变选项"按钮（图 0-56 箭头所指处），打开"渐变"面板。选中顶部的标题栏拖动"渐变"面板，将其移动到合适的位置。
6 在"渐变"面板中执行以下操作，如图 0-57 所示。
• 单击"填色"框以确保正在编辑填色（见图 0-57 中大圆圈）。
• 双击"渐变"面板中渐变滑块右侧的黑色色标 ◉（见图 0-57 中小圆圈）。
• 选中弹出面板中的"颜色"选项 ▧，单击面板菜单图标 ▤，然后选择"CMYK"。
• 将 CMYK 颜色值更改为"C=9%""M=7%""Y=9%""K=0%"。输入最后一个值后，按 Esc 键或回车键确认更改，同时面板消失。
7 单击"渐变"面板顶部的"径向渐变"选项 ▣，将渐变更改为径向渐变，如图 0-58 所示。单击"渐变"面板右上角的"×"按钮将面板关闭。

图0-57

8　选择"对象">"隐藏">"所选对象"，临时隐藏背景形状，这样你就可以专注于编辑其他图稿了。

9　单击软件窗口右上角的"图层"面板选项卡，显示"图层"面板。选中"Content"图层，稍后任何新图稿都会添加到"Content"图层中，且位于"Background"图层之上，如图0-59所示。

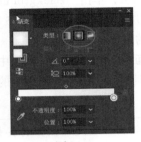

图0-58

图0-59

0.14　在 Illustrator 中置入图像

在 Illustrator 中，您可以采用链接或嵌入的方式置入栅格图像，如 JPEG 文件、Adobe Photoshop 文件，以及其他 Illustrator 文件。接下来，您将在 Illustrator 中置入一个手写字母图像。

　注意　第 15 课将介绍有关置入图像的更多内容。

1　选择"文件">"置入"。在"置入"对话框中，打开"Lessons">"Lesson00"文件夹，然后选择"Handlettering"文件。确保未选中对话框中的"链接"复选框，然后单击"置入"按钮，如图 0-60 所示。

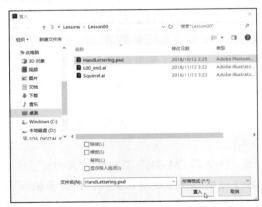

图0-60

Ai　**注意**　在 macOS 中，如果在对话框中看不到"链接"复选框，请单击"选项"按钮。

2 　将载入图形光标移动到画板中，单击以置入手写字母的图像，如图0-61所示。

图0-61

0.15　使用图像描摹

在 Illustrator 中，可以使用"图像描摹"命令快速将栅格图像转化为矢量图。接下来，您将描摹上一节置入的手写字母文件。

> **Ai** | **注意**　第 3 课将介绍更多有关图像描摹的信息。

1 　选中"选择工具" ▶ 后，单击选中手写字母图像。
2 　通过描摹字母，您可以在 Illustrator 中将其当成形状来编辑。选中手写字母图像后，在右侧"属性"面板中将显示图像描摹相关的选项卡，单击"图像描摹"按钮，在菜单中选择"黑白徽标"，如图 0-62 所示。

> **Ai** | **注意**　本项目的手写字母是手写并拍照形成的，由 Danielle Fritz 创作。

3 　在"属性"面板中，单击"打开图像描摹面板"按钮▣，如图 0-63 所示。

图0-62

图0-63

4 　在打开的"图像描摹"面板中，单击"高级"左侧的三角形，如图 0-64 圆圈处所示。您将设置以下选项来获得更好的描摹效果。

- 路径：25%。
- 边角：0%。
- 杂色：25 px。
- "将曲线与线条对齐"复选框：取消选中。
- "忽略白色"复选框：选中。

图0-64

> **Ai** **注意** 更改"图像描摹"面板中的数值时，Illustrator 会将每个更改预览于图像描摹，因此需要等待一定时间。

> **Ai** **提示** 另一种转换手写体的方法是使用 Adobe Capture 应用程序。

5. 单击"图像描摹"面板顶部的"×"按钮，关闭该面板。
6. 在选中字母的情况下，单击"属性"面板中"快速操作"部分的"扩展"按钮，如图 0-65 所示。该按钮可使对象成为一组组合在一起的可编辑形状。

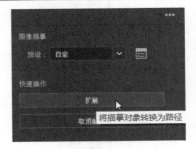

图0-65

7. 选中字母，单击"属性"面板中的"填色"框。在弹出的面板顶部选择"色板"选项后，单击之前创建的蓝色色板，将其应用到字母上，如图 0-66 所示。
8. 选中"选择工具"，按住 Shift 键，并按住鼠标左键拖动文本形状的一角将其等比例放大。当指针旁边的灰色测量标签显示宽度大约为 8.5 in 时，松开鼠标左键和 Shift 键，如图 0-67 所示。单击空白处，取消选择。

图0-66

图0-67

0.16 使用画笔

使用"画笔工具" ![画笔图标]可以对路径进行风格化。您可以对现有路径应用画笔描边,或者使用"画笔工具"绘制路径且应用"画笔工具"描边。接下来,您将从另外一个 Illustrator 文档中复制现成的图稿,并对其中的一部分应用"画笔工具"。

> **Ai** | **注意** 第 12 课将介绍有关画笔的更多信息。

1. 选择"文件" > "打开"。在"Lesson" > "Lesson00"文件夹中选择"Squirrel.ai"文件,然后单击"打开"按钮。
2. 选择"视图" > "画板适合窗口大小"。
3. 选择并复制松鼠图稿的所有对象,选择"选择">"现用画板上的全部对象",选择"编辑" > "复制"。
4. 选择"文件" > "关闭",关闭"Squirrel.ai"文件,然后返回到"Boutique Art.ai"文档。
5. 选择"编辑" > "粘贴"。
6. 按住鼠标左键将松鼠图稿(带红色路径框)拖动到画板顶部,如图 0-68 所示。

图0-68

> **Ai** | **注意** 松鼠身体和松鼠尾部的线条是独立的对象。如果发现只拖动了其中一个对象,您可以再单独将其他对象拖动到合适的位置。

7 选择“选择”＞“取消选择”，取消选择所有图稿。单击松鼠尾部较浅的红色路径，选中该组路径。

8 选择“窗口”＞“画笔库”＞“艺术效果”＞“艺术效果_油墨”，打开“艺术效果_油墨”面板。

9 下拉“艺术效果_油墨”面板列表右侧的滑块，将鼠标指针移动到画笔列表上，工具提示中将显示画笔名称。单击面板中名为“标记笔”的画笔，将该画笔应用于所选路径组，如图0-69所示。

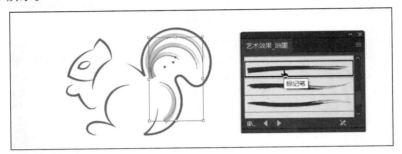

图0-69

> **Ai** **注意** 您应用的画笔是艺术画笔，这意味着它将沿路径拉伸画笔效果，画笔效果将根据笔触（边框）大小在路径上进行缩放。

10 单击“艺术效果_油墨”面板右上角的“×”按钮，关闭该面板。

11 选中“选择工具” ▶，然后按住 Shift 键，分别单击选中松鼠身体和松鼠尾部，选择“对象”＞“编组”，将二者组合到一起，松开 Shift 键和鼠标。

0.17 对齐对象

在 Illustrator 中，您可以轻松对齐（或分布）所选对象、对齐画板或对齐关键对象。在本节中，您将移动画板中的所有对象，并将部分对象与画板中心对齐。

> **Ai** **注意** 第 2 课将介绍有关对齐对象的更多信息。

1 选择“对象”＞“显示全部”，显示所有隐藏的图稿。

2 选中“选择工具” ▶ 后，将每个对象拖到如图 0-70 所示的位置，您在操作时并不一定要与图 0-70 完全一致。

3 单击选择背景矩形，然后按住 Shift 键，再单击加选“BOUTIQUE”文本。

> **Ai** **提示** 您还可以在背景矩形和文本之间拖框来选中它们。

4 单击画板右侧“属性”面板中的“对齐”选项，然后在下拉菜单■■中选择“对齐画板”，如图 0-71 所示。

图0-70

图0-71

现在，所选对象将与画板的边缘对齐。

5　单击"水平居中对齐"按钮，将所选对象与画板的水平中心对齐，如图 0-72 所示。

图0-72

6　选择"选择">"取消选择"。

0.18　使用效果

"效果"可以在不改变基本对象的情况下改变对象的外观。接下来，您将给背景中的矩形添加投影效果。

Ai　| **注意**　在第 13 课中，您将了解有关效果的更多信息。

---

1 使用"选择工具"▶，单击背景中的矩形。

2 在右侧的"属性"面板中，单击"选取效果"按钮
 fx，并选择"风格化">"投影"，如图 0-73 所示。

图0-73

3 在弹出的"投影"对话框中，设置以下选项，如图
 0-74 所示。

● 模式：正片叠底（默认设置）。

● 不透明度：30%。

● X 位移和 Y 位移：均为 0.05 in。

● 模糊：0.04 in。

4 选中"预览"复选框，查看投影应用到矩形后的效果，然后单击"确定"按钮，效果如图
 0-75 所示。

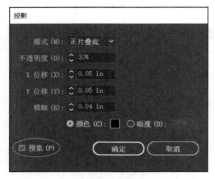

图0-74

图0-75

5 选择"选择">"取消选择"。

6 选择"文件">"存储"。

0.19 演示文档

在 Illustrator 中，您可以通过不同的方式查看文档。例如，如果您需要给其他人演示您的文档，就可以在"显示文稿模式"下演示文档，这是您接下来要执行的操作。

 提示 在"显示文稿模式"下演示文档的另一种方法是单击左侧工具栏底部的"更改屏幕模式"按钮，然后选择"演示文稿模式"（"演示文稿模式"和"显示文稿模式"是同一个东西，但是在 Adobe Illustrator 2020 的中文版中不同位置的翻译不一样，同样的问题还有不少）。您也可以按"Shift + F"组合键打开"演示文稿模式"，按 Esc 键可将其关闭。

1 选择"视图">"显示文稿模式"。此时除当前画板外的所有内容都被隐藏了，画板周围的区域被纯色（通常为黑色）所取代，如图 0-76 所示。

图0-76

　　如果有多个画板（如同 Adobe InDesign 中的多个页面），则可以按向右或向左箭头键在它们之间切换。

2　按 Esc 键，退出"演示文稿模式"。

3　选择"文件">"存储"，然后选择"文件">"关闭"。

第1课 认识工作区

本课概览

本课中，您将了解工作区并学习如何执行以下操作。

- 打开 Adobe Illustrator 文件。
- 使用工具栏。
- 使用面板。
- 切换和保存工作区。
- 使用视图选项来更改显示放大倍数。
- 浏览多个画板和文档。
- 了解文档组。

 完成本课内容大约需要 45 分钟。

为了充分利用 Adobe Illustrator 强大的描线、填色和编辑功能，学习如何在工作区中导航非常重要。工作区由应用程序栏、菜单栏、工具栏、"属性"面板、文档窗口和其他默认面板组成。

1.1 Adobe Illustrator 简介

在 Adobe Illustrator 中，您主要创建和使用矢量图形（有时称为矢量形状或矢量对象）。矢量图形由称为矢量（vector）的数学对象定义的一系列直线和曲线组成，图 1-1 左图为矢量图稿示例。您可以自由地移动或修改矢量图形，而不会丢失细节或清晰度，因为它们与分辨率无关。图 1-1 右图为编辑中的矢量图稿。

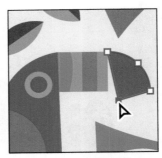

矢量图稿示例   编辑中的矢量图稿

图1-1

无论是缩放矢量图形、使用 PostScript 打印机打印、保存在 PDF 文件中，还是导入基于矢量的图形应用程序中时，矢量图形都可以保持清晰。因此，矢量图形是图稿（例如徽标）的最佳选择，让这些图稿可以在不同输出介质下生成不同尺寸。

Adobe Illustrator 还能使用位图图像（技术上称为栅格图像），它由图像元素（像素）的矩形网格组成，如图 1-2 所示为栅格图像和被选中像素放大的效果，每个像素都有特定的位置和颜色。用手机相机拍摄的照片就是栅格图像，您可以在 Adobe Photoshop 这样的软件中创建和编辑栅格图像。

> **Ai** **提示**　若要了解有关位图的详细信息，请在 "Illustrator 帮助"（"帮助" > "Illustrator 帮助"）中搜索 "导入位图图像" 获取相关内容。

栅格图像和被选中像素放大的效果

图1-2

1.2 打开 Adobe Illustrator 文件

在本课中，您将通过打开一个图稿文件来了解 Illustrator。在开始之前，您需要还原 Adobe Illustrator 的默认首选项。这是您在本书的每课开始时都要做的事情，这样可以确保您的工具和默认值的设置完全如本课所述。

1　要删除或停用（通过重命名）Adobe Illustrator 首选项文件，请参阅本书"前言"部分的"还原默认首选项"。

 注意　如果您难以找到首选项文件，请发电子邮件到 brian@brianwood training. com 寻求帮助。

2　双击 Adobe Illustrator 软件图标，启动 Adobe Illustrator。打开 Adobe Illustrator，您将看到一个"主页"界面，里面会显示 Adobe Illustrator 的资源等内容。

3　选择"文件">"打开"或单击"主页"界面上的"打开"按钮，在您电脑硬盘的"Lessons">"Lesson 01"文件夹中，选择"L1_start1.ai"文件，然后单击"打开"按钮。接下来您将使用"L1_start1.ai"文件来练习导航、缩放操作，并了解 Adobe Illustrator 文档和工作区。如果在打开文档之后弹出一个"快速浏览"的小窗口，您可以关闭该窗口。

 注意　如果您还没有从您的"账户"页面下载本课的课程文件到您的计算机中，请立即下载。具体操作请参阅本书"前言"部分。

4　选择"窗口">"工作区">"基本功能"，确保选中了它，然后选择"窗口">"工作区">"重置基本功能"来重置工作区。"重置基本功能"命令可确保将包含所有工具和面板的工作区设定为默认设置。您将在 1.3.6 节了解更多关于重置工作区的内容。

5　选择"视图">"画板适合窗口大小"。画板是包含可打印图稿的区域，类似于 Adobe InDesign 中的页。此命令使整个画板适应文档窗口，以便您看到整个画板，如图 1-3 所示。

图1-3

1.3 了解工作区

当 Illustrator 完全启动并打开了一个文件时，应用程序栏、面板、工具栏、文档窗口、状态栏都会出现在屏幕上，包含这些元素的区域就称为工作区。首次启动 Illustrator 时，将看到默认工作区，您可以为执行的任务自定义工作区，还可以创建和保存多个工作区（例如，一个用于编辑，另一个用于查看），并在工作时在它们之间进行切换。

> **Ai** **注意** 本课中的图片是使用 macOS 获取的，可能与您看到的略有不同，特别是在您使用 Windows 的情况下。

下面，我们将介绍图 1-4 所示的默认工作区的各组成部分。

图1-4

A. 默认情况下，顶部的"应用程序栏"包含应用程序控件、工作区切换器和搜索框。而在 Windows 中，应用程序栏与菜单栏一起显示，如图 1-5 所示。

图1-5

B. "面板"可帮助您监控和修改您的工作。某些面板在工作区右侧的面板区默认处于显示状态，您可以在"窗口"菜单中选择让任意面板显示或隐藏。

C. "工具栏"包含用于创建和编辑图像、图稿、页面元素等的各种工具，相关工具被放在一组中。

D. "文档窗口"显示您正在处理的文件。

E. "状态栏"位于文档窗口的左下角，显示各种信息、缩放情况和导航控件。

1.3.1 了解工具栏

工作区左侧的工具栏包含用于选择、绘制、上色、编辑和查看的工具，也有更改填色、描边、绘图模式和屏幕模式的工具。在完成本书的学习后，您将了解其中许多工具的功能。

1 将鼠标指针移到工具栏中的"选择工具" ▶ 上。请注意，工具提示中会显示名称（"选择工具"）和键盘快捷方式（"V"），如图 1-6 所示。

图1-6

 提示　您可以通过选择"Illustrator" > "首选项" > "一般"（macOS）或"编辑" > "首选项" > "一般"（Windows）来选择或取消选择显示工具提示。

2 将鼠标指针移动到"直接选择工具" ▶ 上，然后按住鼠标左键，直到出现工具菜单。松开鼠标左键，然后单击"编组选择工具"将其选中，如图 1-7 所示。

图1-7

工具栏中右下角显示小三角形的工具都包含其他工具，可通过与此相同的方式进行选择。

 提示　您可以通过按住 Option 键（macOS）或 Alt 键（Windows）并单击工具栏中的工具来选择隐藏的工具，每次单击都会选择工具序列中的下一个隐藏的工具。

3 将鼠标指针移动到"矩形工具" ▢ 上，单击鼠标左键并长按以显示更多的工具，如图 1-8 左图所示。单击隐藏工具面板右边缘的箭头，如图 1-8 中图所示，将工具与工具栏分开，形成单独的浮动工具面板，如图 1-8 右图所示，以便随时使用这些工具。

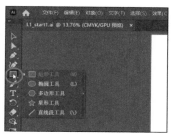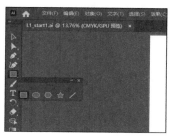

图1-8

4 单击浮动工具面板标题栏上左上角（macOS）或右上角（Windows）的"×"按钮将其关闭，工具将返回到工具栏，如图 1-9 所示。

图1-9

接下来，您将学习如何调整工具栏的大小并使它浮动。在本课的示意图中，工具栏默认为一列，但是您可能会看到一个双列工具栏，这具体取决于您的屏幕分辨率和工作区设置。

5 单击工具栏左上角的双箭头，工具栏将由一列展开为两列，或由两列折叠为一列（具体取决于屏幕分辨率），如图 1-10 所示。

图1-10

 提示　您可以单击工具栏顶部的双箭头，或双击工具栏顶部的标题栏，在两列和一列之间切换。当工具栏浮动时，请注意不要单击"×"按钮，否则它将被关闭！如果将其关闭，请选择"窗口" > "工具栏" > "基本"，再次打开它。

6 再次单击工具栏左上角的双箭头以折叠（或展开）工具栏。

7 在工具栏顶部的深灰色标题栏或标题栏下方的虚线处，按住鼠标左键将工具栏拖动到文档窗口中。如图 1-11 所示，工具栏现在浮动在文档窗口中。

图1-11

8 在工具栏顶部的标题栏或者标题栏下方的虚线处按住鼠标左键，将工具栏拖动到文档窗口的左侧。当鼠标指针到达屏幕左边缘时，将出现一个称为停放区的半透明蓝色边框，如图1-12所示。松开鼠标左键，工具栏即可整齐地设置到工作区左侧。

图1-12

1.3.2 发现更多工具

在 Illustrator 中，工具栏中默认显示的工具组并不包括所有可用的工具。随着您往后阅读本书，您会了解到其他的工具，所以您需要知道如何访问它们。在本节中，您将学习如何访问更多工具。

1 在左侧的工具栏底部，单击"编辑工具栏"按钮■■■，如图 1-13 左图所示。

> **Ai** | **提示** 您还可以在单击"编辑工具栏"后出现的面板中发现更多工具。

图1-13

此时将显示一个面板，该面板将显示所有可用的工具，如图 1-13 右图所示。显示为灰色的工具（您无法选择它们）已经包含在默认工具栏中。您可以按住鼠标左键将其他任意工具拖到工具栏中，然后选择并使用它们。

2 将鼠标指针移动到显示为灰色的工具上，如工具面板顶部的"选择工具"（您可能需要向上滚动进度条才能看到该工具）。

图1-14

此时该工具将在工具栏中高亮显示，如图1-14所示。同样，如果将鼠标指针悬停在"椭圆工具"（归组在"矩形工具"中）上，"矩形工具"将突出显示其位置。

3 在工具面板中滚动进度条，直到看到"Shaper 工具" ✓。如果要将"Shpaer 工具"添加到工具栏中，请将其拖到工具栏中的"矩形工具"上。当"矩形工具"周围出现高亮显示，鼠标指针旁边出现加号（+）时，松开鼠标左键以添加"Shaper 工具"，如图 1-15 所示。

图1-15

4 按 Esc 键隐藏工具面板。

"Shaper 工具"现在位于工具栏中，除非您将其删除或重置工具栏。接下来，您将删除"Shaper 工具"。在后面的课程中，您将通过添加工具来了解有关工具的更多信息。

5 再次单击工具栏中的"编辑工具栏"按钮 ▪▪▪，显示"所有工具"面板。按住鼠标左键将"Shaper 工具"拖到该面板上，当鼠标指针旁边显示减号（−）时，松开鼠标左键即可从工具栏中删除"Shaper 工具"，如图 1-16 所示。

Ai | **提示**　您可以单击"所有工具"面板菜单图标▤并选择"重置"来重置工具栏。

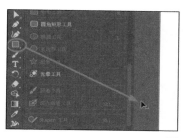

图1-16

1.3.3 使用属性面板

首次启动 Illustrator 并打开文档时，您将在工作区右侧看到"属性"面板。在未选中任何内容时，"属性"面板会显示当前文档的属性；而选中内容时，其会显示所选内容的外观属性。它把所有最常用的选项放在一个位置，是一个使用相当频繁的面板。

 提示 要显示当前不可见的面板，请从"窗口"菜单中选择面板名称。面板名称左边的复选标记表示该面板已经打开，并且位于其面板组的其他面板前面。如果您选择的面板已经显示在工作区，再次选择将会使其关闭或折叠。

1 在工具栏中选中"选择工具" ▶，然后查看右侧的"属性"面板，如图 1-17 所示。

图1-17

在"属性"面板的顶部，您将看到"未选择对象"。这是选择指示器，是查看所选内容类型（如果有的话）的地方。由于没有选中文档中的任何内容，"属性"面板将显示当前文档的属性以及程序首选项。

2 将鼠标指针移动到图稿中的水绿色背景形状上，然后单击将其选中，如图 1-18 所示。

图1-18

在"属性"面板中，您现在应该看到所选形状的外观选项。这是一条路径，因为面板顶部有"路径"标识。您可以在"属性"面板中更改所选形状的大小、位置、颜色等。

> **Ai** | **提示** 要展开或拆叠面板，您还可以双击顶部的面板标题栏。

3 单击"属性"面板中带有下划线的"不透明度"选项，打开"不透明度"面板，如图 1-19 所示。当您单击"属性"面板中的选项时，这些选项将显示更多的选项。

4 如有必要，按 Esc 键隐藏"不透明度"面板。

5 选择"选择">"取消选择"，取消选中路径。当未选中任何内容时，"属性"面板将再次显示文档的属性和程序首选项。

1.3.4 使用面板

Illustrator 中的面板（如"属性"面板）让您可以快速访问许多工具和选项，从而使图稿修改变得更容易。Illustrator 中所有可用面板都包含在"窗口"菜单里，并按字母顺序列出。接下来，您将尝试隐藏、关闭和打开这些面板。

图1-19

1 单击"属性"面板选项卡右侧的"图层"面板选项卡，如图 1-20 所示。

图1-20

"图层"面板与另外两个面板（"属性"面板和"库"面板）一起显示，它们属于同一个面板组。

2 单击面板组顶部的双箭头可以将面板折叠为图标，如图 1-21 所示。使用这种方法折叠面板可以让您有更多的空间来处理文档。

您将在 1.3.5 节了解更多面板停靠的内容。

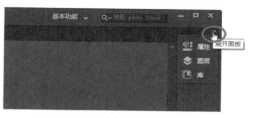

图1-21

3 按住鼠标左键将面板的左边缘向右拖动，直到面板中的文本消失，这样也可折叠面板，如图 1-22 所示。

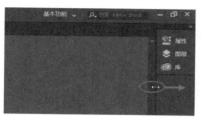 

图1-22

这将隐藏面板名称，并将面板折叠为图标。要打开折叠为图标的面板，可以单击面板图标。

4 单击双箭头，展开面板；若再次单击双箭头面板将折叠为图标，如图 1-23 所示。

图1-23

5 选择"窗口" > "工作区" > "重置基本功能"以重置工作区。

您将在 1.3.6 节中学习更多关于重置或切换工作区的内容。

1.3.5 移动和停靠面板

您可以在 Illustrator 工作区中移动并停靠面板，以满足您的工作需要。接下来，您将打开一个新面板，并将其与默认面板一起停靠在工作区右侧。

1 单击屏幕顶部的"窗口"菜单，查看 Illustrator 中所有可用的面板。从"窗口"菜单中选择"对齐"，打开"对齐"面板以及默认情况下与其成组的其他面板。

您打开的面板不会显示在默认工作区中，它们是自由浮动的，这意味着它们还没有停靠，可以四处移动。您可以把自由浮动的面板停靠在工作区的右侧或左侧。

2 将鼠标指针放在面板名称上方的标题栏上，按住鼠标左键将"对齐"面板组拖动到靠近右侧面板组的地方，如图 1-24 所示。

接下来，将"对齐"面板停靠到"属性"面板组中。

3　按住鼠标左键将"对齐"面板选项卡拖动到"属性""图层"和"库"面板选项卡右侧，当整个"属性"面板组周围出现蓝色高光时，松开鼠标左键以停靠"对齐"面板，如图1-25所示。

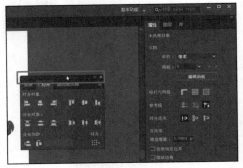
图1-24

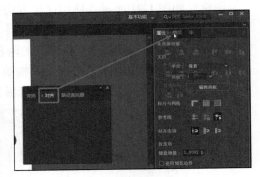
图1-25

将面板拖到右侧的停靠处时，如果在停靠面板的选项卡上方看到一条蓝线，则将创建一个新的面板组，而不是将面板停靠在已有面板组中。

4　单击"变换"和"路径查找器"面板组顶部的"×"按钮，将其关闭。如图1-26所示。除将面板添加到右侧面板的停靠区之外，您还可以将面板移出停靠状态。

5　按住鼠标左键向左拖动"对齐"面板选项卡，将其拖离面板停靠区，然后松开鼠标左键，如图1-27所示。

图1-26

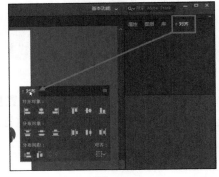
图1-27

6　单击"对齐"面板顶部的"×"按钮将其关闭。

7　如果"库"面板尚未显示，请单击右侧的"库"面板选项卡，显示该面板。

缩放Illustrator界面

　　Illustrator启动时，会自动识别您屏幕的分辨率并据此调整程序的缩放因子。

您可以根据屏幕的分辨率来缩放Illustrator的用户界面，以便将工具、文本和其他UI元素显示得更清楚。

选择"Illustrator">"首选项">"用户界面"（macOS）或"编辑">"首选项">"用户界面"（Windows），在"首选项"对话框的"用户界面"部分，您可以更改"UI缩放"设置。

1.3.6　切换工作区

您可以自定义默认"基本工作区"的各个部分，如工具栏和面板。进行更改（比如打开和关闭面板并更改其位置，以及进行其他操作）时，您可以将特定的设置保存为工作区，并在工作时在它们之间进行切换。

Illustrator 还附带了许多其他默认工作区，您可以针对各种任务来使用不同的工作区。接下来，您将切换工作区并了解一些新面板。

1　单击面板区上方的应用程序栏中的工作区切换器更改工作区，如图 1-28 左图所示。

您将看到工作区切换器菜单中列出了许多工作区，每个工作区都有特定的用途。单击不同的工作区将打开特定的面板，这些面板将根据工作类型方式排列工作区。

 提示　您还可以选择"窗口">"工作区"并选择一个工作区。

2　从工作区切换器菜单中选择"版面"，切换工作区，如图 1-28 右图所示。

图1-28

 提示　通过接 Tab 键，您可以在隐藏和显示所有面板之间切换；通过按"Shift+Tab"组合键，您可以一次隐藏或显示除工具栏以外的所有面板。

您会看到工作区中出现了一些重大变化。最大的一个变化是"控制"面板停靠在了工作区的顶部（文档窗口的上方，如图 1-29 中箭头处所示）。与"属性"面板类似，它可以让您快速访问与当前选定内容相关的选项、命令和其他面板。

图1-29

此外，还要注意工作区右侧所有折叠的面板图标。在工作区中，可以将一个面板堆叠到另一个面板上以创建面板组，这样就可以展示更多的面板。

3 在面板区上方的工作区切换器中选择"基本功能"，切换回"基本功能"工作区。

4 从应用程序栏的工作区切换器中选择"重置基本功能"，如图 1-30 所示。

当您选择切换回之前使用的工作区时，Illustrator 会记住您对当前工作区所做的任何更改，例如选中"库"面板。在本例中，要想完全重置"基本功能"工作区，使其回到默认设置，您需要选择"重置基本功能"。

1.3.7 保存工作区

图1-30

到目前为止，您已重置了工作区并选择了不同的工作区。您还可以按照自己喜欢的方式设置面板，并保存自定义工作区。接下来，您将停靠一个新面板并创建您自己的工作区。

 注意 若要删除已保存的工作区，请选择"窗口">"工作区">"管理工作区"，选择工作区名称，然后单击"删除工作区"按钮。

1 选择"窗口">"画板"，打开"画板"面板组。

2 按住鼠标左键，将面板选项卡上的"画板"面板拖到右侧面板停靠区顶部的"属性"面板选项卡上。当整个面板周围出现蓝色高光时，松开鼠标左键以停靠"画板"面板，并将其添加到现有面板组中，如图 1-31 所示。

3　单击自由浮动的"资源导出"面板顶部的"×"按钮，将其关闭。

4　选择"窗口">"工作区">"新建工作区"。在"新建工作区"对话框中将名称更改为"My Workspace"，然后单击"确定"按钮，如图 1-32 所示。

图1-31

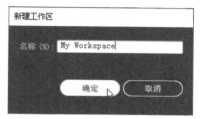

图1-32

选择"窗口">"工作区"是另一种选择工作区的方法。

工作区的名称可以是任意内容，只要有意义就行。名为"My Workspace"的工作区现在会与 Illustrator 一起保存，直到您将其删除。

5　选择"窗口">"工作区">"基本功能"，然后选择"窗口">"工作区">"重置基本功能"。请注意，此时面板将恢复其默认设置。

6　选择"窗口">"工作区">"My Workspace"，使用"窗口">"工作区"命令在两个工作区之间切换，并在开始下一个练习前返回"基本功能"工作区。

1.3.8　使用面板和上下文菜单

Illustrator 中的大多数面板在面板菜单中都有更多可用的选项，可通过在面板的右上角单击面板菜单图标（■或■）来访问。这些附加选项可用于更改面板显示、添加或更改面板内容等。接下来，您将使用面板菜单更改"色板"面板的显示内容。

1　在左侧工具栏中选中"选择工具"▶，单击图稿背景中的水绿色形状。

2　在"属性"面板中，单击"填色"一词左侧的填色框，如图 1-33 红色圆圈所示。

图1-33

3　在弹出的面板中，选择"色板"选项█。单击右上角的面板菜单图标█，如图1-34左图所示，然后从弹出的面板菜单中选择"小列表视图"，如图1-34中图所示。

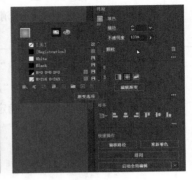

图1-34

"色板"面板将显示色板名称以及缩略图。由于面板菜单中的选项仅适用于当前面板，因此仅"色板"面板会受到影响，如图1-34右图所示。

4　单击显示面板中的同一面板菜单图标█，然后选择"小缩略图视图"，让色板返回到其初始视图。

除了面板菜单外，还有上下文菜单，它包含与当前工具、选择对象或面板相关的命令。通常，上下文菜单中的命令在工作区的其他部分也可找到，但使用上下文菜单可以节省时间。

5　将鼠标指针移动到图稿周围的深灰色区域上，然后右击显示具有特定选项的上下文菜单，如图1-35所示。

6　选择"选择">"取消选择"，水绿色形状将不再被选择。

您看到的上下文菜单可能包含不同的命令，具体取决于鼠标指针的位置。

图1-35

　提示　如果将鼠标指针移到面板的选项卡或标题栏上并右击，则可以从弹出的上下文菜单中选择关闭面板或关闭选项卡组。

调整用户界面亮度

与Adobe InDesign或Adobe Photoshop类似，Illustrator支持调整用户界面的亮度。这是一个程序首选项设置，允许您从4种预设级别中选择亮度设置。

若要编辑用户界面亮度，可以选择"Illustrator">"首选项">"用户界面"（macOS）或"编辑">"首选项">"用户界面"（Windows），如图1-36所示。

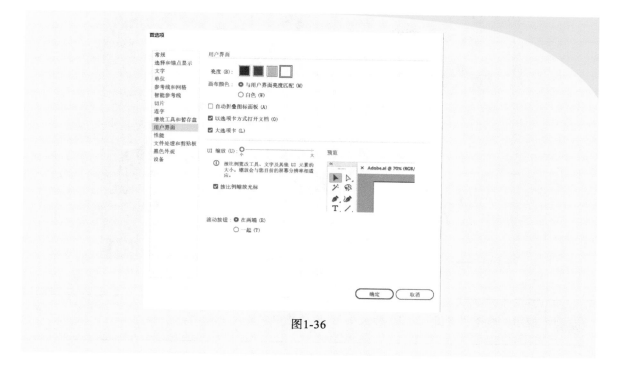

图1-36

1.4 更改图稿视图

在处理文件时，您可能需要更改缩放比例并在不同画板之间切换。Illustrator 中可用的缩放比例包括从 3.13% 到 64,000% 不等，缩放比例显示在标题栏（或文档选项卡）的文件名旁边和文档窗口的左下角。

在 Illustrator 中，有很多方法可供您更改缩放比例，在本节中，您将学习几种最常用的方法。

1.4.1 使用视图命令

使用"视图"菜单下的视图命令是一种放大或缩小图稿视图的简便方法。

1　选择"视图" > "放大"，重复一次，放大图稿视图。

使用"视图"工具和命令仅影响图稿的显示，而不影响图稿的实际尺寸。每次选择"缩放"选项时，都会将图稿的视图调整为最接近预设的缩放级别。预设的缩放级别显示在文档窗口左下角的菜单中，由百分数旁边的向下箭头标识。

　提示　放大图稿的键盘快捷键是"Command++"（macOS）或"Ctrl ++"（Windows）。您还可以使用键盘快捷键"Command+-"（macOS）或"Ctrl +-"（Windows）缩小图稿。

2　单击选中图稿中水里面的一条鱼，选择"视图" > "放大"，如图 1-37 所示。

图1-37

| Ai | 提示　选择"视图">"实际大小"，图稿将以实际大小展示。 |

如果选中了图稿，使用"视图">"放大"视图命令将放大所选内容。

3　选择"视图">"画板适合窗口大小"，效果如图 1-38 所示。

图1-38

通过选择"视图">"画板适合窗口大小"，或使用键盘快捷键"Command+0"（macOS）或"Ctrl+0"（Windows），整个画板（页面）将在文档窗口中居中显示。

4　选择"选择">"取消选择"，鱼将不再被选中。

1.4.2 使用缩放工具

除了"视图"菜单下的视图命令外，您还可以使用"缩放工具" Q 按预设的缩放级别来缩放图稿视图。

1. 在工具栏中选中"缩放工具"，然后将鼠标指针移动到文档窗口中。

   请注意，缩放工具指针 Q 的中心会出现一个加号（+），如图 1-39 所示。

图1-39

2. 将缩放工具指针移动到画板中心的文本"Keep it Reel"上并单击一次。

   图稿将以更高的放大比例显示，具体比例取决于您的屏幕分辨率。请注意，您单击的位置现在位于文档窗口的中心。

3. 在文本上单击两次，视图将进一步放大，您会注意到单击的区域被放大。

4. 在仍选中"缩放工具"的情况下，按住 Option 键（macOS）或 Alt 键（Windows），缩放工具指针的中心会出现一个减号（−），如图 1-40 所示。按住 Option 键（macOS）或 Alt 键（Windows）后，单击文本两次，缩小图稿视图。

图1-40

   使用"缩放工具"时，您还可以在图稿中按住鼠标左键拖框进行放大和缩小。默认情况下，如果您的计算机满足 GPU 性能的系统要求并已启用 GPU 性能，则能动画缩放。若要了解您的计算机是否满足系统要求，请参阅本节后面标题为"GPU 性能"的注意栏。

5. 选择"视图">"画板适合窗口大小"。

6. 在仍选中"缩放工具"的情况下，按住鼠标左键从图稿的左侧向右拖动以进行放大，放大过程为动画缩放，如图 1-41 所示，从右到左拖动则可将视图缩小。

图1-41

提示 选中"缩放工具"后，如果将鼠标指针移动到文档窗口单击并按住鼠标左键几秒钟，则可以使用动画缩放进行放大。再次强调，您的计算机需要满足 GPU 性能的系统要求并已启用 GPU 性能，动画缩放才会起作用。

如果您的计算机不满足 GPU 性能的系统要求，则在使用"缩放工具"拖动时，您将绘制一个虚线矩形，称为"选取框"。

 注意 在某些版本的 macOS 中，"缩放工具"的快捷键会打开"聚焦（Spotlight）"或"查找（Finder）"。如果您决定在 Illustrator 中使用这些快捷键，则可能需要在 macOS 首选项中关闭或更改这些快捷键。

7 选择"视图">"画板适合窗口大小"，使画板适应文档窗口大小。

由于您在编辑过程中会经常使用"缩放工具"来放大和缩小图稿的视图，Illustrator 允许您随时使用键盘临时切换到该工具，而无须先取消选择您正在使用的其他工具。

- 要使用键盘访问"放大"工具，请按住"Command + 空格键"（macOS）或"Ctrl + 空格键"组合键（Windows）。
- 要使用键盘访问"缩小"工具，请按"Command + Option + 空格键"（macOS）或"Ctrl + Alt + 空格键"（Windows）组合键。

GPU 性能

图形处理器（Graphics Processing Unit，GPU）是一种位于显示系统中视频卡上的专业处理器，可以快速执行与图像操作和显示相关的命令。通过 GPU 加速后的计算能使各种设计、动画和视频应用获得更高的性能。

Illustrator 中的 GPU 性能有一个名为"GPU 预览"的预览模式，可在图形处理器上渲染 Illustrator 图稿。

此功能可在兼容的 macOS 和 Windows 中使用。文档默认启用此功能，可以通过选择"Illustrator">"首选项">"性能"（macOS）或"编辑">"首选项">"性能"（Windows）来访问首选项中的 GPU 性能。

1.4.3 滚动浏览文档

在 Illustrator 中，您可以使用"抓手工具" 拖动文档。"抓手工具"可以让您像移动办公桌上的纸张一样将文档随意移动。当需要在包含多个画板的文档中移动，或者在放大后的视图中移动时，这种工具特别有用。在本节中，您将学习访问"抓手工具"的几种方法。

1 将鼠标指针移动到工具栏中的"缩放工具" 上，单击鼠标并长按，然后选择"抓手工具"。

2 在文档窗口中按住鼠标左键并向下拖动。随着您的拖动，画板和图稿也会移动。

与"缩放工具"一样，您也可以通过键盘快捷键选中"抓手工具"，而无须先取消选择当前工具。

3 单击工具栏中除"文字工具" **T** 以外的任何工具，然后将鼠标指针移动到文档窗口中。按住键盘上的空格键，临时切换到"抓手工具"，然后按住鼠标左键拖动，将图稿拖回视图中心，松开空格键。

 注意 当选中"文字工具"且光标位于文本框中时，"抓手工具"的快捷键空格键不起作用。要在光标在文本框中时访问"抓手工具"，请按住 Option 键（macOS）或 Alt 键（Windows）。

4 选择"视图">"画板适合窗口大小"。

1.4.4 查看图稿

打开文件时，该文件将自动显示在预览模式下，该模式展示了图稿最终打印出来的样式。Illustrator 还提供了查看图稿的其他方式，如轮廓和栅格化。接下来，您将了解查看图稿的不同方法，并了解为什么可以通过这些方式查看图稿。

在处理大型或复杂图稿时，您可能只想查看图稿中对象的轮廓或路径，这样每次进行修改时，屏幕无须重新绘制图稿，这就是"轮廓模式"。轮廓模式在选择对象时也很有用，您将在第 2 课中看到这一点。

图1-42

1 选择"视图">"轮廓"。这将只显示对象的轮廓。您可以使用该视图查找和选择在预览模式下可能看不到的对象，如图 1-42 所示。

 提示 您可以按"Command+ Y"（macOS）或"Ctrl + Y"（Windows）组合键在"预览模式"和"轮廓模式"之间切换。

2 仍使用轮廓模式，选择"视图">"预览"（或"GPU 预览"），再次查看图稿的所有属性。

3 选择"视图">"叠印预览"，查看设置为叠印的线条或形状。

该视图模式对印刷行业的工作人员很有帮助，因为他们需要了解图稿设置为叠印时墨水如何相互影响。叠印可以使图稿颜色印刷在底层图稿颜色之上。例如，启用"叠印预览"时，船上人员的手臂将变为半透明或透明，如图 1-43 所示。

 注意 在视图模式之间切换时，视觉变化可能并不明显。放大和缩小（"视图">"放大"和"视图">"缩小"）图稿可以帮助您更轻松地看到差异。

4 选择"视图">"像素预览"。

启用"像素预览"时，会关闭"叠印预览"。"像素预览"可用于查看图稿被栅格化后并通过 Web 浏览器在屏幕上显示时的效果。注意图 1-44 中箭头处所示的锯齿状边缘。

图1-43 图1-44

5 从文档窗口左下角的缩放级别菜单中选择"300%"，以便您更容易看清图稿的边缘。

6 选择"视图">"像素预览"，关闭"像素预览"。

7 选择"视图">"画板适合窗口大小"，确保当前画板适合文档窗口大小，并使文档保持打开状态。

1.5 多画板导航

画板表示可打印的图稿区域（类似于 Adobe InDesign 中的页）。您可以通过改变画板大小来满足打印或置入的需求，也可以建立多个画板来创建各种内容，比如多页 PDF、不同大小或元素的打印页面、网站的独立元素、视频故事板、组成 Adobe Animate 或 Adobe After Effects 动画的各个项目。通过创建多个画板，您可以轻松地共享多个设计的内容、创建多页 PDF 文件以及打印多个页面。

> **Ai** | **注意** 您将在第 5 课学习到更多关于如何使用画板的知识。

单个 Illustrator 文件中最多拥有 1,000 个画板（取决于它们的大小）。在最初创建 Illustrator 文档时，您可以添加多个画板，也可以在创建文档后添加、删除和编辑画板。接下来，您将学习如何有效地在包含多个画板的文档中导航。

1 选择"文件">"打开"，在"打开"对话框中，找到硬盘上的"Lessons">"Lesson01"文件夹，选择"L1_start2.ai"文件。单击"打开"按钮，打开该文件。

2 选择"视图">"全部适合窗口大小"，以便让所有画板适合文档窗口。注意，该文档包含两个画板，分别为感谢卡的正面和背面，如图 1-45 所示。

文档中的画板可以按任意顺序、方向或画

图1-45

板大小排列，甚至可以堆叠。假设您要创建一个 4 页的小册子，您可以为每一页创建一个不同的画板，所有画板的大小和方向都相同。它们可以水平或垂直排列，也可以以您喜欢的任意方式排列。

3 在工具栏中选中"选择工具" ▶，然后单击选中右侧画板右下角的植物组，如图 1-46 所示。

图1-46

4 选择"视图">"画板适合窗口大小"。

选中图稿时，会使图稿所在画板成为当前画板。通过选择"画板适合窗口大小"命令，当前画板会自动调整到适合文档窗口的大小。文档窗口左下角状态栏中的"画板导航"菜单会标识当前画板，目前是画板"2"，如图 1-47 所示。

5 选择"选择">"取消选择"，取消选择图稿。

6 从"属性"面板中的"画板"菜单中选择"1"。

请注意"属性"面板中"画板"菜单右侧的箭头，您可以使用这些箭头导航到上一个画板 ◀或下一个画板 ▶，如图 1-48 所示。这些箭头加上其他几个箭头也会出现在文档下方的状态栏中。

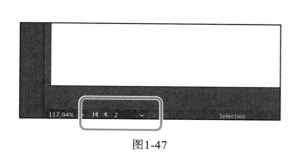

图1-47

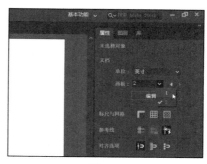

图1-48

7 单击文档下方状态栏中的"下一项"导航按钮 ▶，在文档窗口中查看下一个画板（画板2），如图 1-49 所示。

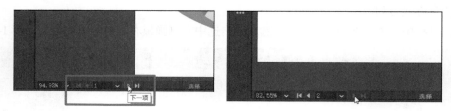

图1-49

"画板导航"菜单和导航箭头始终显示在文档下方的状态栏中，但只有在非"画板编辑"模式下，选中了"选择工具"且未选中任何内容时，它们才会显示在右侧的"属性"面板中。

使用画板面板

在多个画板之间导航的另一种方法是使用"画板"面板。"画板"面板中列出了当前文档中所有的画板，并允许您导航到不同的画板、重命名画板、添加或删除画板，以及改变画板设置等。接下来，您将打开"画板"面板并浏览文档。

1 选择"窗口">"画板"，打开"画板"面板。

2 双击"画板"面板中"Artboard 1"左侧的数字"1"，这会使名为"Artboard 1"的画板适合文档窗口的大小，如图 1-50 所示。

图1-50

> **Ai** **注意** 双击"画板"面板中的画板名称，你可以更改画板的名称；单击面板中画板名称右边的画板图标 🖼 或 🖼，你可以设置画板选项。

3 双击"画板"面板中"Artboard 2"左侧的数字"2"，显示文档窗口中的第 2 个画板，如图 1-51 所示。

4 单击"画板"面板组顶部的"×"按钮将其关闭。

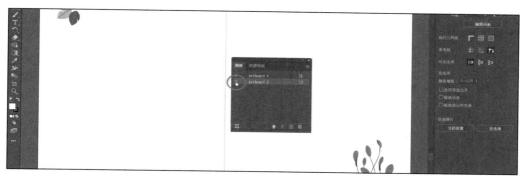

图1-51

使用"导航器"面板进行缩放和平移

"导航器"面板是导航含有单个或多个画板的文档的另一种方法。当您需要在窗口中查看文档中的所有画板,并在放大视图中编辑任何一个画板中的内容时,"导航器"面板将很有用。通过选择"窗口">"导航器",您可以打开"导航器"面板,打开后它位于工作区中的自由浮动组中。

您可以通过以下多种方式使用"导航器"面板。

"导航器"面板中的红色框称为"代理预览区域",表示当前显示的文档区域,如图1-52所示。

输入缩放值或单击山形图标,可以更改图稿的放大比例。

图1-52

将鼠标指针放在"导航器"面板的"代理预览区域"内,当鼠标指针变为抓手形状时,按住鼠标左键平移拖动可查看图稿的不同区域。

1.6 排列多个文档

在 Illustrator 中,所有工作区元素(如面板、文档窗口和工具栏)都被分组在一个名为"应用程序框架"的集成窗口中,该窗口使您可以将应用程序视为一个单元。当您移动或调整"应用程序框架"或其任何元素的大小时,其中的所有元素都会相互响应,因此不会重叠。

> **Ai** | **注意** 在 macOS 中,如果您喜欢自由格式的用户界面,则可以通过选择"窗口">"应用程序框架"来打开和关闭"应用程序框架"。就本课而言,请您确保已经启用它。

当您在 Illustrator 中打开多个文档时,文档将以选项卡的形式在文档窗口顶部打开。您可以通过其他方式(如并排排列)来排列打开的文档,这样便于比较不同文档或者将对象从一个文档拖到另一个文档。此外，您还可以使用"排列文档"菜单以各种预设快速显示打开的文档。

当前应该已经打开了两个 Illustrator 文件："L1_start1.ai"和"L1_start2.ai"。每个文件在文档窗口顶部都有自己的选项卡，这些文档被视为一组文档窗口。您可以创建文档组，以便将打开的文档松散地关联起来。

1 单击"L1_start1.ai"文档选项卡，在文档窗口中显示"L1_start1.ai"文档。

2 按住鼠标左键将"L1_start1.ai"文档选项卡拖到"L1_start2.ai"文档选项卡的右侧，如图 1-53 所示。松开鼠标左键，查看新的选项卡顺序。

 注意 请注意此处是直接向右拖动，否则，您可能解除文档窗口停靠状态并创建新的文档组。如果发生这种情况，请选择"窗口" > "排列" > "合并所有窗口"。

图1-53

拖动文档选项卡可以更改文档的顺序。如果使用键盘快捷键切换到下一个或上一个文档，将非常方便。

要同时查看这两个文档，或者将画稿从一个文档拖到另一个文档，可以通过"层叠"或"平铺"的方式来排列文档窗口。"层叠"允许您堆叠不同的文档组，而"平铺"将以各种排列方式同时显示多个文档窗口。接下来，您将平铺打开的文档，以便同时看到这两个文档。

 提示 您可以通过按"Command +~"组合键（下一个文档）和"Option + Shift +~"组合键（上一个文档）（macOS）或按"Ctrl+F6"组合键（下一个文档）和"Ctrl+Shift+F6"组合键（上一个文档）（Windows）在打开的文档之间切换。

3 选择"窗口" > "排列" > "平铺"。
文档窗口的可用空间将按照文档数量进行划分。

4 在左侧的文档窗口中单击激活该文档，然后选择"视图" > "画板适合窗口大小"；对右侧的文档窗口执行同样的操作，如图 1-54 所示。
平铺文档后，您可以在文档之间拖动图稿，将其从一个文档复制到另一个文档中。
若要更改平铺窗口的排列方式，您可以将文档选项卡拖动到新位置。但是，使用"排列文档"菜单会更方便，它可通过各种预设来快速排列打开的文档。

5 单击应用程序栏中的"排列文档"按钮，显示"排列文档"菜单。单击"全部合并"按钮，将所有文档重新组合在一起，如图 1-55 所示。

图1-54

图1-55

Ai | **注意** 在 Windows 里，"排列文档"菜单显示在应用程序栏中。

Ai | **提示** 您还可以选择"窗口">"排列">"合并所有窗口"，将这两个文档合并
到同一组选项卡中。

6　单击应用程序栏中的"排列文档"按钮 ，再次显示"排列文档"菜单。单击"排列文
档"菜单中的"双联"按钮 □。

7　单击选择"L1_start1.ai"文档选项卡（如果尚未选中的话），然后单击"L1_start1.ai"文档
选项卡上的"×"按钮，关闭文档，如图 1-56 所示。如果出现要求您保存文档的对话框，
请单击"不保存"（macOS）或"否"（Windows）。

图1-56

8 选择"文件">"关闭",关闭"L1_start2.ai"文件,无须保存。

查找Illustrator使用资源

有关使用Illustrator面板、工具和软件其他功能的完整和最新信息,请访问Adobe网站。通过选择"帮助">"Illustrator帮助",您将连接到Illustrator学习和支持网站,您可以在该网站上搜索帮助文档。您也可以搜索与并访问Illustrator用户相关的其他网站。

数据恢复

当Illustrator程序崩溃后重新启动时,您可以选择恢复正在进行的工作文件,如图1-57所示,这样可以避免丢失您之前的工作数据。已恢复的文件在打开时文件名前面会添加"[已恢复]"。

图1-57

在程序首选项("Illustrator">"首选项">"文件处理和剪贴板"[macOS]或"编辑">"首选项">"文件处理和剪贴板"[Windows])中,您可以启用和关闭数据恢复,还可以设置相关选项,例如多久自动保存一次数据,如图1-58所示。

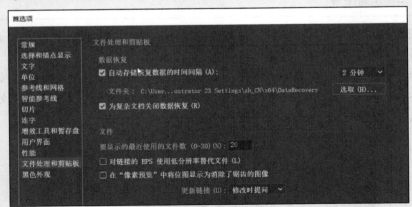

图1-58

1.7　复习题

1　描述两种更改文档视图的方法。

2　如何在 Illustrator 中选中某个工具？

3　如何保存面板位置和可视性偏好设置？

4　简述 Illustrator 中在画板之间导航的几种方法。

5　简述如何排列文档窗口更有用。

1.8　复习题答案

1　您可以从"视图"菜单中选择命令，以放大或缩小文档，使其适合屏幕大小。您也可以使用工具栏中的"缩放工具" ，在文档中单击或拖动进行缩放。此外，您还可以使用快捷键来缩放图稿。您可以使用"导航器"面板在图稿中滚动或更改其缩放比例，而无须使用文档窗口。

2　若要选中某种工具，您可以在工具栏中直接单击此工具，也可以使用该工具的键盘快捷键。例如，可以按 V 键来选中"选择工具" 。选中的工具将处于活动状态，直到您选中其他工具为止。

3　您可以通过选择"窗口" > "工作区" > "新建工作区"来创建自定义工作区，达到保存面板位置和可见性偏好的目的，这样您在查找所需控件时也会更方便。

4　Illustrator 中在画板之间导航的方法有：①从文档窗口左下角的"画板导航"菜单中选择画板编号；②在未选中任何内容且未处于"画板编辑"模式时，从"属性"面板中"画板"菜单中选择画板编号；③在"属性"面板中使用"画板"菜单右侧的箭头；④使用文档窗口左下角状态栏中的画板导航箭头切换到第一个、上一个、下一个和最后一个画板；⑤使用"画板"面板浏览各个画板；⑥使用"导航器"面板中的"代理预览区域"，通过按住鼠标左键拖动来在画板之间导航。

5　通过"排列文档"窗口，您可以平铺窗口或层叠文档组（本课没有介绍层叠）。如果您正在处理多个 Illustrator 文件，并且需要在这些文件之间比较或共享内容，平铺窗口或层叠文档组将非常有用。

第2课 选择图稿的技巧

本课概览

在本课中，您将学习如何执行以下操作。

- 区分各种选择工具，并使用不同的选择方法。
- 识别智能参考线。
- 存储所选内容供以后使用。
- 隐藏和锁定对象。
- 使用工具和命令，对齐所选对象、分布对象和对齐画板。
- 编组和取消编组。
- 在隔离模式下工作。

 完成本课内容大约需要 45 分钟。

在 Adobe Illustrator 中选择图稿是您要做的重要工作之一。在本课中，您将学习如何使用选择工具来定位和选择对象，如何通过隐藏、锁定和编组对象来保护其他对象，还将学习如何分布对象和对齐画板等。

2.1 开始本课

　　创建、选择和编辑是在 Adobe Illustrator 软件中创作图稿的基础。在本课中，您将学习使用不同方法选择、对齐和编组图稿的基础知识。首先，您需要重置 Illustrator 中的首选项，然后打开课程文件。

> **Ai** **注意** 如果您还没有从您的"账户"页面下载本课的课程文件到您的计算机中，请立即下载。具体操作请参阅本书"前言"部分。

1. 为了确保工具的功能和默认值完全按照本课中所述的方式设置，请删除或停用（通过重命名）Adobe Illustrator 首选项文件。具体操作请参阅本书"前言"部分中的"还原默认首选项"。

2. 启动 Adobe Illustrator。

3. 选择"文件">"打开"，选择"Lessons">"Lesson02"文件夹，找到文件"L2_end.ai"，然后单击"打开"按钮。

　　此文件包含您将在本课中创建的插图终稿，如图 2-1 所示。

4. 选择"文件">"打开"，找到"Lessons">"Lessons02"文件夹，打开"L2_start.ai"文件，如图 2-2 所示。

图2-1

图2-2

5. 选择"文件">"存储为"。在"存储为"对话框中，将文件重命名为"WildlifePoster. ai"，并将其存储在"Lessons">"Lesson02"文件夹中。从"格式"菜单选择"Adobe Illustrator（ai）"（macOS）或从"保存类型"菜单中选择"Adobe Illustrator（ *.AI）"（Windows），然后单击"保存"按钮。

6. 在"Illustrator 选项"对话框中，使 Illustrator 选项保持默认设置，然后单击"确定"按钮。

7. 选择"视图">"全部适合窗口大小"。

8. 选择"窗口">"工作区">"基本功能"，在确保选中了"基本功能"后，选择"窗口">"工作区">"重置基本功能"，以重置工作区。

2.2 选择对象

　　在 Illustrator 中,无论您是从头开始创建图稿还是编辑现有图稿,您都需要熟悉选择对象的方式。

Illustrator 中有许多方法和工具可以做到这一点。在本节中，您将了解最常用的选择方式，即使用"选择工具" ▶和"直接选择工具" ▷。

2.2.1　使用选择工具

工具栏中的"选择工具" ▶可用于选择、移动、旋转和调整整个对象的大小。在本节中，您将学习如何使用它。

> **Ai** **注意**　如果画板没有适配文档窗口的大小，则可以选择"视图" > "画板适合窗口大小"。

1　从文档窗口左下角的"画板导航"菜单中选择"2"，如图 2-3 所示，这将使图 2-2 中右边的画板适合整个窗口。

图2-3

2　在左侧的工具栏中选择"选择工具"（见图 2-4）。将鼠标指针移到画板上的不同图稿上，但不要单击它。

鼠标指针经过图稿时，变为▶表示指针下有可以选择的对象。将鼠标指针悬停在某对象上时，该对象的轮廓也会变为某种颜色与其他对象进行区分，如本例中为蓝色，如图 2-5 所示。

图2-4

图2-5

3　在工具栏中选中"缩放工具" Q，然后在米黄色圆圈上单击几次将其放大。

4　在工具栏中选中"选择工具"，然后将鼠标指针移动到左侧米黄色圆圈的边缘上，如图 2-6 所示。

由于智能参考线在默认情况下处于启用状态（"视图" > "智能参考线"），指针旁可能会出现"路径"或"锚点"等词。智能参考线只是临时显示，可帮助您对齐、编辑和变换对象或画板。

> **Ai** **提示**　您将在第 3 课中了解有关智能参考线的更多内容。

5　单击左侧米黄色圆圈内的任意位置，将其选中，所选圆圈周围会出现一个带 8 个控制点的定界框，如图 2-7 所示。

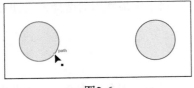

图2-6

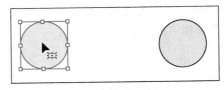

图2-7

定界框可用于更改图稿（矢量或栅格），例如调整图稿大小或旋转图稿。定界框还表示对象已被选中，可对其进行修改。定界框的颜色可表示所选对象位于哪个图层，在第10课"使用图层组织图稿"中将对图层进行更多介绍。

6　使用"选择工具"，单击右侧的圆圈。请注意，现在已取消选择左侧的圆圈，只选中了右侧的圆圈。

> **Ai** **注意**　若要选择没有填色的对象，可以单击对象的描边（边缘）或按住鼠标左键拖框选中对象。

7　按住 Shift 键，单击左侧的圆圈将其添加为所选内容，然后松开 Shift 键。现在选择了两个圆圈，并且二者周围出现了一个更大的定界框，如图 2-8 所示。

8　在任意一个所选圆圈（米黄色）中按住鼠标左键并拖动，让圆圈短距离移动。因为两个圆圈都被选中，所以它们将同时移动，如图 2-9 所示。

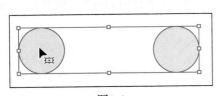

图2-8

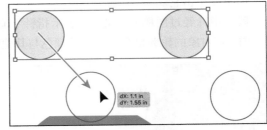

图2-9

拖动时，您可能会注意到出现了洋红色线条，该线条被称为"对齐参考线"。它们可见是因为智能参考线默认处于启用状态（"视图" > "智能参考线"）。此时拖动对象，对象将与文档中的其他对象对齐。这里还要注意鼠标指针旁边的测量标签（灰色框），该标签显示对象与其原始位置的距离。由于智能参考线默认处于启用状态，测量标签也会出现。

9　通过选择"文件" > "恢复"，在弹出的对话框中，单击"恢复"按钮，将文件恢复到最后一次存储的版本。

2.2.2　使用直接选择工具

在 Adobe Illustrator 中绘图时将创建由锚点和路径组成的矢量路径。锚点用于控制路径的形状，其作用就像固定线路的针脚。您创建的形状如正方形，由至少 4 个角部锚点以及连接锚点的路径组成，如图 2-10 所示。

您可以拖动锚点来改变路径或形状。"直接选择工具" ▷用于选择对象中的锚点或路径，以便对其进行调整。接下来，您将学习如何使用"直接选择工具"选择锚点来调整路径。

1　从右边"属性"面板的"画板"菜单中选择"2"。

2　选择"视图">"画板适合窗口大小"，确保能看到整个画板。

3　在左侧的工具栏中选择"直接选择工具"（见图 2-11）。单击画板里面的一个较大的绿色竹子形状，您将看到锚点。请注意，锚点都是用蓝色填充的，这意味着它们都已被选中，如图 2-12 所示。

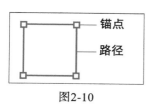

图2-10

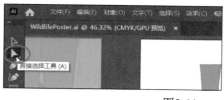

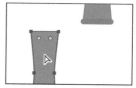

图2-11

4　将鼠标指针直接移动到右上角的锚点上。

　　选择"直接选择工具"后，当鼠标指针正好位于锚点上时，指针旁将显示"锚点"一词。显示"锚点"标签是因为智能参考线已启用（"视图">"智能参考线"）。还要注意鼠标指针▷旁边的小框，小框中心的小点表示鼠标指针正位于锚点上（见图 2-12）。

5　单击选择该锚点，然后将鼠标指针移开，如图 2-13 所示。

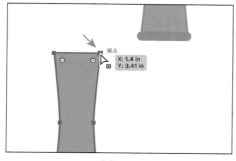

图2-12

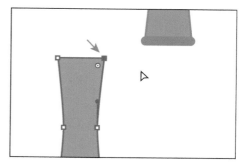

图2-13

请注意，现在只有您选择的锚点填充了蓝色，这表示该锚点已被选中；形状中的其他锚点现在是空心的（填充了白色），表示未被选中。

 注意　拖动锚点时显示的灰色测量标签具有 dX 和 dY 值。dX 表示鼠标指针沿 x 轴（水平方向）移动的距离，dY 表示鼠标指针沿 y 轴（垂直方向）移动的距离。

6　在仍选中"直接选择工具"的情况下，将鼠标指针移到所选锚点上，然后按住鼠标左键拖动锚点以编辑该对象的形状，如图 2-14 所示。

7　单击该形状角上的另一个锚点。请注意，当您选择新锚点时，原来选中的锚点将被取消选中，如图 2-15 所示。

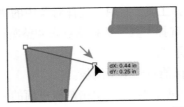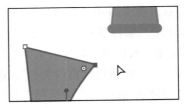

图2-14

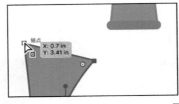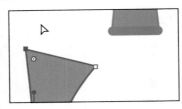

图2-15

8　选择"文件">"恢复",在弹出的对话框中,单击"恢复"按钮,将文档恢复到最后一次存储的版本。

更改锚点、手柄和定界框显示的大小

　　锚点、手柄和定界框的点有时可能很难看到,您可以在Illustrator首选项中调整它们的大小。通过选择"Illustrator">"首选项">"选择和锚点显示"(macOS)或"编辑">"首选项">"选择和锚点显示"(Windows),您可以拖动"大小"滑块来更改锚点、手柄和定界框显示的大小,如图2-16所示。

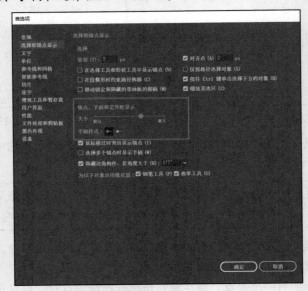

图2-16

2.2.3　使用选框进行选择

选择内容的另一种方法是环绕您要选择的内容拖出一个选框（称为拖框选择），这是您接下来要执行的操作。

1　在工具栏中选择"缩放工具"🔍，然后连续多次单击米黄色圆圈将其放大。

2　在左侧的工具栏中选择"选择工具"▶。将鼠标指针移到最左侧米黄色圆圈的左上方，然后按住鼠标左键向右下方拖动，以创建覆盖两个圆圈上部的选框，然后松开鼠标左键。使用"选择工具"拖框选择时，只需覆盖对象的一小部分即可将其选中。

3　选择"选择" > "取消选择"，或单击对象旁边的空白区域。

现在，您将使用"直接选择工具"▷，通过在锚点周围拖动选框来选中圆形的多个锚点。

4　在工具栏中选择"直接选择工具"。从左边圆圈的左上角开始，按住鼠标左键从两个圆圈的上边缘拖过，形成一个矩形虚线框，如图 2-17 左图所示，然后松开鼠标左键。

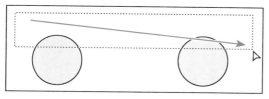

图2-17

这样仅会选择圆圈上边缘的锚点。选择锚点后，您可能会看到锚点附带小手柄。这些小手柄称为方向手柄，它们可用于控制路径的曲线部分，如图 2-17 右图所示。在下一步操作中，您将拖动其中一个锚点。请注意，是拖动圆圈上的锚点，而不是方向手柄的圆形端点。

5　将鼠标指针移动到圆圈上边缘的一个被选中的锚点上。当您在指针旁看到"锚点"一词时，拖动该锚点，观察锚点和手柄是如何一起移动的，如图 2-18 所示。

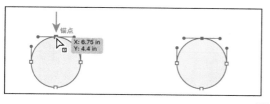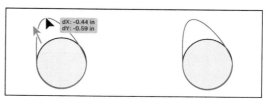

图2-18

您可以在锚点被选中时使用此方法，这样就不需要再次精确单击要选中的锚点了。

6　通过选择"文件" > "恢复"，在弹出的对话框中，单击"恢复"按钮，将文档恢复到最后一次存储的版本。

2.2.4　隐藏和锁定对象

当存在一个对象堆叠在另一个对象上，或在一个小区域中有多个对象的情况时，选择对象可能会比较困难。在本节中，您将学习一种通过锁定和隐藏内容使对象更容易选择的常用方法。接下来，您将尝试跨图稿拖动并选中对象。

1 从左下角的"画板导航"菜单中选择"1 Final Artwork"。

2 选择"视图">"画板适合窗口大小"。

3 选中"选择工具"▶后，将鼠标指针移动到动物图稿左侧的蓝绿色区域（见图 2-19 左图中的 × 处），然后按住鼠标左键，在动物头部按住鼠标左键拖框来选择内容，如图 2-19 所示。

图2-19

注意，这个时候您拖动的是大的蓝绿色形状，而不是头部形状。

4 选择"编辑">"还原移动"。

5 在选中大的蓝绿色背景形状的情况下，选择"对象">"锁定">"所选对象"，或者按"Command+2"（macOS）或"Ctrl+2"（Windows）组合键。

锁定对象可以防止您选择和编辑该对象，您可以通过选择"对象">"全部解锁"来解锁对象。

Ai | **注意** 您可以使用此方法锁定选框内的所有对象。

---

6 将鼠标指针再次移动到动物图稿左侧的蓝绿色区域，然后按住鼠标左键拖框选中动物的头部，这次就选择了动物的整个头部，如图 2-20 所示。

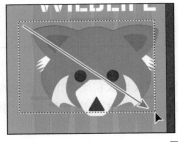

图2-20

接下来，您将隐藏除眼睛之外构成动物头部的所有形状。

7 按住 Shift 键，然后单击眼睛形状，每次单击一个，从所选内容中删除它们，如图 2-21 所示。

8 选择"对象">"隐藏">"所选对象"，或按"Command+3"（macOS）或"Ctrl+3"

（Windows）组合键，如图 2-22 所示。

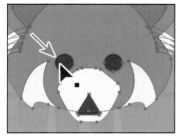 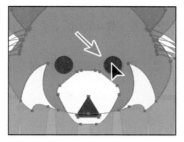 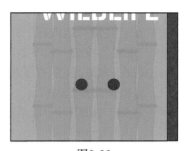

图2-21   图2-22

所选形状将暂时被隐藏，以便您更轻松地选择其他对象。

9　选择"文件">"存储"，保存文件。

2.2.5　选择类似对象

您还可以使用"选择>"相同"命令，根据类似的填色、描边颜色、描边粗细等形式来选择对象。对象的描边是轮廓（边框），描边粗细是描边的宽度。接下来，您将选择多个具有相同填充和描边的对象。

1　选择"视图">"全部适合窗口大小"，可同时查看所有对象。

2　使用"选择工具" ▶，单击选择右侧画板中较大的绿色竹子形状之一，如图 2-23 所示。

> **Ai**　**提示**　在第 14 课中，您将了解使用全局编辑选择相似图稿的另一种方法。

3　选择"选择">"相同">"描边颜色"，即可选中画板上与所选对象具有相同描边（边框）颜色的所有对象，如图 2-24 所示。

图2-23   图2-24

现在，所有具有相同描边（边框）颜色的形状都已被选中。如果接下来的操作中需要再次选择某系列对象（如上一步选择的竹子形状），则可以保存该选择。

保存所选内容是以后轻松进行相同选择的好方法，并且它们仅与该文档一起保存。接下来，您将保存当前所选内容。

4 在选中形状的情况下，选择"选择">"存储所选内容"。在"存储所选内容"对话框中输入"Bamboo"，然后单击"确定"按钮，如图 2-25 所示。

现在，您已经保存了所选内容，您将能够在需要时快速、轻松地选择此内容。

5 选择"选择">"取消选择"。

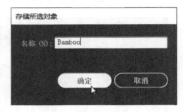

图2-25

2.2.6　在轮廓模式下选择

默认情况下，Adobe Illustrator 将显示所有带上色属性的图稿，如填色和描边。但是，您也可以选择仅显示图稿的轮廓（或路径）。下面的选择方法涉及在轮廓模式下查看图稿，它在您选择一系列堆叠对象中的指定对象时很有用。

1 选择"对象">"显示全部"，以便您可以看到之前隐藏的图像。

2 选择"选择">"取消选择"。

3 选择"视图">"轮廓"，以查看图稿的轮廓。

4 使用"选择工具"▶，在其中一个眼睛形状内单击（但不是单击中心的"×"），如图 2-26 所示。

图2-26

> **Ai** | **提示**　在轮廓模式下，您可能会在某些形状的中心看到一个小"×"。如果单击该"×"，则会选择该形状。

您会发现，并不能使用这种单击填充内容的方法来选中对象。因为轮廓模式将图稿显示为轮廓，而没有任何填充。要在"轮廓模式"下进行选择，您可以单击对象的边缘或在形状上按住鼠标左键拖框选择。

> **Ai** | **提示**　您还可以单击其中一个形状的边缘，然后按住 Shift 键并单击另一个形状的边缘来选择两个形状。

5 选中"选择工具"后，在两个眼睛形状上拖框选择。然后按向上箭头键几次，将两个形状向上移动一点，如图 2-27 所示。

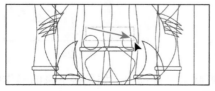 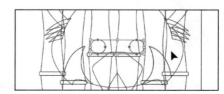

图2-27

6 选择"视图">"在 CPU 上预览"（或"GPU 预览"），查看绘制的画稿。

2.3 对齐对象

Illustrator 可以很方便地使多个所选对象彼此对齐、分布、对齐到画板或对齐到关键对象。在本节中，您将了解对齐对象的不同选项。

2.3.1 对齐所选对象

Illustrator 中有一种对齐方式是使多个对象彼此对齐。例如，如果您希望一系列选定形状的顶部边缘对齐，这将非常有用。接下来，您将练习使绿色竹子形状彼此对齐。

1. 选择"选择">"Bamboo"，可重新选择右侧画板上的绿色竹子形状。
2. 单击文档窗口左下角的"下一项"按钮▶，使具有所选绿色竹子形状的画板适合窗口大小。
3. 单击右侧"属性"面板中的"水平居中对齐"按钮▣，如图 2-28 所示。

   请注意，所有所选对象都将移动到整体的水平中心并对齐。
4. 选择"编辑">"还原对齐"，将对象恢复到原来的位置。保持选中这些对象，留待下一节学习使用。

图2-28

2.3.2 对齐关键对象

关键对象是其他对象要与之对齐的对象。当您想对齐一系列对象，并且其中一个对象可能已经处于最佳位置时，这将非常有用。选择要对齐的所有对象（包括关键对象），然后单击关键对象，这可以指定关键对象。接下来，您将使用关键对象来对齐绿色竹子形状。

> **Ai** | **注意** 关键对象的轮廓颜色由对象所在的图层颜色决定。

1. 在选中所有要对齐的对象的情况下，选择"选择工具"▶，单击最左侧的形状，如图 2-29 左图所示。

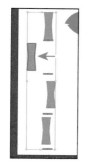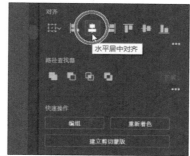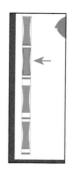

图2-29

所指定的关键对象有一个较粗的轮廓，这表示其他对象将与之对齐。

2　再次单击"属性"面板中的"水平居中对齐"按钮，如图 2-29 中图所示。
　　请注意，所有选中形状都将移动到关键对象的水平中心线进行对齐。

3　单击关键对象（见图 2-29 右图中箭头所示处），取消关键对象的蓝色轮廓，所有绿色竹子形状仍保持选中状态，但所选内容将不再与关键对象对齐。保持对象的选中状态，留待下一节学习使用。

 注意　如果需要，您可以选择"选择">"取消选择"，然后选择"选择">"Bamboo"再次选中形状。

2.3.3　分布对象

使用"属性"面板中的"对齐"分布对象，可以使您选中的多个对象的中心或边缘之间的间距相等。接下来，您将使绿色竹子形状之间均匀分布。

1　在选中绿色竹子形状的情况下，单击"属性"面板"中"对齐"部分的"更多选项"按钮，在弹出的面板中单击"垂直居中分布"按钮，如图 2-30 左图所示。
　　该分布操作会移动所有所选形状，并使每个形状的中心间距相等，如图 2-30 右图所示。

2　选择"编辑">"还原对齐"。

3　在选中绿色形状的情况下，单击所选形状最上方的形状，使其成为关键对象，如图 2-31 左图所示。

图2-30

4　单击"属性"面板"对齐"部分中的"更多选项"按钮，确保"分布间距"值为"0 pt"，然后单击"垂直分布间距"按钮，如图 2-31 中图所示。最终效果如图 2-31 右图所示。

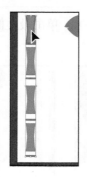

图2-31

"分布间距"分布所选对象的边缘间距，而"分布对象"则分布所选对象的中心间距。设置"分布间距"的距离值是指定对象之间距离的一种好方法。

5 选择"选择">"取消选择",然后选择"文件">"存储"。

2.3.4 对齐锚点

接下来,您将使用"对齐"选项将两个锚点对齐。与在 2.3.2 节中设置关键对象一样,您还可以设置关键锚点并使其他锚点与之对齐。

1 选中"直接选择工具" ▷,然后单击当前画板底部的橙色形状以查看所有锚点。

2 单击形状右下角的锚点,如图 2-32 左图所示;按住 Shift 键,然后单击选择同一形状左下角的锚点,同时选中两个锚点,如图 2-32 右图所示。
最后选择的锚点是关键锚点,其他锚点将与之对齐。

3 单击文档窗口右侧"属性"面板中的"垂直顶对齐"按钮 🔲,选中的第一个锚点将与所选的第二个锚点对齐,如图 2-33 所示。

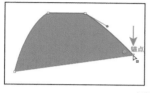 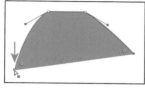

图2-32

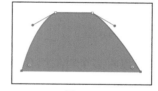

图2-33

4 选择"选择">"取消选择"。

2.3.5 对齐画板

您还可以使所选对象与当前画板(页)对齐,而不仅是使所选对象彼此对齐或与关键对象对齐。与画板对齐时,每个选定对象将分别与画板的边缘对齐。接下来,您会将橙色形状对齐到第一个(左侧)画板。

1 选中"选择工具" ▶后,单击右侧画板底部的橙色形状将其选中。

2 选择"编辑">"剪切"。

3 单击文档窗口左下角的"上一项"按钮 ◁,导航到文档中的第一个(左侧)画板,其中包含最终图稿。

4 选择"编辑">"粘贴",将形状粘贴到文档窗口的中心位置。

5 选择"窗口">"对齐",打开"对齐"面板。
在编写本书时,"属性"面板中没有将单个所选对象与画板对齐的选项,因此您需要打开"对齐"面板。

6 从"对齐"面板菜单中选择"显示选项" ≡,如图 2-34 圆圈处所示。如果您在菜单中看到隐藏选项,则表示全部选项都已显示。

7 单击"对齐"面板中的"对齐所选对象"按钮 ,然后在弹出的菜单中选择"对齐画板"。现在所选内容都将与画板对齐。

8 单击"对齐"面板中的"水平右对齐"按钮 ,然后单击"垂直底对齐"按钮 ,将橙色形状与画板的水平右边缘和垂直底边对齐，如图 2-35 所示。

9　选择"选择" > "取消选择"，保持"对齐"面板处于打开状态。

橙色形状将位于其他图稿的顶层。稍后，您将把它放在其他动物图稿的后面。

图2-34　　　　　　　　　　　　　　　　　　图2-35

2.4　使用编组

您可以将多个对象组合成一个组，然后将这些对象视为一个单元。这样，您就可以同时移动或变换多个对象，而不会影响它们各自的属性和相对位置。这种方式还可以让图稿的选择变得更为简便。

2.4.1　编组对象

接下来，您将选择多个对象并将它们编组。

1　选择"视图" > "全部适合窗口大小"，查看这两个画板。

2　选择"选择" > "Bamboo"，选中右侧画板上的绿色竹子形状，如图 2-36 左图所示。

3　单击右侧"属性"面板"快速操作"部分中的"编组"按钮，将所选形状组合在一起，如图 2-36 右图所示。

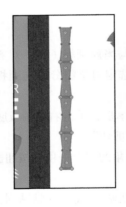

图2-36

> **Ai** | **提示**　您还可以选择"对象" > "编组"，将所选对象进行编组。

4　选择"选择" > "取消选择"。

5　选中"选择工具" ▶ 后，单击新组中的一个形状，因为它们是编组在一起的，所以现在它们都被选中了。

6　按住鼠标左键将"Bamboo"组形状拖到靠近左侧画板左上方边缘的位置，如图 2-37 所示。接下来，您将把"Bamboo"组与画板的顶部对齐。

7 在选中"Bamboo"组的情况下，从"对齐"面板的"对齐"菜单中选择"对齐画板" ，
单击"垂直顶对齐"按钮，如图 2-38 所示。

图2-37   图2-38

8 单击"对齐"面板组顶部的"×"按钮将其关闭。

9 选中"选择工具"后，按 Shift 键，然后按住鼠
标左键将定界框的右下角向下拖动到画板底部，
将竹子形状等比例放大，如图 2-39 所示。当
鼠标指针到达画板底部时，松开鼠标左键和
Shift 键。

10 选择"选择">"取消选择"，然后选择"文
件">"存储"。

图2-39

2.4.2 在隔离模式下编辑编组

隔离模式可以隔离编组（或子图层），使您可以在不取消对象编组的情况下，轻松地选择和编
辑特定对象或对象的一部分。在隔离模式下，除隔离编组之外的所有对象都将被锁定并变暗，它
们不会受到您所做编辑的影响。接下来，您将使用隔离模式编辑编组。

> **Ai** | **注意** 您在第 10 课中将了解有关图层的更多信息。

1 选中"选择工具" ，按住鼠标左键，拖框选中右侧画板上的两个绿色叶子形状。单击
"属性"面板底部的"编组"按钮，将它们编组在一起。

2 双击其中一个叶子形状进入隔离模式，如图 2-40 所示。

图2-40

请注意，此时文档中的其余内容显示为灰色（您将无法选择它们）。在文档窗口的顶部，会出现一个灰色条，上面有"Layer 1"和"＜编组＞"字样，如图 2-40 所示。这表示您已经隔离了一组位于"Layer1"图层的对象。

 注意　此时您需要隐藏面板才能继续操作，这可以通过按 Esc 键来实现。本书不会一直提醒您隐藏面板，因此您需要自觉隐藏不需要的面板。

3　分别单击选中叶子形状。单击右侧"属性"面板中的"填色"框，并确保在弹出的面板中选择"色板"选项，为两片叶子应用不同的绿色，如图 2-41 所示。

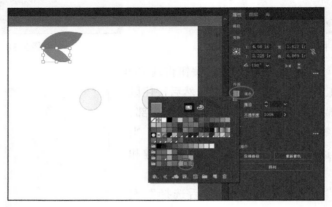

图2-41

当您进入隔离模式时，对象将暂时取消编组，这样您无须取消编组就可以分别编辑编组中的对象或添加新内容。

4　双击编组形状以外的区域，退出隔离模式。

 提示　若要退出隔离模式，您还可以单击文档窗口左上角的灰色箭头，或在隔离模式下按 Esc 键。

5　单击选择叶片编组，并使其保持选中状态，以便进行下一节的学习。
请注意，叶子已再次被编组，您现在也可以选择其他对象。

2.4.3　创建嵌套组

编组好的对象还可以嵌套到其他对象中，或者编组成更大的对象。嵌套是设计图稿时常用的一种技巧，也是将相关内容放在一起的好方法。在本节中，您将了解如何创建嵌套组。

 注意　如果竹叶在"Bamboo"组下层，您可以选择"对象"＞"排列"＞"置于顶层"，将其放到顶层。

1　将一组叶子拖到左侧画板上，使其保持选中状态。

2　按住 Shift 键，单击选择"Bamboo"组，松开 Shift 键然后单击"属性"面板中的"编组"

按钮，如图 2-42 所示。这样您就创建了一个嵌套组——与其他对象或对象编组组合形成的更大的对象组。

3　选择"选择">"取消选择"。

4　选中"选择工具"▶，单击选中左侧的嵌套组。

　提示　要选择编组中的内容，除了取消编组或进入隔离模式，您还可以使用"编组选择工具"（▷）。"编组选择工具"在工具栏的"直接选择工具"▷中，"编组选择工具"允许您选择编组中的对象、多个组中的一个组或图稿中的一组编组。

5　双击叶子以进入隔离模式。

再次单击选择叶子。注意，此时叶子形状仍处于编组状态，属于嵌套组的一部分。如图 2-43 所示。

6　选择"编辑">"复制"，然后选择"编辑">"粘贴"，粘贴一组新的叶子。

7　把新的叶子拖到竹子上，如图 2-44 所示。

图2-42

图2-43

图2-44

8　按 Esc 键退出隔离模式，然后单击画板的空白区域，取消选中对象。

2.5　了解对象排列

Illustrator 创建对象时，会从创建的第一个对象开始将其按顺序堆叠在画板上，如图 2-45 所示。

这种对象的排列顺序称为堆叠顺序，它决定了对象在重叠时的显示方式。您可以随时使用"图层"面板或"排列"命令来更改画板中对象的堆叠顺序。

图2-45

2.5.1　排列对象

下面，您将使用"排列"命令来调整对象的堆叠顺序。

1　选中"选择工具"▶后，单击画板下部的橙色形状。

2　单击"属性"面板中的"排列"按钮。选择"置于底层"，将该形状置于其他所有形状的下层，如图 2-46 所示。

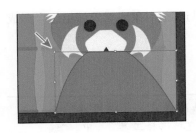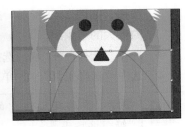

图2-46

3　保持选中形状，单击"排列"按钮，然后选择"前移一层"，将橙色形状移动到蓝绿色的大背景形状之上，如图 2-47 所示。

图2-47

2.5.2　选择位于下层的对象

当对象堆叠在一起后，您有时会很难选择位于下层的对象。接下来，您将学习如何从堆叠对象中选择对象。

1　按住鼠标左键拖框选中右侧画板上的两个米黄色圆圈。

2　按住 Shift 键，拖动定界框的一个角，使其等比例缩小。当测量标签显示宽度约为 1.3 in 时，松开鼠标左键和 Shift 键，如图 2-48 所示。

3　在定界框以外的区域单击，取消选中圆圈，然后按住鼠标左键拖动它们中的任意一个到动物的一个黑色眼睛形状之上，松开鼠标左键，如图 2-49 所示。

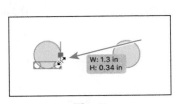

图2-48

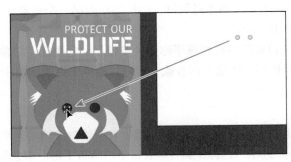

图2-49

此时该圆圈消失了，但仍然处于选中状态。现在它在黑色眼睛形状下层，这是因为它是在黑色眼睛形状之前创建的，这意味着它在堆叠顺序上处于较下层的位置。

4 在仍选中圆圈的情况下，单击"属性"面板中的"排列"按钮，然后选择"置于顶层"。这会将较小的圆圈放到已有对象的上层，使其成为画板中位于最顶层的对象。

5 选中"选择工具" ▶，选择右侧画板上的另一个米黄色圆圈，然后将其拖到左侧画板上的另一个黑色眼睛形状上。

这个圆圈和前一个圆圈一样消失了。但这次，您将取消选择该圆圈，然后使用另外一种方法重新选择它。

6 选择"视图">"放大"，重复操作几次。

7 选择"选择">"取消选择"。

因为较小的米黄色圆圈是在较大的黑色眼睛形状后面，所以您看不到它。

8 将鼠标指针放在上一步取消选择的米黄色圆圈（黑色眼睛形状下层）的位置，按住Command 键（macOS）或 Ctrl 键（Windows），然后单击，直到再次选中较小的米黄色圆圈（这可能需要单击好几次），如图 2-50 所示。

Ai | **注意** 若要选中隐藏的米黄色圆圈，请确保单击此圆圈和黑色眼睛形状重叠的位置。否则，您将无法选中米黄色圆圈。

9 单击"属性"面板中的"排列"按钮，然后选择"置于顶层"，将米黄色圆圈放在黑色眼睛形状之上，如图 2-51 所示。

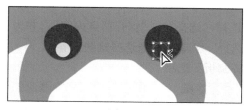

图2-50

图2-51

Ai | **提示** 若要查看米黄色圆圈的位置，您可以选择"视图">"轮廓"。当您看到它后，您可以选择"视图">"在 CPU 上预览"（或"GPU 预览"），再尝试进行选择。

10 选择"视图">"画板适合窗口大小"。

11 选择"文件">"存储"，然后选择"文件">"关闭"。

2.6　复习题

1　如何选中一个没有填充的对象？

2　阐述在不选择"对象">"取消编组"的情况下，如何选中组中的对象。

3　在两个选择工具（"选择工具"和"直接选择工具"）中，哪个允许您编辑对象的单个锚点？

4　选好所选内容后，如果要重复使用它，则应进行什么操作？

5　要将对象与画板对齐，在选择对齐选项之前，需要先在"属性"面板或"对齐"面板中更改什么内容？

6　有时无法选择一个对象，是由于它位于另一个对象的下层。请给出两种选择这个对象的方法。

2.7　复习题答案

1　您可以通过单击描边或在对象的任何部位按住鼠标左键拖框来选中没有填充的对象。

2　选中"选择工具" ▶，双击编组形状进入隔离模式，根据需要编辑形状，然后通过按 Esc 键或双击编组形状外的空白区域退出隔离模式。有关如何使用图层进行复杂选择的更多内容，请参阅第 10 课。此外，您可以使用"编组选择工具" ▷，单击选中组中的各个对象（本课中未介绍），再次单击将下一个编组项目添加到所选内容中。

3　使用"直接选择工具" ▷可以选择一个或多个独立锚点，进而对对象的形状进行更改。

4　对于将重复使用的任何所选内容，可以选择"选择">"保存所选内容"，并为所选内容命名，以后您就可以随时从"选择"菜单中重新选择这些内容。

5　要将对象与画板对齐，首先要选择"对齐画板"选项。

6　要选择被遮挡的对象，可以选择"对象">"隐藏">"所选对象"来隐藏遮挡所要选择对象的其他对象。该操作不会删除该对象，它只是在原位置被隐藏，直到您选择"对象">"显示所有"，它又会重新出现。您还可以使用"选择工具" ▶选择其他对象后面的对象，方法是按住 Command 键（macOS）或 Ctrl键（Windows），然后单击重叠对象，直到选中要选择的对象。

第3课 使用形状创建明信片图稿

本课概览

在本课中，您将学习如何执行以下操作。

- 创建新文档。
- 使用工具和命令创建各种形状。
- 理解实时形状。
- 圆化角部。
- 使用"图像描摹"创建形状。
- 简化路径。
- 使用绘图模式。

 完成本课内容大约需要 60 分钟。

基本形状是 Illstrator 图稿的基础。在本课中，您将创建一个新文档，然后使用形状工具为明信片图稿创建和编辑一系列形状。

3.1 开始本课

在本课中，您将了解使用形状工具创建图稿的不同方法，以及为农贸市场创建明信片图稿的几种方法。

1 为了确保工具的功能和默认值完全按照本课中所述的方式设置，请删除或停用（通过重命名）Adobe Illustrator 首选项文件。具体操作请参阅本书"前言"部分中的"还原默认首选项"。

2 启动 Adobe Illustrator。

3 选择"文件">"打开"，选择"Lessons">"Lesson03"文件夹，找到文件"L3_end.ai"，然后单击"打开"按钮。

此文件包含您将在本课中创建的明信片终稿，如图 3-1 所示。

4 选择"视图">"全部适合窗口大小"，保持文件打开作为参考，或者选择"文件">"关闭"。

图3-1

3.2 创建新文档

首先，为明信片创建一个新文档，您将在此文档上添加图稿。

1 选择"窗口">"工作区">"基本功能"（如果尚未选择的话），再选择"窗口">"工作区">"重置基本功能"。

2 选择"文件">"新建"，新建一个未标题文档。如图 3-2 所示，在"新建文档"对话框中更改以下选项。

• 在对话框顶部选择"打印"配置文件。

通过选择类别，您可以根据不同类型的输出（例如打印、Web、视频等）的需求设置文档。例如，如果您正在设计网页模型，则可以选择"Web"类别并选择文档预设（大小）。文档将被设置为以像素为单位、颜色模式为 RGB，以及光栅效果为"屏幕（72 ppi）"——这是 Web 文档的最佳设置。

• 选择"Letter"文档预设（如果尚未选择的话）。

在右侧的"预设详细信息"区域中，更改以下内容。

• 名称：将"未标题-1"更改为"Postcard"。

该名称将在您保存时成为 Illustrator 文件名称。

• 单位：从"宽度"栏右侧的单位菜单中选择"英寸"。

• 宽度：单击"宽度"栏输入"6 in"。

• 高度：单击"高度"栏输入"4.25 in"。

- 方向：将方向设置为横向（）。
- 画板：1（默认设置）。

稍后将讲解"出血"选项。在"新建文档"对话框右侧的"预设详细信息"部分的底部，您还能看到"高级选项"和"更多设置"（您可能需要滚动进度条才能看到它）。它们包含更多的文档创建设置，您可以自行浏览。

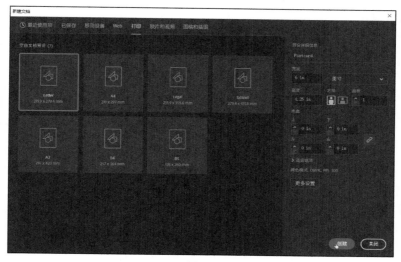

图3-2

3　单击"创建"按钮创建新文档。

新文档已经在 Illustrator 中打开，您现在将保存文档。

4　选择"文件" > "存储为"。在"存储为"对话框中，确保该文件的名称为"Postcard. ai"，并将其保存在"Lessons" > "Lesson03"文件夹中。从"格式"菜单中选择 Adobe Illustrator（ai）（macOS）或从"保存类型"菜单中选择 Adobe Illustrator（＊.AI）（Windows），然后单击"保存"按钮。

Adobe Illustrator（.ai）称为源格式，这意味着它保留了所有的 Illustrator 数据，您可以在以后编辑所有数据。

提示　如果要了解有关这些格式选项的详细信息，请在"Illustrator 帮助"（"帮助" > "Illustrator 帮助"）中搜索"保存图稿"。

5　在弹出的"Illustrator 选项"对话框中，保持选项为默认设置，然后单击"确定"按钮。

"Illustrator 选项"对话框中有关于保存 Illustrator 文档的各个选项，包含指定保存的版本及嵌入与文档链接的任意文件等。

6　单击"属性"面板（"窗口" > "属性"）中的"文档设置"按钮，如图 3-3 所示。

"文档设置"对话框是在创建文档之后，您能够修改文档选项，如单位、出血等的地方。通常，您会在画板上为需要打印到纸张边缘的印刷图稿添加"出血"。出血是指超出打印页面边缘的区域，添加出血可确保页面最终裁切后没有白色边缘出现。

7 在"文档设置"对话框的"出血"部分，将"上方"中的值更改为"0.125 in"，方法是单击输入框左侧的向上箭头按钮 ⓒ 一次，也可以直接输入该值，这一步操作将更改所有 4 个出血值，单击"确定"按钮，如图 3-4 所示。

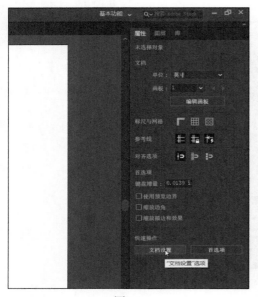
图3-3

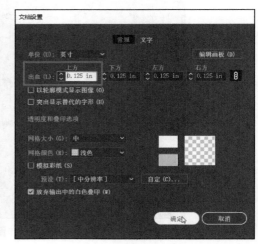
图3-4

画板周围出现的红线表示出血区域。

8 选择"视图">"画板适合窗口大小"，使画板（页）适应文档窗口。

3.3 使用基本形状

在本课的这一部分中，您将创建一系列基本形状，如矩形、圆角矩形、椭圆和多边形等。您创建的形状由锚点和连接锚点的路径组成。例如，矩形由拐角上的 4 个锚点以及连接锚点的路径组成，这种形状称为封闭路径，如图 3-5 所示。这种形状被称为封闭路径是因为路径的末端是相连的。

路径可以是封闭的，也可以是开放的，开放路径两端都有一个锚点（称为端点），如图 3-6 所示。开放路径和封闭路径都可以应用"填色""渐变"和"图案"。

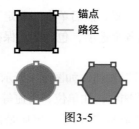

锚点
路径

图3-5

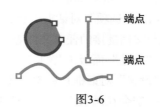

端点

端点

图3-6

3.3.1 创建矩形

首先，您将通过几个矩形来创建一个装水果的碗。您将使用两种不同的方法来创建矩形。

1 在工具栏中选中"矩形工具" 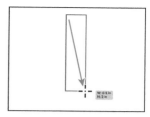。

2 将鼠标指针移动到画板中，按住鼠标左键，向右下方拖动，创建一个高度比宽度长的矩形，如图3-7所示。不要担心具体大小，您马上就会调整矩形大小。

当您按住鼠标左键拖动创建形状时，鼠标指针旁边显示的工具提示称为测量标签，它是智能参考线（"视图"＞"智能参考线"）的一部分，它将展示您所绘制的形状的宽度和高度。

图3-7

3 将鼠标指针移动到矩形中心的小蓝点上（中心点小部件）。当鼠标指针变为 时，按住鼠标左键将形状拖动到画板的底部，如图3-8所示。

4 在选中"矩形工具"的情况下，在画板中其他地方单击打开"矩形"对话框，将"宽度"改为"1 in"，"高度"改为"0.1 in"。单击"确定"按钮创建新矩形，如图3-9所示。

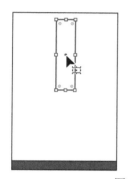
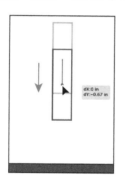

图3-8

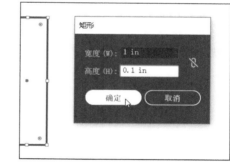

图3-9

在您知道所需形状的大小时，单击创建形状非常有用。对于大多数绘图工具，您都可以直接绘制或者单击创建指定大小的形状。

5 将鼠标指针移动到新建矩形的中心点小部件上，然后按住鼠标左键将其拖动到第一个矩形的正下方，如图3-10所示。

Ai **注意** 因为新矩形比较小，从中心点小部件拖动会比较困难，您可以根据之前所学，放大视图，以便进行拖动。

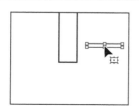
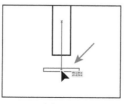
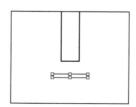

图3-10

您将马上移动这两个图形到它们最终的位置。

3.3.2 编辑矩形

除"星形工具"和"光晕工具"之外，所有形状工具都会创建实时形状。实时形状具有能即时编辑宽度、高度、旋转角度和边角半径等属性，而无须从绘图工具切换的特性。即使缩放或旋转过形状，这些属性仍然是可编辑的。

创建两个矩形之后，您将对第一个矩形做些更改。

1 在工具栏中选中"选择工具" ▶。

2 单击并选中您创建的第一个矩形，移动鼠标指针到矩形上边缘的中心点，按住鼠标左键向上拖动，使矩形变高。

3 拖动时，按住 Option 键（macOS）或 Alt 键（Windows），同时从上下两端调整矩形的高度。当您看到测量标签（鼠标指针旁边的灰色工具提示框）中的高度大约为"3 in"时，松开鼠标左键及 Option 键（macOS）或 Alt 键（Windows），如图 3-11 所示。

4 将鼠标指针移动到矩形的一角外，当指针变成旋转箭头 ↰ 时，按住鼠标左键并顺时针拖动旋转形状。拖动时，按住 Shift 键将旋转角度限制为 45° 增量。

当测量标签显示"270°"时，松开鼠标左键和 Shift 键，如图 3-12 所示。保持此形状呈选中状态。

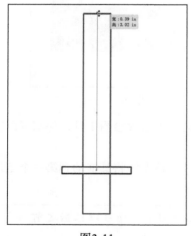

图3-11

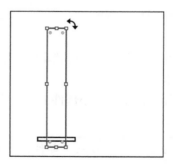

图3-12

5 在右侧"属性"面板的"变换"部分，确保"宽"和"高"右侧的"保持宽度和高度比例"没有选中（⬚）。选择"高"值输入框，输入"0.75 in"，如图 3-13 所示。按回车键确认更改。

当您更改高度或宽度并希望按比例改变对应的宽度或高度的时候，"保持宽度和高度比例"设置非常有用。"属性"面板中"变换"部分的选项可以让您以精确的方式变换选定的形状和其他图稿。您将在第 5 课中详细了解这些选项。

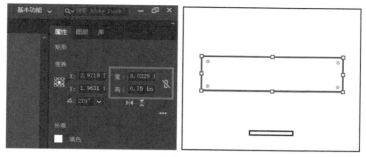

图3-13

默认情况下，形状填充为白色，并且具有黑色描边（边框）。接下来，您将更改较大矩形的颜色。

6　单击右侧"属性"面板中的"填色"框。在打开的面板中，确保在顶部选择了"色板"选项■，选择颜色以填充较大的矩形。这里选择了棕色，当指针悬停在颜色上时，工具提示"C = 50 M = 50 Y = 60 K = 25"，如图 3-14 所示。

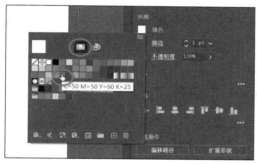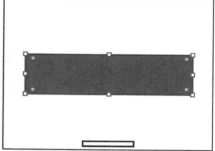

图3-14

7　在继续操作之前，按 Esc 键以隐藏"色板"面板。

8　单击"属性"面板中的"描边"框，确保在弹出的面板中选中了"色板"选项■，然后选择"无"，从矩形中删除描边，如图 3-15 所示。

9　在继续操作之前，按 Esc 键以隐藏"色板"面板。

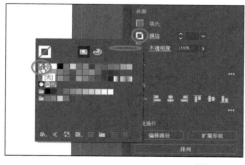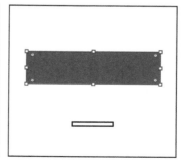

图3-15

10　选择"选择">"取消选择"，选择"文件">"存储"以保存文件。

3.3.3 圆化角部

您可以使用多种方法对矩形的角进行圆化。本节中，您将圆化 3.3.1 节绘制的小矩形。

1 单击并选中小矩形。
2 选择"视图">"放大"，并重复操作几次，直到您能看清楚矩形的实时圆角控制点◉。
   如果视图缩小到一定程度，形状中的实时圆角控制点会被隐藏。
3 按住鼠标左键，将矩形中的任意一个实时圆角控制点朝矩形中心拖动一点点，如图 3-16
   所示。

   朝中心拖动越多，角部就越圆。如果将圆角控制点拖动得足够多，则会出现一个红色圆弧，
   表示已达到最大的圆角半径。

> **Ai** | **注意**　如果您一直拖动到出现红色圆弧，下一步中您单击向上箭头按钮也无法
> 改变圆角半径值，因为圆角半径已经达到最大值。

4 在右侧的"属性"面板中，单击"变换"部分中的"更多选项"按钮▦，显示一个具有
   更多选项的面板。此时确保启用了"链接圆角半径值"▯，如图 3-17 中箭头所指。您可以
   多次单击任意一个半径值的向上箭头按钮，直到值不再变大（已经达到最大值）。如有必
   要，请单击另一个半径值或按 Tab 键，查看对所有圆角的更改。

> **Ai** | **提示**　您也可以双击形状的实时圆角控制点来打开"变换"面板，面板将以自由
> 浮动的形式打开。

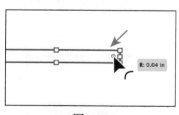

图3-16

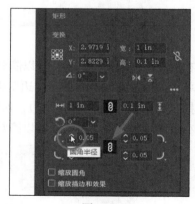

图3-17

除了改变圆角半径值，您也可以改变圆角类型。您可以选择的圆角类型有"圆角（默认）"、
"反向圆角"和"倒角"。

5 在"属性"面板中仍显示"变换"部分的更多选项的情况下，单击底部圆角类型并选择
   "倒角"，如图 3-18 所示。
6 按 Esc 键关闭更多选项的面板。
7 单击右侧"属性"面板中的"填色"框，在弹出的面板中确保选择了"色板"选项▦，选

择深棕色来填充矩形。

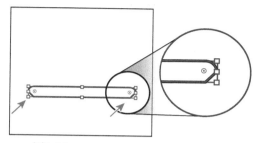

图3-18

8 单击"属性"面板中的"描边"框，确保选中了"色板"选项 ，然后选择"无"，从矩形中删除描边。

9 选择"选择" > "取消选择"。

3.3.4 圆化单个角部

接下来，您将学习如何圆化矩形中的单个角部。

1 选择"视图" > "画板适合窗口大小"。

2 单击并选中较大的矩形，显示角部的实时圆角控制点 ⊙。

3 选中"直接选择工具" ▷。仍选中此形状，双击左下角的实时圆角控制点 ⊙。在弹出的"边角"对话框中，单击半径值旁的向上箭头按钮 ⋀ 直到半径值停止变化（达到最大值），然后单击"确定"按钮，如图 3-19 所示。

 提示 您可以按住 Option 键（macOS）或 Alt 键（Windows），然后单击形状中的实时圆角控制点，来循环切换不同的圆角类型。

请注意，此时只有这一个角发生了改变。"边角"对话框还允许您设置"圆角"为"绝对"或"相对"。"绝对"圆角 ⋀ 表示圆角正好是半径值，"相对"圆角 ⋀ 则表示圆化半径值将基于角部的角度来确定。

4 单击并选中形状右下角的实时圆角控制点 ⊙，如图 3-20 左图所示。

5 按住鼠标左键拖动实时圆角控制点 ⊙ 直到出现红色圆弧，这表明该角部已圆化到最大，如图 3-20 中图和右图所示。

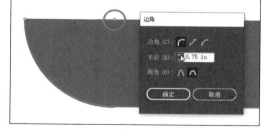

图3-19

6 选中工具栏中的"选择工具" ▷，按住鼠标左键将较大矩形拖动到和较小矩形接触，并与较小矩形水平对齐。当两个形状对齐时，将有洋红色线条出现在两个形状的中心，如图 3-21 所示。

7 选择"选择" > "取消选择"，选择"文件" > "存储"以保存文件。

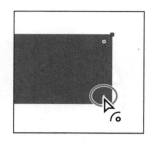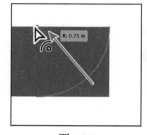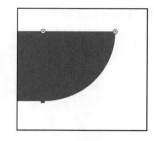

图3-20

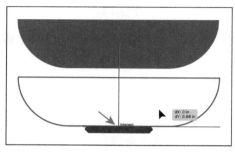

图3-21

使用文档网格对齐

网格出现在Illustrator文档窗口中您图稿的下层，但不会被打印，如图3-22所示。

要显示网格或隐藏网格，请选择"视图"＞"显示网格"/"隐藏网格"。

要将对象对齐到网格线，选择"视图"＞"对齐网格"，选中要移动的对象并将其拖到所需位置。当对象的边界距离网格线2像素以内时，它将对齐到网格线。

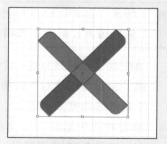

注意：如果您选择"视图"＞"像素预览"，对齐到网格线将变成对齐到像素。

图3-22

若要指定网格线之间的间距、网格样式（线或点）、网格颜色，或者网格是显示在图稿的上层还是下层，请选择"Illustrator"＞"首选项"＞"参考线"（macOS）或"编辑"＞"首选项"＞"参考线和网格"（Windows）。

3.3.5 创建和编辑椭圆

接下来，您将使用"椭圆工具" ◯ 绘制一些椭圆来创建梨子形状。"椭圆工具"可用于创建椭圆和圆。

1　将鼠标指针移动到工具栏中"矩形工具" 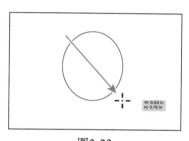 上，单击鼠标并长按以选择"椭圆工具"。

2　将鼠标指针移动到画板左侧的上方。按住鼠标左键拖动生成一个椭圆，其宽度大约为 0.6 in、高度大约为 0.75 in，如图 3-23 所示。

创建椭圆后，在仍选中"椭圆工具"的情况下，您可以通过选中并拖动椭圆中心小部件来移动和变换形状，以及拖动饼图小部件来创建饼图形状。

3　在仍选中"椭圆工具"的情况下，将鼠标指针移动到椭圆下方，并与椭圆中心点对齐。当指针与椭圆水平中心对齐时，将出现洋红色的参考线（见图 3-24 左图）。按住 Option 键（macOS）或 Alt 键（Windows），并按住鼠标左键拖动以创建一个宽度和高度大约为 1 in 的圆，这将从椭圆中心绘制形状。拖动鼠标指针时，看到洋红色十字线则说明绘制的是一个圆，如图 3-24 右图所示。

图3-23

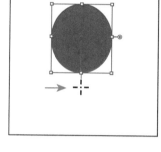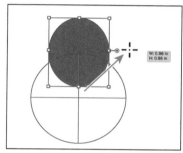

图3-24

4　选中"选择工具" ▶，按住鼠标左键拖过两个形状以选中它们，这样可以同时对这两个形状进行操作。单击右侧"属性"面板中"快速操作"部分中的"编组"按钮。

编组将使所选内容像单个对象一样被处理，这使您更容易移动当前选定的图稿。

5　单击右侧"属性"面板中的"填色"框。在打开的面板中，确保在顶部选择了"色板"选项 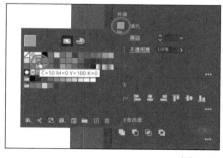。选择绿色以填充组中的形状，如图 3-25 所示。

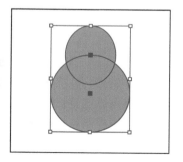

图3-25

6　选择"选择">"取消选择"，选择"文件">"存储"以保存文档。

3.3.6 创建和编辑圆形

接下来，您将使用"椭圆工具" 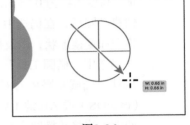 创建 3 个圆，来创建一个苹果形状。在创建其中一个圆形时，您将了解实时形状功能，该功能可用于创建饼图形状。

1 选中"椭圆工具"，并将鼠标指针移到梨子形状右侧，按住鼠标左键拖动绘制椭圆。拖动时，按住 Shift 键将创建一个圆。当宽度和高度都大约为 0.7 in 时，松开鼠标左键，然后松开 Shift 键。如图 3-26 所示。
此时无须切换到"选择工具" ▶，您可以使用"椭圆工具"重新定位和修改圆，这是您下一步要做的。

图3-26

2 在选中"椭圆工具"的情况下，将鼠标指针移到圆的中心点上。按住 Option 键（macOS）或 Alt 键（Windows），按住鼠标左键向右拖动一点，复制出一个新的圆形。当拖动到两个圆形有部分重叠时，松开鼠标左键，然后松开 Option 键（macOS）或 Alt 键（Windows），如图 3-27 所示。
接下来您还要再创建一个圆形，这个圆形需要与已有的两个圆形等宽，因此绘制时请注意与它们对齐。

3 将鼠标指针移到左侧小圆形的左边缘上，当您在指针旁边看到"锚点"时，如图 3-28 左图所示，按住鼠标左键向右拖动绘制出一个新圆形。拖动鼠标的同时按住 Shift 键，当新圆形的宽度等于两个小圆形的总宽度时，洋红色的智能参考线将出现在新圆形右边缘。松开鼠标左键，然后松开 Shift 键，如图 3-28 右图所示。

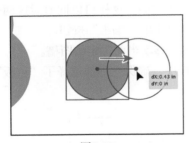

图3-27

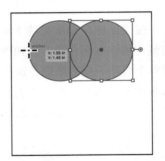

图3-28

4 在选中圆形的情况下，按住鼠标左键将饼图控制点 ◉ 从圆形的右侧逆时针拖动到圆形的左上部，如图 3-29 所示，不用担心会拖得过远。
拖动饼图控制点可以创建饼图形状。按住鼠标左键拖动饼图控制点并松开鼠标左键后，您将看到第二个饼图控制点。被拖动的饼图控制点控制着饼图起点角度，而现在出现在饼图右侧的控制点则控制着终点角度。

Ai | **提示** 若要将饼图形状重置回圆形，请双击任意一个饼图控制点。

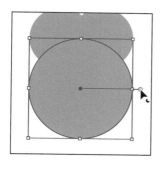 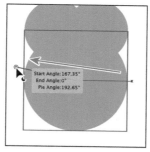 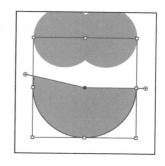

图3-29

5 在右侧的"属性"面板中，单击"变换"部分的"更多选项" ，显示更多选项。从"饼图起点角度"菜单中选择 180°，如图 3-30 所示。按 Esc 键隐藏包含更多选项的面板。

6 将鼠标指针移动当前饼图的中心上，按住鼠标左键向上拖动饼图到两个小圆形上。当该椭圆和两个圆形水平和垂直对齐的时候，会出现洋红色对齐参考线，且指针旁边也可能会出现"相交"一词，如图 3-31 所示。

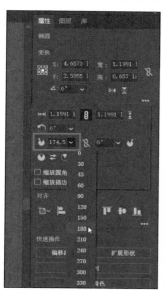 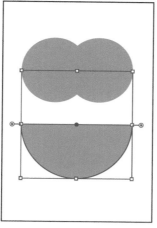 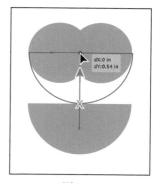

图3-30   图3-31

7 选中工具栏中的"选择工具"，按住鼠标左键拖框选中这 3 个形状。单击"属性"面板中"填色"框，并确保在弹出的面板中选中"色板"选项 ，然后选择红色，其工具提示显示的色值为"C=15 M=100 Y=90 K=10"，如图 3-32 所示。

在本课程的后面部分，您将会创建一个橙色形状。您将以本次苹果创建中的半圆饼图的副本作为起点。

8 单击画板的空白区域以取消选择。要制作半圆饼图的副本，请按住 Option 键（macOS）或 Alt 键（Windows），按住鼠标左键将半圆饼图拖到画板的空白区域，如图 3-33 所示。

松开鼠标左键，然后松开 Option 键（macOS）或 Alt 键（Windows）。

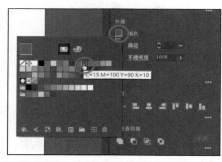
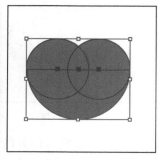

图3-32

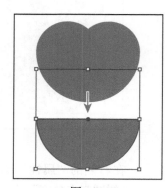

图3-33

3.3.7 更改描边颜色、粗细和对齐方式

到目前为止，在本课中，您主要编辑了形状的填色，但还没有对描边做太多操作，而描边是对象或路径的可见轮廓或边框。通过学习本节，您可以轻松地更改描边的颜色、描边的粗细和描边的对齐方式。接下来您将进行如下操作。

1　选中"选择工具" ▶ 后，单击并选中作为碗底的较小的深棕色矩形。

2　选择"视图">"放大"，重复几次。

 注意　您可能会注意到，在所选图稿中，只能看到定界框的角部顶点，这取决于文档的缩放级别。

3　单击"属性"面板中的"描边"一词，打开"描边"面板。在"描边"面板中，将所选矩形描边的"粗细"更改为"2 pt"，单击"使描边内侧对齐"按钮 ，将描边与矩形的内侧边缘对齐，如图 3-34 所示。

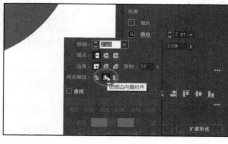
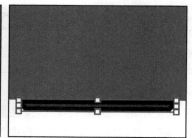

图3-34

将描边对齐到形状内侧可以使描边不会覆盖上边的形状。

Ai **注意**　您也可以选择"窗口">"描边"来打开"描边"面板，但可能需要从面板菜单（▤）中选择"显示选项"。

---

4 单击"属性"面板中的"描边"框，在弹出的面板中，确保
选中了"色板"选项▣，然后选择浅棕色，如图 3-35 所示。

5 选择"选择" > "取消选择"。

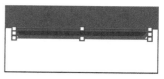
图3-35

3.3.8 创建多边形

使用"多边形工具"⬡，您可以创建具有多个直边的形状。默认情况下，您使用"多边形工具"可以绘制一个六边形，并且该工具是从中心开始绘制所有形状的。多边形是实时形状，这意味着它们被创建之后其大小、旋转、边数等属性仍是可编辑的。现在，您将使用"多边形工具"创建一个多边形来制作一片叶子。

1 选择"视图" > "画板适合窗口大小"，使画板适应文档窗口。

2 将鼠标指针移动到工具栏中的"椭圆工具"上，单击鼠标左键并长按，然后选中"多边形工具"。

3 选择"视图" > "智能参考线"，将其关闭。

4 在画板的空白区域按住鼠标左键并向右拖动绘制多边形，注意不要松开鼠标左键，如图
3-36 左图所示。按向下箭头键一次，将多边形的边数减少到 5 条，过程中同样不要松开鼠标左键，如图 3-36 中图所示。按住 Shift 键使形状直立。松开鼠标左键和 Shift 键，保持形状呈选中状态，如图 3-36 右图所示。

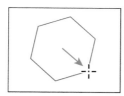 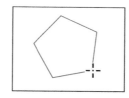 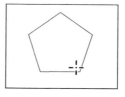

图3-36

请注意，此时不会看到灰色的测量标签（工具提示），因为工具提示是您关闭的智能参考线的一部分。另外洋红色对齐参考线也不会显示，因为此形状没有对齐到画板上的其他内容。智能参考线在某些情况下非常有用（如需要提高精度时），您可以根据需要开启或关闭智能参考线。

5 单击"属性"面板中的"填色"框来改变填充颜色，确保在弹出的面板中选择了"色板"选项▣。选择绿色，其色值为"C=85 M=10 Y=100 K=10"。

6 单击"属性"面板中的"描边"框，确保在弹出的面板中选择了"色板"选项▣，选择"无"来删除形状的描边。

7 选择"视图" > "智能参考线"，将其重新启用。

8 在选中"多边形工具"的情况下，拖动定界框右侧的边数控制点◇，将边数更改为 6，如图 3-37 所示。

该边数控制点◇是实时形状的特征，您可以在创建形状之后继续编辑相关属性。

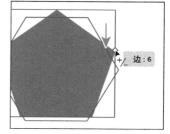
图3-37

3.3.9　编辑多边形

现在您将编辑多边形并创建一片叶子。

1　旋转多边形。将指针移到形状定界框的某个角部，当指针变为旋转箭头⤴时，按住鼠标左键并逆时针拖动。拖动时，按住 Shift 键可以限制旋转角度为 45°。当您看到指针旁边的测量标签中出现 90° 时，松开鼠标左键，然后松开 Shift 键，如图 3-38 所示。

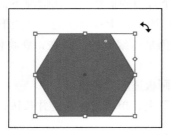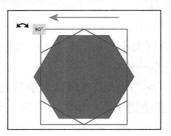

图3-38

> **Ai** **提示**　您也可以在选中"星形工具"☆的情况下在文档窗口中单击，然后编辑"星形"对话框中的选项来绘制星形。

2　更改多边形的大小。请将鼠标指针移到某个角上并按住鼠标左键拖动，拖动时，按 Shift 键可等比例（同时）更改宽度和高度，如图 3-39 所示。

当测量标签显示高度大约为 0.65 in 时，松开鼠标左键，然后松开 Shift 键。根据多边形创建时的大小，在此步骤中您将根据我们建议的宽度使其变大或变小。

3　在右侧的"属性"面板中，确保"宽"和"高"右侧的"约束宽度和高度比例"处于取消选中状态（它看起来是这样：▧）。选择"宽"输入框，并将其更改为"0.35 in"，如图 3-40 所示，按回车键确认更改。

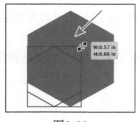

图3-39

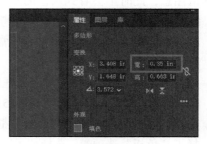

图3-40

现在创建了叶子形状（多边形），您将圆化一些角使其看起来更加自然。

4　选中多边形后，选择"视图">"放大"，重复几次，放大该多边形。

在选中"选择工具"▶的情况下，如果您现在查看多边形，则会在形状中看到一个个实时圆角控制点◉。如果拖动某个控制点，所有角都将变为圆角。在这种情况下，您将使用

"直接选择工具" ▷ 来圆化部分角部。

5 在工具栏中选中"直接选择工具"。现在，您应该在每个角部都看到实时圆角控制点 ◉，如图 3-41 左图所示。您将选中并更改 4 个角。单击图 3-41 中图箭头所指的实时圆角控制点，按住 Shift 键，然后单击图 3-41 右图中圆圈标记的其他 3 个实时圆角控制点以选中 4 个实时圆角控制点，松开 Shift 键。

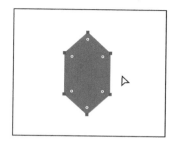 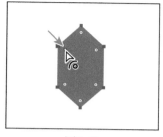 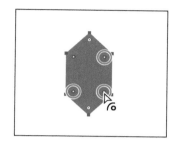

图3-41

因为您现在选中了实时圆角控制点，所以它们的外边缘变粗了。

6 按住鼠标左键，朝着形状的中心拖动某个所选的实时圆角控制点。不断朝着中心拖动鼠标，直到看到红线为止，这表示您无法再进一步圆化，如图 3-42 所示。

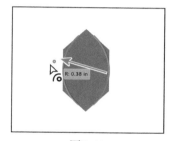

图3-42

3.3.10 创建星形

接下来，您将使用"星形工具" ☆ 创建几颗星星，这些星星将变成花朵形状。"星形工具"目前不能创建实时形状，这意味着对星形的编辑可能会比较困难。使用"星形工具"绘图时，您将使用键盘修饰键得到您想要的芒点数，并更改星形的半径（星臂的长度）。以下是您在本节中绘制星形时将用到的键盘修饰键以及它们的作用。

• 箭头键：在绘制星形时，按向上箭头键或向下箭头键，会添加或删除星臂。
• Shift 键：使星星直立（约束它）。
• Option 键（macOS）或 Ctrl 键（Windows）：在创建星形时，按下该键并按住鼠标左键拖动可以改变星形的半径（使星臂变长或变短）。

下面，您将创建一个星形，这将需要一些键盘命令，请您在被告知可以松开鼠标左键之前不要松开鼠标左键。

1 将鼠标指针移动到工具栏中的"多边形工具" ⬡ 上，单击鼠标左键并长按然后选择"星形工具"。移动鼠标指针到叶子形状右侧。

2 按住鼠标左键向右拖动创建一个星形。
注意，当您移动鼠标指针时，星形会改变大小并自由旋转。拖动鼠标直到测量标签显示宽度大约为 1 in 时停止拖动，如图 3-43 所示，期间不要松开鼠标左键。

图3-43

3 按一次向下箭头键，将星形上的芒点数减少到 4 个，如图 3-44 所示，期间不要松开鼠标左键！

4 按住 Option 键（macOS）或 Ctrl 键（Windows），然后按住鼠标左键向星形中心拖动一点。这将使星形内半径保持不变，但星臂会变短。图形如 3-45 所示时，停止拖动但不要松开鼠标左键！然后松开 Option 键（macOS）或 Ctrl 键（Windows），但不要松开鼠标左键。

5 按住 Shift 键。当星形直立时，松开鼠标左键，然后松开 Shift 键，如图 3-46 所示。

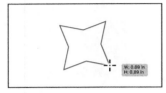
图3-44

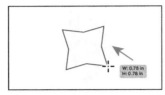
图3-45

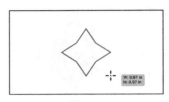
图3-46

3.3.11 编辑星形

创建好星形之后，接下来您将变换和复制星形。

1 选中"选择工具" ▶，按住 Shift 键，然后按住鼠标左键将星形定界框的一角向中心拖动。当星形的宽度约为 0.4 in 时，松开鼠标左键和 Shift 键，如图 3-47 所示。

2 选中"星形工具" ☆，按住 Shift 键，绘制一个小一点的星形，然后松开鼠标左键和 Shift 键，如图 3-48 所示。请注意，新的星形的基本设置与您绘制的第一个星形相同。

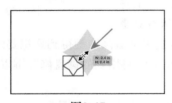
图3-47

图3-48

3 旋转星形。保证选中新星形，在"属性"面板上，选中变换角度右侧的输入框并输入"45°"来更改"旋转"值，按回车键确认更改，如图 3-49 所示。
　　缩放星形。确保已选中"宽"和"高"右侧的"约束宽度和高度比例"（看起来像这样：▯ ），选中"高"输入框，然后输入"0.14 in"。按回车键确认更改。

4 选中"选择工具"，然后按住鼠标左键将小星形拖到大星形中心。

5 在"属性"面板中将小星形的填色改成黄色，如图 3-50 所示。

6 单击画板中的空白区域取消选择，然后将大星形的填色改为白色，如图 3-50 所示。

7 按住鼠标左键，拖框选中两个星形形状，然后点击"属性"面板中"编组"按钮，将其编组。

8 选择"文件" > "存储"。

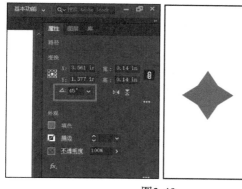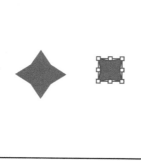

图3-49

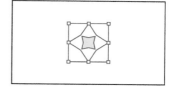

图3-50

3.3.12　绘制线条

接下来，您将使用"直线段工具"✐创建线条和线段（称为开放路径）。"直线段工具"创建的线是实时线条，与实时形状类似，它们在绘制之后有许多可编辑的属性。

1　将鼠标指针移动到工具栏中的"星形工具"☆上，长按鼠标左键然后选中"直线段工具"，在画面右侧单击并按住鼠标左键向上拖动绘制一条直线。拖动时，按住 Shift 键，将线条角度限定为 45° 的倍数。请注意鼠标指针旁边的测量标签中的长度和角度，拖动到线条的长度为 2 in 左右为止，如图 3-51 所示。

2　选中新绘制的线条，将鼠标指针移动到线条顶端之外。当鼠标指针变为旋转箭头时，按住鼠标左键并顺时针拖动，如图 3-52 所示，直到指针旁边的测量标签显示为"0°"。这将使线条呈水平状态。

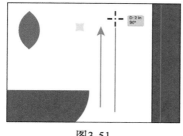

图3-51

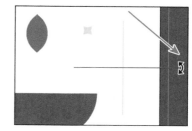

图3-52

默认情况下，线条围绕其中心点旋转。您也可以直接在"属性"面板中更改线条的角度。

3　在工具栏中选中"选择工具"▶，然后按住鼠标左键将线条拖动到碗正下方。当线条和碗底接触时，将和碗水平对齐（当线条和碗对齐时您将看到一条参考线），然后松开鼠标左键，如图 3-53 所示。

该线条表示碗所在的桌子，因此请确保其接触碗的底部。

4　选中该线条，然后在右侧的"属性"面板中将描边粗细更改为"2 pt"。

5　在"属性"面板中单击"描边"框，并确保在弹出的面板中选中"色板"选项▦，选择色值为"C=35 M=60 Y=80 K=25"的颜色。

6 要从中心改变线条的长度,请将鼠标指针移到线条的一个端点上,按住 Option 键(macOS)
   或 Alt 键(Windows),然后按住鼠标左键从往外水平拖动,直到线条的长度约为 4 in,然
   后松开鼠标左键和 Option 键(macOS)或 Alt 键(Windows)。

   如果以与原始路径相同的轨迹拖动直线,则会在直线的两端看到"直线延长"和"位
   置"字样,如图 3-54 所示。出现这些提示是因为智能参考线已经打开,您可以按住鼠标
   左键拖动一条线使其变长或变短而无须更改角度。

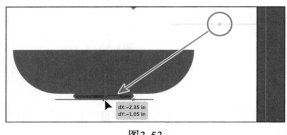 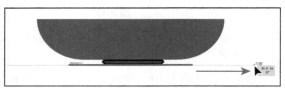

图3-53   图3-54

7 按住鼠标左键拖框选中组成碗的两个矩形和碗下的线条,单击"属性"面板中的"编组"
   按钮,将整体编组在一起。

3.4 使用图像描摹将栅格图像转换为可编辑矢量图

在本课的这一部分中,您将学习如何使用"图像描摹"命令。"图像描摹"可以把栅格图像(如
Adobe Photoshop 中的图片)转换为可编辑矢量图,这在您需要把如绘制在纸上的图像等转换为矢
量图稿、描摹栅格化的 Logo、描摹图案或纹理等时非常有用。在本节中,您将描摹柠檬图片以获
得可编辑形状。

 提示 Adobe Capture 可以在您的设备上拍摄任何对象、设计或形状,并通过几个
简单的步骤将其转换为矢量图形,然后在您的 Creative Cloud 库中存储生成的矢
量图形,您可以在 Illustrator 或 Photoshop 中访问或完善它们。Adobe Capture 目
前可用于 iOS(iPhone 和 iPad)和 Android。

1 选择"文件">"置入"。 在"置入"对话框中,您在"Lessons">"Lesson03"文件夹中
   选择"lemon.jpg"文件,保持所有选项为默认状态。
2 在画板空白区域单击置入图像,如图 3-55 所示。
3 将选定的图像在文档窗口中居中(因为它很大),请选择"视图">"缩小"。
4 选中图像后,单击文档窗口右侧"属性"面板中的"图像描摹"按钮,选择"低保真度照
   片",如图 3-56 所示。

 注意 您还可以选择"对象">"图像描摹">"建立",并选择栅格内容,或者
从"图像描摹"面板("窗口">"图像描摹")进行描摹。

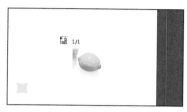

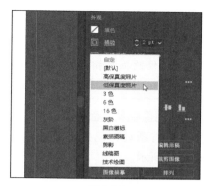

图3-55　　　　　　　　　　　　　　　　　　　　　图3-56

这会将图像转换为描摹对象。这意味着您还不能编辑矢量内容，但您可以更改描摹设置或最初置入的图像，然后查看更新。

5　从"属性"面板中显示的"预设"菜单中选择"剪影"，如图 3-57 所示。

"剪影"预设将描摹图像，迫使生成的矢量内容变为黑色。图像描摹对象由原始源图像和描摹结果（即矢量插图）组成。默认情况下，仅描摹结果可见。但是，您可以更改原始源图像和描摹结果的显示方式，以适合您的需求。

6　单击"属性"面板中的"打开图像描摹面板"按钮　，如图 3-58 所示。

> **Ai** 提示　您还可以选择"窗口"＞"图像描摹"来打开"图像描摹"面板。

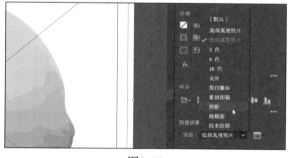

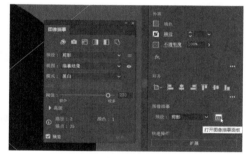

图3-57　　　　　　　　　　　　　　　　　　　　图3-58

"图像描摹"面板顶部的按钮包含了将图像转换为灰度、黑白等模式的设置。在"图像描摹"面板顶部的按钮下方，您将看到"预设"选项，这与"属性"面板中的选项相同。"模式"选项允许您更改生成图稿的颜色模式（彩色、灰度或黑白）。"调板"选项用于限制调色板或从颜色组中指定颜色。

7　在"图像描摹"面板中，单击"高级"选项左侧的三角形按钮以显示折叠起来的高级选项。更改"图像描摹"面板中的以下选项，使用这些值作为初始值，如图 3-59 所示。

- 阈值：206。
- 路径：20%。

- 边角：50%（默认设置）。
- 杂色：100 px。

提示　修改描摹相关值时，可以取消选择"图像描摹"面板底部的"预览"复选框，以免 Illustrator 在每次更改设置时都将描摹设置应用于要描摹的内容。

8. 关闭"图像描摹"面板。
9. 在柠檬描摹对象仍处于选中状态的情况下，单击"属性"面板中的"扩展"按钮，如图 3-60 所示。

图3-59

图3-60

此时柠檬不再是图像描摹对象，而是由编组在一起的形状和路径组成。

清理描摹的图稿

由于已使用"图像描摹"命令将柠檬图像转换为形状，您现在可以调整形状以使柠檬更符合需要。

1. 在选中柠檬图稿的情况下，单击"属性"面板中的"取消编组"按钮将其分解成不同的形状以分别进行编辑。

2. 选择"选择">"取消选择"，以取消选择。

3. 单击选中描摹出来的多余的形状，按 Delete 键或 Backspace 键将其删除，如图 3-61 所示。

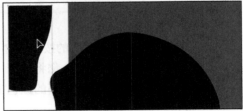

图3-61

4. 单击柠檬形状将其选中。如果要更改颜色，请在右侧的"属性"面板中单击"填色"框。在打开的面板中，确保在顶部选择了"色板"选项，然后选择黄色填充到柠檬形状中。为了使边缘更平滑，您将应用"简化"命令。"简化"命令会减少构成路径的锚点的数量，而不会过多影响整体形状。

5 选中柠檬形状后，选择"对象">"路径">"简化"。

6 在弹出的"简化"面板中，默认情况下，"减少锚点"滑块为自动简化的值，向右拖动滑块以保留更多点，如图 3-62 所示。

   您可以拖动滑块减少锚点来进一步简化路径。滑块的位置和值指定简化路径与原始路径曲线的匹配程度。滑块越靠近左侧的最小值，锚点越少，但是路径很可能与一开始看起来有较大不同；滑块越靠近右侧的最大值，则路径与原始曲线越接近。

7 单击"更多选项" ▪▪▪ 以打开一个包含更多选项的对话框，如图 3-63 所示。

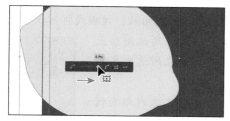

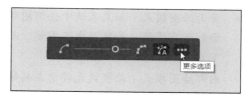

图3-62   图3-63

8 在打开的对话框中，确保选中"预览"复选框以查看更改。您可以在"原始值"处查看柠檬图稿的原始锚点数，以及应用"简化"命令后的锚点数（"新值"）。按住鼠标左键将"简化曲线"滑块一直拖动到最右边（最大值），此时图稿看起来与应用"简化"命令之前一样。按住鼠标左键向左拖动滑块，直到看到"新值"为"5 点"。您每次拖动一点滑块，都需要松开鼠标左键查看"新值"的变化，如图 3-64 所示。

   对于"角点角度阈值"，如果拐角点的角度小于角度阈值，则不会更改拐角点。 即使"曲线精度"的值很低，此选项也可以使拐角保持锐利。

9 单击"确定"按钮。

10 若要缩放柠檬，请按住 Shift 键，按住鼠标左键拖动图形的一个角使其变小。当您在工具提示中看到宽度大约为 1.2 in 时，请松开鼠标左键，然后松开 Shift 键，如图 3-65 所示。

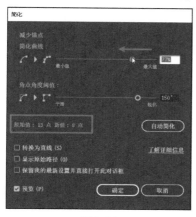

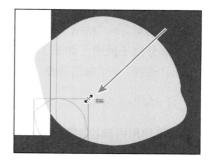

图3-64   图3-65

11 按住鼠标左键将柠檬拖到画板的空白区域。

3.5 使用绘图模式

Illustrator 有 3 种不同的绘图模式：正常绘图、背面绘图和内部绘图。您可以在工具栏的底部找到它们，如图 3-66 所示。绘图模式允许您以不同的方式绘制形状。3 种绘图模式的介绍如下所示。

> **Ai** | **提示** 您可以按"Shift+D"组合键在不同绘图模式之间循环切换。

- 正常绘图模式：每个文档开始时都是在正常绘图模式下绘制形状，该模式将形状彼此堆叠。
- 背面绘图模式：如果未选中任何图稿，则此模式允许您在所选图层上绘制所有图稿；如果选中了图稿，新图稿则会直接绘制在所选对象的下层。
- 内部绘图模式：此模式允许您在其他对象（包括实时文本）内部绘制对象或置入图像，并自动为所选对象创建剪切蒙版。您将在第 15 课学习更多关于蒙版的内容。

图3-66

3.5.1 置入图稿

接下来，您将置入另一个 Illustrator 文档中的插图，其中包含文本形状和用于创建另一水果形状的插图。

> **Ai** | **提示** 橙子形状是由用"椭圆工具"画的一个圆，用"星形工具"画的一个星形以及用"直线段工具"画的一系列线条组成的。

1 选择"文件">"打开"。在"打开"对话框中，在硬盘上的"Lesson">"Lesson03"文件夹中选择"artwork.ai"文件，然后单击"打开"按钮。

2 在工具栏中选中"选择工具" ▶。选择"选择">"现用画板上的全部对象"，将选中现用画板上所有的内容，选择"编辑">"复制"。

3 单击"Postcard.ai"选项卡，返回到明信片文档中。

4 选择"视图">"画板适合窗口大小"。

5 选择"编辑">"粘贴"，粘贴"FARM FRESH"文本和部分橙子插图，如图 3-67 所示。

6 选择"选择">"取消选择"。

3.5.2 使用内部绘图模式

图3-67

现在，您将使用内部绘图模式，把从"artwork.ai"文件中复制的橙子图稿添加到红色半圆形中去。如果您想要隐藏（遮挡）部分图稿，这个模式将非常有用。

1   单击并选中您在创建苹果图稿时绘制的红色半圆形副本。
2   单击右侧"属性"面板中的"填色"框。在打开的面板中，确保在顶部选择了"色板"选项，然后选择色值为"C = 0 M = 50 Y = 100 K = 0"的橙色来填充形状。
3   选中橙色的半圆形，然后从工具栏底部附近的"绘图模式"按钮 中选择"内部绘图"，如图 3-68 所示。

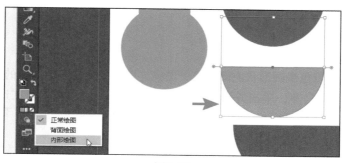

图3-68

当选中单个对象（路径、复合路径或文本）时，该按钮处于激活状态，并且它仅允许您在所选对象内部进行绘制。请注意，橙色半圆形状周围有一个开放的虚线矩形，这表示如果绘制、粘贴或置入内容，内容将位于该形状内。

4   选择"选择">"取消选择"。
请注意，橙色半圆形状周围仍有开放的虚线矩形，这表示内部绘图模式仍处于激活状态。您可以在内部绘图模式为激活状态时，绘制、置入或粘贴内容到形状中，而不需要始终选中要在其中添加内容的形状。

5   在工具栏中选中"选择工具" ，单击并选中您将要在橙色半圆形状里面粘贴的图稿（即橙子）。选择"编辑">"剪切"，从画板剪切所选图稿。

6   选择"编辑">"粘贴"，如图 3-69 所示。
图稿将被粘贴到橙色半圆形状中。

7   单击工具栏底部的"绘图模式"按钮 ，选择"正常绘图"。
在形状中添加完内容后，可以返回"正常绘图"模式，以便您正常创建（堆叠而不是在内部绘制）新内容。

8   选择"选择">"取消选择"，如图 3-70 所示。

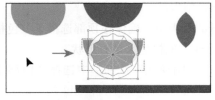

图3-69

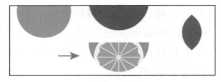

图3-70

3.5.3 编辑内部绘图的内容

接下来，您将编辑橙色半圆形状内部的橙子图稿，以了解如何编辑其中的内容。

1 选中"选择工具" ▶，单击并选中粘贴的橙子图稿。请注意，现在选中的是整个半圆形状，如图 3-71 所示。

半圆形状现在是蒙版，也称为剪切路径。半圆形状和粘贴的橙子图稿一起构成了一个"剪切组"，并被视为单个对象。

如果查看"属性"面板的顶部，则将看到"剪切组"字样。与其他组一样，如果要编辑剪切路径

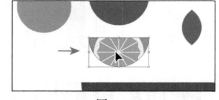

图3-71

（包含内部绘制内容的对象，此处是橙色半圆形状）或内部内容，则可以双击"剪切组"对象。

2 在选中"剪切组"的情况下，单击"属性"面板中的"隔离蒙版"按钮以进入"隔离模式"，如图 3-72 所示。这样就能够选中剪切路径（半圆形状）或其内部粘贴的橙子图稿。

3 单击并选中粘贴的橙子图稿，然后按住鼠标左键将其向着橙色半圆直边拖动，如图 3-73 所示。

图3-72

4 按 Esc 键退出"隔离模式"。

5 选择"选择" > "取消选择"，选择"文件" > "存储"。

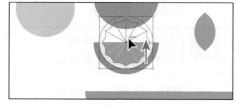

图3-73

3.6 使用背面绘图模式

接下来，您将使用"背面绘图"模式在已有内容后面绘制一个覆盖画板的矩形。

1 单击工具栏底部的"绘图模式"
按钮，然后选择"背面绘图"，如
图 3-74 所示。

只要选择了此绘图模式，使用
目前所学到的方法创建的每个形状
都将位于画板中的其他形状后面。
"背面绘图"模式也会影响置入的
内容（"文件">"置入"）。

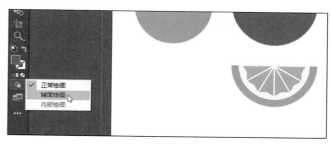

图3-74

 注意 如果您看到的工具栏显示为双列，则会在工具栏底部看到所有的 3 个"绘
图模式"按钮。

---

2 将鼠标指针移到工具栏中"直线段工具" ╱ 上，单击鼠标左键并长按，然后选中"矩形工
具" □。

3 将鼠标指针放在画板左上角红色出血参考线交叉的位置，单击并按住鼠标左键拖动到右下
方红色出血参考线交叉的位置，如图 3-75 所示。

4 选中新矩形，单击"属性"面板中的"填色"框。在打开的面板中，确保选中了"色板"
选项，然后填充灰色，色值为"C=0 M=0 Y=0 K=20"，如图 3-76 所示。

5 按 Esc 键隐藏面板。

6 选择"对象">"锁定">"所选对象"，锁定背景矩形使其不再移动。

图3-75

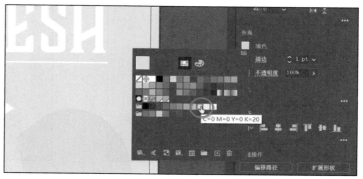

图3-76

3.7 完稿

要完成明信片，您还需要将图稿移动到画板的合适位置上，旋转某些图稿，以及复制出一些
图稿的副本。

1 选择"视图">"画板适合窗口大小",以便查看整个画板。

2 选中"选择工具" ▶,单击苹果中的某个红色形状,然后按住 Shift 键并单击选中其余两个形状。松开鼠标左键和 Shift 键,单击"属性"面板中的"编组"按钮,将苹果形状组合在一起,如图 3-77 所示。

3 将所有水果和文本拖到适当位置,如图 3-78 所示。

图3-77

图3-78

4 制作水果和叶子图稿的副本。为此,请单击选中想要创建副本的图稿,选择"编辑">"复制",然后选择"编辑">"粘贴",对副本位置进行调整。

5 如果要旋转图稿组,可以将指针移到所选图稿组的某个角外,在看到旋转箭头 ↶ 时按住鼠标左键拖动,如图 3-79 所示。

6 如果要将图稿置于其他图稿之前,请单击图稿以将其选中。单击"属性"面板中的"排列"按钮,然后选择"置于顶层"。继续对图稿进行调整,最终图稿如图 3-80 所示。
先创建的图稿位于后创建图稿的下层。

图3-79

图3-80

> **Ai** **注意** 如果在"属性"面板中没有看到"排列"按钮,则可以选择"对象">"排列",然后选择一个排列选项。

7 选择"文件">"存储"。

8 要关闭所有打开的文件,请多次选择"文件">"关闭"。

3.8　复习题

1　在创建新文档时，什么是文档类别？
2　有哪些创建形状的基本工具？
3　什么是实时形状？
4　描述内部绘图模式的作用。
5　如何将栅格图像转换为可编辑矢量形状？

3.9　复习题答案

1　可以通过选择类别，根据不同类型的输出（例如打印、Web、视频等）的需求设置文档。例如，如果您正在设计网页模型，则可以选择"Web"类别并选择文档预设（大小）。 该类别将以像素为单位设置文档，将颜色模式设置为RGB，将光栅效果设置为"屏幕（72 ppi）"，这是 Web 文档的最佳设置。

2　"基本功能"工作区里有 5 种形状工具："矩形工具""椭圆工具""多边形工具""星形工具"和"直线段工具"（"圆角矩形工具"和"光晕工具"不在"基本功能"工作区的工具栏里）。

3　使用形状工具绘制矩形、椭圆或多边形（或圆角矩形，但圆角矩形不能直接绘制）后，可以继续修改其属性，如宽度、高度、圆角、边角类型和边角半径（单独或同时），这就是所谓的实时形状。您可在"变换"面板、"属性"面板或直接在图形中编辑形状属性（如边角半径）。

4　通过内部绘图模式，您可以在其他对象（包括实时文本）内部绘制对象或置入图像，并自动创建所选对象的剪切蒙版。

5　通过选中栅格图像，然后单击"属性"面板中的"图像描摹"按钮，您可以将其转换为可编辑的矢量形状。若要将描摹结果换为路径，请单击"属性"面板中的"扩展"，或选择"对象">"图像描摹">"扩展"。如果要将描摹的图稿作为独立的对象使用，使用此方法，生成的路径也会自行编组。

第4课 编辑和合并形状与路径

本课概览

在本课中，您将学习如何执行以下操作。

- 用"剪刀工具"剪切。
- 连接路径。
- 使用"刻刀工具"。
- 轮廓化描边。
- 使用"橡皮擦工具"。
- 创建复合路径。
- 使用"形状生成器工具"。
- 使用"路径查找器"命令创建形状。
- 使用"整形工具"。
- 使用"宽度工具"编辑描边。

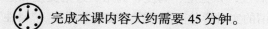 完成本课内容大约需要 45 分钟。

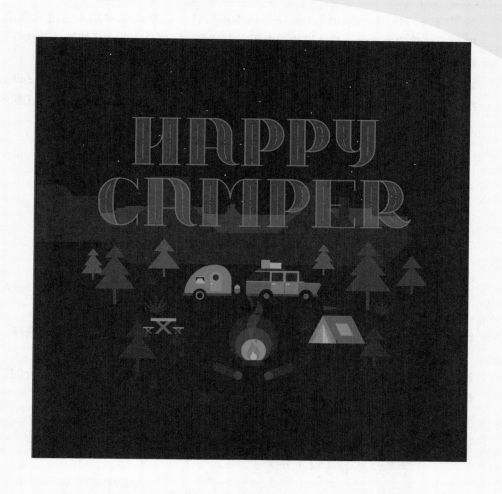

在创建了简单的路径和形状后，您
可能希望使用它们来创建更复杂的图稿。
在本课中，您将了解如何编辑和合并形
状与路径。

4.1 开始本课

在第 3 课"使用形状创建明信片图稿"中，您了解了如何创建和编辑基本形状。在本课中，您将学习如何编辑和合并这些基本形状和路径来创建新形状，以完成关于露营的海报。

 注意 如果您还没有从您的"账户"页面下载本课的课程文件本地计算机中，请立即下载。具体操作请参阅本书"前言"部分。

1 为了确保工具的功能和默认值完全如本课所述，请删除或停用（通过重命名）Adobe Illustrator 首选项文件。具体操作请参阅本书"前言"部分中的"还原默认首选项"。

2 启动 Adobe Illustrator。

3 选择"文件">"打开"，选择"Lessons">"Lesson04"文件夹中的"L4_end.ai"文件，然后单击"打开"按钮。此文件包含最终您将在本课中创建的图稿，如图 4-1 所示。

图4-1

4 选择"视图">"全部适合窗口大小"使文件保持打开状态以供参考，或选择"文件">"关闭"。

5 选择"文件">"打开"，在"打开"对话框中，选择"Lessons">"Lesson04"文件夹，然后选择"L4_start.ai"文件。单击"打开"按钮，如图 4-2 所示。

图4-2

6　选择"文件">"存储为"。在"存储为"对话框中，将名称改为"HappyCamper.ai"（macOS）或者"HappyCamper"（Windows），并选择"Lesson04"文件夹。从"格式"菜单（macOS）选择"Adobe Illustrator（ai）"或者从"保存类型"菜单（Windows）中选择"Adobe Illustrator（*.AI）"，然后单击"保存"按钮。

7　在"Illustrator 选项"对话框中，使"Illustrator 选项"保持默认设置，然后单击"确定"按钮。

8　选择"窗口">"工作区">"重置基本功能"。

> **Ai　注意**　如果您没有在"工作区"菜单中看到"重置基本功能"，请在选择"窗口">"工作区">"重置基本功能"之前，先选择"窗口">"工作区">"基本功能"。

4.2　编辑形状和路径

在 Illustrator 中，您可以通过多种方式编辑和合并形状和路径，以创建需要的图稿。有时，这意味着您可以从简单的形状和路径开始，使用不同的方法来生成更复杂的形状和路径。生成复杂形状和路径的方法包括使用"剪刀工具"✂、轮廓化描边、"刻刀工具"✐和"橡皮擦工具"◆、连接路径等。

> **Ai　注意**　您将在第 5 课中探索其他变换图稿的方法。

4.2.1　使用剪刀工具进行剪切

在 Illustrator 中，您可以使用几种工具剪切和分割形状。在本课中，您将从使用"剪刀工具"✂开始，在锚点或线段上分割路径来创建一个开放路径。接下来，您将使用"剪刀工具"剪切一个矩形，并将其绘制为露营拖车插图中的窗帘。

1　单击"视图"菜单，确保选择了"智能参考线"选项。当其被选中时，选项旁将显示复选标记。

2　从文档窗口左下角的"画板导航"菜单中选择"2 Window"，选择"视图">"画板适合窗口大小"。

　　您将创建的内容范例位于画板右侧，被标记为"Final"；而您将使用画板左侧标有"Start"的图稿进行操作，如图 4-3 所示。

3　在工具栏中选中"选择工具"▶，然后单击标记为"Start"的区域中的白色形状，将其选中。

4　按"Command++"（macOS）或"Ctrl++"（Windows）组合键，重复几次，放大所选图稿，如图 4-4 所示。

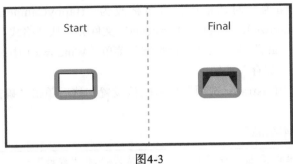

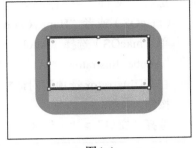

图4-3

图4-4

> **Ai** | **注意** 如果不是直接单击锚点或路径，您将看到一个警告对话框。此时，您只需单击"确定"按钮，然后重试。

5 选中此形状后，在工具栏中长按"橡皮擦工具" ◆，然后选中"剪刀工具"。将鼠标指针移动到形状的下边缘，当您看到"路径"一词时，单击切断路径，然后移开鼠标指针，如图 4-5 所示。

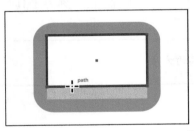

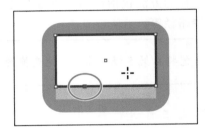

图4-5

您可能会留意到，在剪切形状之后会出现"扩展的形状"灰色信息框。矩形默认是实时形状，被"剪刀工具"剪切之后则变成开放路径。使用"剪刀工具"进行剪切时，剪切的点必须位于直线或曲线段上，而不是位于开放路径的端点上。当您使用"剪刀工具"单击形状（本例中是矩形）的描边时，会在单击的位置剪断路径，并且会将路径变为开放路径。

6 在工具栏中选中"直接选择工具" ▷。将鼠标指针移动到所选的锚点（蓝色）上，然后将它向上拖动，如图 4-6 所示。

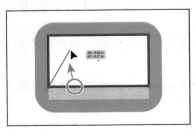

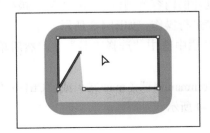

图4-6

7 拖动另一个锚点，将其从原来剪切的位置向右上方拖动，如图 4-7 所示。

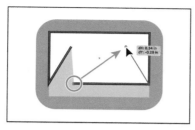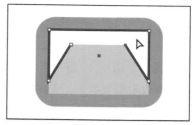

图4-7

注意描边（黑色边框）并没有完全包围白色形状，那是因为"剪刀工具"将它变成了开放路径。如果您只是想用颜色填充形状，那么描边不必是一条闭合路径。但是，如果您希望在整个填充区域周围出现描边，则路径必须是闭合的。

4.2.2　连接路径

假设您绘制了一个"U"形，然后决定闭合该形状，那么您可以使用一条直线将"U"形的两端连接起来。您还可以先选中路径，然后使用"连接"命令在端点之间创建一条线段，闭合路径。当选中多个开放路径时，您可以将它们连接起来创建一个闭合路径。您还可以连接两个独立路径的端点。接下来，您将连接白色形状的路径的两端，以创建一个闭合形状。

 提示　如果要连接不同路径的特定锚点，请选择锚点，然后选择"对象">"路径">"连接"，或按"Command+ J"（macOS）或"Ctrl + J"（Windows）组合键。

1 在工具栏中选择"选择工具" ▶。在白色形状的路径外单击取消选中它，然后在白色形状的填色内单击重新选择它，如图 4-8 所示。

这一步很重要，因为 4.2.1 节中只选择了一个锚点。如果在只选择了一个锚点的情况下选择"连接"命令，则会弹出一条错误信息。如果选中了整个路径，当您应用"连接"命令时，Illustrator 只需找到路径的两端，然后用一条直线连接它们即可。

2 选择"对象">"路径">"连接"，如图 4-9 所示。

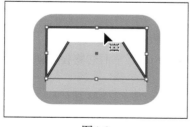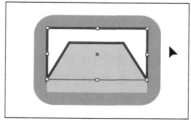

图4-8　　　　　　　　　　　　图4-9

默认情况下，将"连接"命令应用于两个或多个开放路径时，Illustrator 会寻找端点最接近的路径并连接它们。每次应用"连接"命令时，Illustrator 都会重复此过程，直到将所有路径都连接起来。

> **Ai** | **提示** 您还可以单击"属性"面板的"快速操作"部分中的"连接"按钮进行连接。

3 在右侧的"属性"面板（"窗口" > "属性"）中，单击"描边"一词右侧输入框的向下箭头按钮，将描边粗细更改为"0 pt"，移除描边。

> **Ai** | **提示** 在第 6 课"使用基本绘图工具"中，您将学习使用"连接工具" ✎，该工具允许您在边角处连接两条路径，并保持原始曲线完整。

4 单击"属性"面板中的"填色"框（白色），确保在出现的面板中选择了"色板"选项▦，然后单击选择颜色"Purple3"，如图 4-10 所示。

5 在窗口形状外按住鼠标左键拖框选中整个形状，如图 4-11 所示。

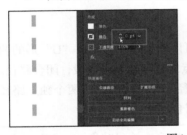 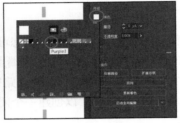 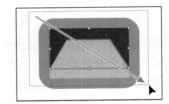

图4-10   图4-11

6 选择"对象" > "编组"。

> **Ai** | **提示** 若要对所选内容进行编组，还可以单击"属性"面板的"快速操作"部分中的"编组"按钮。

7 选择"选择" > "取消选择"，然后选择"文件" > "存储"。

4.2.3 使用刻刀工具切割

您可以使用"刻刀工具" ✎ 来切割形状。使用"刻刀工具"划过形状，您将创建闭合路径而不是开放路径。

1 从文档窗口左下角的"画板导航"菜单中选择画板"3 Tank"。
  您将创建的内容范例位于画板右侧，并标记为"Final"；而您将使用画板左侧标有"Start"的图稿进行操作，如图 4-12 所示。

2 选择"视图" > "画板适合窗口大小"。

3 选择"选择工具" ▶，单击标记为"Start"的图稿下方的粉红色椭圆形，如图 4-13 所示。

> **Ai** | **注意** 您可以选择多个矢量对象，并使用"刻刀工具"一次性切割它们。

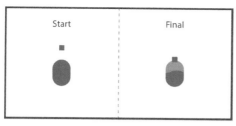

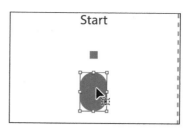

图4-12　　　　　　　　　　　　　　　　　图4-13

如果选择了某个对象，"刻刀工具"将只切割该对象。如果未选择任何内容，它将切割它所接触的任何矢量对象。

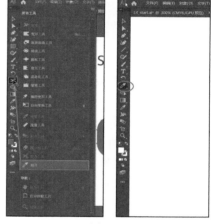

4　单击工具栏底部的"编辑工具栏"⬚⬚⬚按钮。在弹出的面板菜单中向菜单底部滚动进度条，您会看到"刻刀工具"。将"刻刀工具"拖到左侧工具栏中的"剪刀工具"✂上，将其添加到工具栏中，如图4-14所示。

图4-14

Ai | **注意**　如果单击"编辑工具栏"时看到一条消息，可以单击"确定"按钮将其关闭。

5　按 Esc 键隐藏"所有工具"面板。

6　现在选中了"刻刀工具"，将鼠标指针🖊移动到所选形状的左侧，按住鼠标左键划过整个形状，将其切割为两个形状，如图 4-15 所示。

注意，使用"刻刀工具"在形状上划过时，会进行一种自由切割，而不是直线切割。

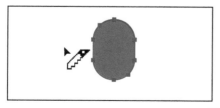

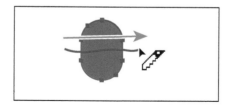

图4-15

Ai | **提示**　选中"刻刀工具"，按住 Caps Lock 键，将把鼠标指针变成更精确的十字线图标，这可以让人更轻楚地看到在哪里进行了切割。

7　选择"选择">"取消选择"。

8　选择"选择工具"，然后单击选中顶部的新形状。

9　在"属性"面板中的"填色"框中，确保在弹出的面板中选择了"色板"选项▣，然后单击选择颜色"Pink"，如图 4-16 左图所示。结果如图 4-16 右图所示。

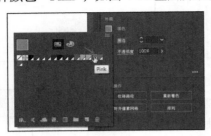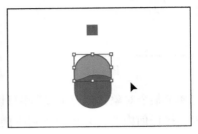

图4-16

10　将形状上方的红色小正方形向下拖动到切割后的形状上。

11　按住鼠标左键拖框选中标为"Start"的所有形状，如图 4-17 所示。

12　选择"对象">"编组"。

13　选择"选择">"取消选择"。

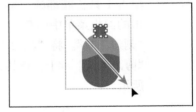

图4-17

直线切割

接下来，您将使用"刻刀工具"✐直线切割图稿。

> **Ai** | **注意**　帐篷形状的边缘使用"倾斜工具"绘制，您将在第 5 课中学习如何使图稿倾斜。

1　从文档窗口左下角的"画板导航"菜单中选择"4 Tent"，如图 4-18 所示。
您将创建的内容范例位于该画板右侧，且标记为"Final"。您将先使用左侧标有"Start"的图稿进行操作，把帐篷开口形状切割成几条路径，这需要您将其直线切割。

2　选择"视图">"画板适合窗口大小"。

3　选择"选择工具"▶后，单击标记为"Start"的图稿下部的粉红色三角形形状，如图 4-19 所示。

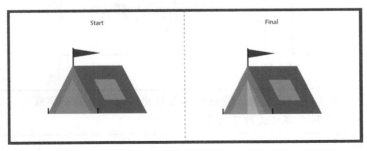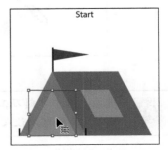

图4-18　　　　　　　　　　　图4-19

4　选择"视图">"放大"，放大两次。

5　选择"刻刀工具"，将鼠标指针移动到所选三角形的顶角上方，按住 Caps Lock 键，将鼠标指针变为十字线-¦-。

十字线指针更精确，您可以借助它更轻松地看到您开始切割的准确位置。

6　按住"Option + Shift"（macOS）或"Alt + Shift"（Windows）组合键，然后按住鼠标左键向下拖动，直到直线将形状一分为二，如图 4-20 所示。松开鼠标左键，然后松开组合键。

> **Ai** | **注意**　按住 Opiton 键（macOS）或 Alt 键（Windows）可保持直线切割。此外，按 Shift 键还可将切割角度限制为 45° 的倍数。

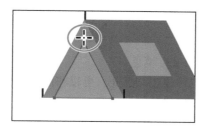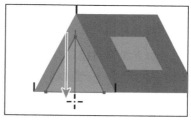

图4-20

7　按住 Option 键（macOS）或 Alt 键（Windows），然后从所选三角形顶部向下拖动，以较小的角度直线穿过形状，将其切割成两个部分，松开鼠标左键和 Option 键（macOS）或 Alt 键（Windows），如图 4-21 所示。

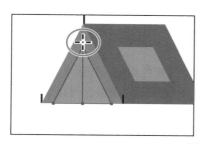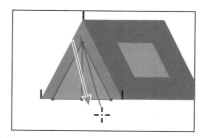

图4-21

8　选择"选择">"取消选择"。

9　选择"选择工具"，然后单击中间的粉红色三角形，如图 4-22 所示。

10　单击"属性"面板中的"填色"框，确保在弹出的面板中选择了"色板"选项 ▣，然后单击选择名为"Yellow"的颜色，如图 4-23 所示。

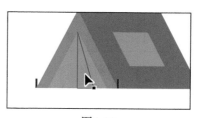

图4-22

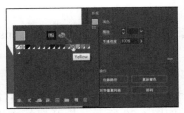 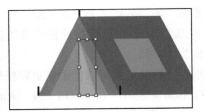

图4-23

11 按住鼠标左键拖框选中标记为"Start"的图稿中的所有
帐篷形状，如图 4-24 所示。

12 选择"对象">"编组"。

13 按下 Caps Lock 键，将十字线指针关闭。

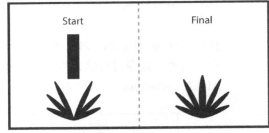

图4-24

4.2.4　轮廓化描边

默认情况下，诸如直线等路径只有描边颜色，而没有填色。

如果您在 Illustrator 中创建了一条直线，想要同时应用描边和填充，可以将路径的描边轮廓化，这
将把直线转换为闭合形状（或复合路径）。接下来，您将轮廓化线条的描边，以便在 4.3 节可以擦
除部分内容。

1 从文档窗口左下角的"画板导航"菜单中
选择画板"5 Plant"。
您将创建的内容范例位于画板右侧，且标
记为"Final"；而您将使用左侧标有"Start"
的图稿进行操作，如图 4-25 所示。

2 选择"视图">"画板适合窗口大小"，确
保它适合文档窗口的大小。

图4-25

3 选中"选择工具"▶，单击"Start"标记下方的紫色路径（矩形）的中心。
此矩形实际上是一条具有粗描边的路径。在"属性"面板中，可以看到该路径的描边粗细
被设置为"20 pt"。为了擦除部分路径，使其变成一片叶子的形状，这里需要将它变成一
个形状（矩形），而不是路径。

Ai　**注意**　如果您轮廓化描边，该直线会在"属性"面板顶部的选择指示器中显示为
"编组"，且有一个填色集。如果图稿是一个编组，请选择"编辑">"还原轮廓
化描边"，然后为路径应用"[无]"填色，再重试一次。

---

4 选择"对象">"路径">"轮廓化描边"，如图 4-26 所示。
这创建了一个被填充的形状，该形状是一个闭合路径。

5 按住鼠标左键将形状拖到如图 4-27 所示位置，保持此形状呈选中状态。
接下来，您将擦除部分形状。

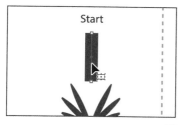
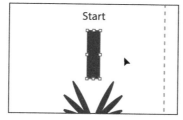

图4-26

图4-27

4.3 使用橡皮擦工具

"橡皮擦工具" ◆ 允许您擦除矢量图稿的任意区域，而无须在意其结构。您可以对路径、复合路径、实时上色组内的路径和剪切内容使用"橡皮擦工具"。如果您选中了图稿，则该图稿将是唯一要擦除的对象。如果取消选择对象，"橡皮擦工具"则会擦除触及的所有图层内的任何对象。接下来，您将使用"橡皮擦工具"擦除所选矩形的一部分，使其看起来像一片叶子。

> **Ai** | **注意** 您不能使用"橡皮擦工具"擦除栅格图像、文本、符号、图表或渐变网格对象。

1 将鼠标指针移到工具栏的"刻刀工具" 🔪 上，单击鼠标左键并长按，然后选择"橡皮擦工具"。
2 双击工具栏中的"橡皮擦工具"，编辑工具属性。在弹出的"橡皮擦工具选项"对话框中，将"大小"更改为"20 pt"，使橡皮擦的擦除范围变大，单击"确定"按钮，如图 4-28 所示。
   您可以根据自己的需求更改"橡皮擦工具"的属性。

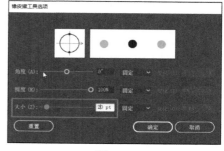

图4-28

> **Ai** | **提示** 选择橡皮擦工具后，您还可以单击"属性"面板顶部的"工具选项"按钮以打开"橡皮擦工具选项"对话框。

3 将鼠标指针移动到所选紫色形状的上方，按住鼠标左键向下划过形状的左侧，擦除部分形状，如图 4-29 所示。

图4-29

松开鼠标左键时，会擦除部分形状，但此形状仍然是闭合路径。

4 将鼠标指针移动到所选紫色形状的上方，按住鼠标左键向下划过形状的右侧，擦除部分形状，如图 4-30 所示。

图4-30

5 选中"选择工具"▶，然后按住鼠标左键拖框选中标记为"Start"的图稿中所有植物形状，如图 4-31 所示。

6 选择"对象">"编组"。

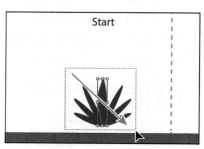

图4-31

直线擦除

您也可以进行直线擦除，这也是您接下来要做的事情。

1 从文档窗口左下角的"画板导航"菜单中选择"6 car"画板。

您将创建的内容范例位于画板右侧，且标记为"Final"；而您将使用左侧标有"Start"的图稿进行操作，如图 4-32 所示。您将选择并擦除单门形状，使其成为双门。

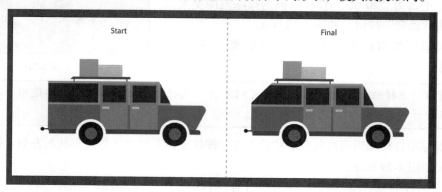

图4-32

2 选择"视图">"画板适合窗口大小"，以确保它适合文档窗口的大小。

3 选中"选择工具"▶后，单击选择标记为"Start"的门形状，如图 4-33 所示。

4 选择"视图">"放大"，将图稿重复放大几次，便于查看更多的细节。

5 双击"橡皮擦工具"◆，编辑其工具属性。在"橡皮擦工具选项"对话框中，将"大小"更改为"5 pt"，使橡皮擦擦除范围变小。单击"确定"按钮。

6 选择"橡皮擦工具",将鼠标指针移动到所选形状的上方。按住 Shift 键,然后按住鼠标左键直接向左下方拖动,如图 4-34 所示,松开鼠标左键和 Shift 键。

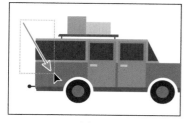
图4-33

图4-34

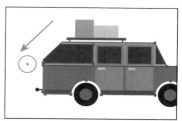

看起来可能像是您擦除了汽车的其他部分,但其实由于您没有选择其他部分,所以其他部分不受影响。现在,所选的门形状被分为两个单独的形状,这两个形状都是闭合路径。

7 选中"选择工具",然后按住鼠标左键拖框选中标记为"Start"的图稿中的所有汽车形状,如图 4-35 所示。

8 单击文档右侧"属性"面板的"快速操作"部分中的"编组"按钮。

9 选择"文件">"存储"。

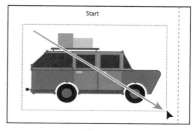
图4-35

4.4 创建复合路径

复合路径允许您使用矢量对象在另一个矢量对象上"钻一个孔"。每当我想到复合路径,我就想起甜甜圈的形状,这种形状可以用两个圆形创建,两个圆形路径重叠的地方则会出现"孔"。复合路径被当成一个组,并且复合路径中的各个对象仍然可以被编辑或释放(如果您不希望它们是复合路径)。接下来,您将通过创建复合路径来创建车轮图稿。

1 从文档窗口左下角的"画板导航"菜单中选择画板"7 Wheel"。

您将创建的内容范例位于该画板右侧,且被标记为"Final";而您将使用左侧标有"Start"的图稿来创建一个车轮,如图 4-36 所示。

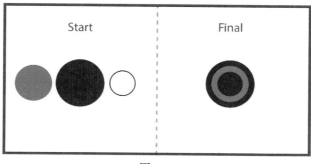
图4-36

2 如有必要的话，选择"视图">"画板适合窗口大小"。

3 选中"选择工具" ▶，选择左侧的灰色圆形，然后按住鼠标左键拖动它，使其与右侧较大的黑色圆形重叠，如图 4-37 所示。

4 将白色圆形拖到灰色圆形上层，并确保其在灰色圆形中处于居中位置，如图 4-38 所示。

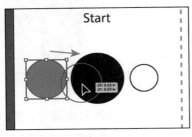

图4-37

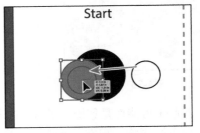

图4-38

智能参考线会帮助您对齐圆形。您还可以选择灰色圆形和白色圆形，使用右侧"属性"面板中的"对齐"选项将它们对齐。

5 按住 Shift 键，单击灰色圆形，将其与白色圆形一起选中，如图 4-39 左图所示。

> **Ai** **提示**　您仍然可以编辑复合路径中的原始形状。若要编辑它们，请使用"直接选择工具" ▶ 单独选中每个形状，或使用"选择工具"双击复合路径进入"隔离模式"来选中单个形状。

6 选择"对象">"复合路径">"建立"，并保持图稿呈选中状态。

您现在可以看到，白色的圆形似乎已经消失了，并且可以透过灰色形状看到下面的黑色圆形，白色圆形被用来在灰色形状上面"打了一个孔"，如图 4-39 右图所示。选中灰色形状，在右侧的"属性"面板顶部您应该能看到"复合路径"一词。

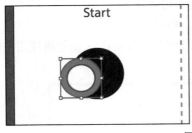

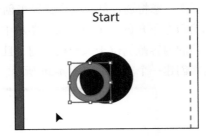

图4-39

> **Ai** **注意**　创建复合路径时，在堆叠中处于最底层的对象的外观属性决定了生成的复合路径的外观。

7 将灰色"甜甜圈"形状拖到其后面的黑色圆形中心，如图 4-40 所示。所选形状应位于顶层。如果不是，请选择"对象">"排列">"置于顶层"。

8 按住鼠标左键拖框选中标记为"Start"的图稿上的所有圆形形状，如图 4-41 所示。

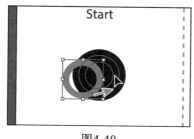
图4-40

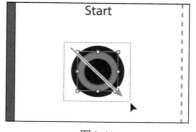
图4-41

9 选择"对象">"编组"。

10 选择"文件">"存储"。

4.5 合并形状

利用简单形状创建复杂形状比使用绘图工具（如"钢笔工具"）直接创建复杂形状更容易。在 Illustrator 中，您可以通过不同的方式组合矢量对象来创建形状，而生成的形状或路径因合并形状的方法而异。在本节中，您将了解一些常用的合并形状的方法。

4.5.1 使用形状生成器工具

您将学习的第一种合并形状的方法是使用"形状生成器工具" 。此工具允许您直接在图稿中合并、删除、填充和编辑重叠的形状和路径。您将使用"形状生成器工具"，用一系列简单形状（如圆形和正方形）创建一个复杂的拖车形状。

1 从文档窗口左下角的"画板导航"菜单中选择"8 Trailer"。

您将创建的内容范例位于画板右侧，且标记为"Final"；而您将使用的图稿是画板左侧标有"Start"的图稿，如图 4-42 所示。

2 选择"视图">"画板适合窗口大小"，确保它适合文档窗口的大小。

3 选中"选择工具" ▶后，按住鼠标左键拖框选中标记为"Start"的图稿中上部所示的 3 个形状，不要选中白色圆形，如图 4-43 所示。

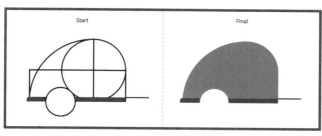

图4-42

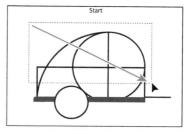
图4-43

若要使用"形状生成器工具"编辑形状，则需要先选中这些形状。您现在可以使用"形状生成器工具"组合、删除和为这些简单的形状上色，以创建一辆露营车的图稿。

![Ai] **提示** 使用"形状生成器工具"时，您还可以按住 Shift 键，同时按住鼠标左键拖框选中并合并一系列形状。而按住"Shift＋Option"（macOS）或"Shift＋Alt"（Windows）组合键，并按住鼠标左键拖框选中形状，则可以删除选框中的一系列形状。

4　在工具栏中选中"形状生成器工具"。将鼠标指针移到形状的左上方，然后从图 4-44 左图的红色"×"处按住鼠标左键向右下方拖动到形状的中间。松开鼠标左键以组合形状，如图 4-44 右图所示。

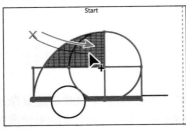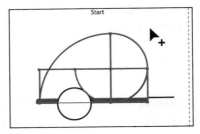

图4-44

选择"形状生成器工具"时，重叠的形状将临时分离为单独的对象。当您从一个部分拖到另一个部分时，图稿中会出现红色轮廓线来显示松开鼠标左键、形状合并在一起时的最终形状。

![Ai] **注意** 您最终合并的形状可能具有不同的描边或填色，这没有什么影响。您稍后可以更改它们。

5　将鼠标指针再次移到形状的左上方。按住 Shift 键，然后按住鼠标左键从图 4-45 左图中的红色"×"处向右下方拖出选框。松开鼠标左键，然后释放 Shift 键以合并形状，如图 4-45 右图所示。

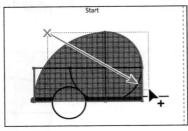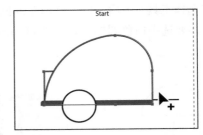

图4-45

接下来，您将删除一些形状。

6　在仍选中形状的情况下，按住 Option 键（macOS）或 Alt 键（Windows）。注意，按住 Option 键（macOS）或 Alt 键（Windows）时，鼠标指针将变为▶_（如图 4-46 红箭头处所示），单击最左侧的形状将其删除。

> **Ai** | **注意** 当您将鼠标指针放在形状上时，请确保在单击删除之前，可以在这些形状中看到网格。

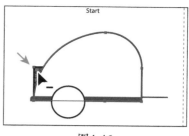

图4-46

7　选择"选择工具"，然后在空白区域中单击以取消选择图稿。按住鼠标左键拖框选中合并的较大形状、紫色条形形状和白色圆形这 3 个形状，如图 4-47 左图所示。

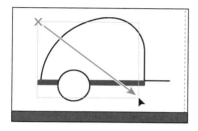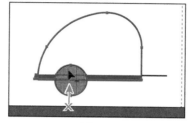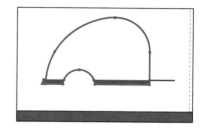

图4-47

8　选择"形状生成器工具"，然后将鼠标指针移动到白色圆形下方。按住 Option 键（macOS）或 Alt 键（Windows），然后按住鼠标左键拖过白色圆形，在到达圆形上部前停止。松开鼠标左键和 Option 键（macOS）或 Alt 键（Windows），将圆形从合并的较大形状中移除。如图 4-47 中图和右图所示。

9　选择"选择">"取消选择"。

10　选中"选择工具"，然后单击较大形状的边缘将其选中。将"属性"面板中的"填色"更改为名为"Red1"的颜色（工具标签会提示名称为"Red1"），如图 4-48 所示。

11　将描边粗细更改为"0 pt"。

12　按住鼠标左键拖框选中红色形状、紫色形状和黑色线条，如图 4-49 所示。

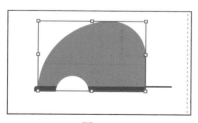

图4-48

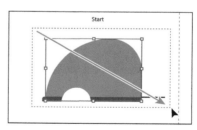

图4-49

13　选择"对象">"编组"。

4.5.2　使用路径查找器合并形状

"属性"面板或"路径查找器"面板（"窗口">"路径查找器"）中的"路径查找器"是合并

形状的方法之一。当应用"路径查找器"效果（如"联集"）时，所选原始对象将会发生永久的改变。

1　从文档窗口左下角的"画板导航"菜单中选择"9 Door"画板。

　　您将创建的内容范例位于画板右侧，且标记为"Final"；而您将使用的图稿是左侧标有
"Start"的图稿，如图 4-50 所示。接下来，您将以不同的方式组合形状来创建一扇门。

2　选择"视图">"画板适合窗口大小"。

3　选择"选择工具" ▶，按住鼠标左键拖框选中带有黑色描边的圆形和矩形，如图 4-51 所示。

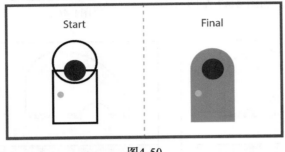

图4-50

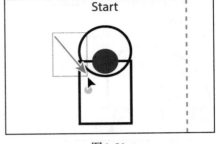

图4-51

您需要创建一个形状，使该形状看起来像图 4-50 右侧标记为"Final"的门。您将使用"属
性"面板和您选中的形状来创建最终图稿。

4　选中这些形状后，在右侧的"属性"面板中，单击"联集"按钮■，永久合并这两个形
状，如图 4-52 所示。

> **Ai**　**注意**　"属性"面板中的"联集"按钮通过将形状组合在一起，产生与使用"形状
> 生成器工具" ⚙ 类似的结果。

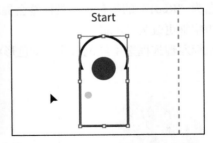

图4-52

> **Ai**　**提示**　单击"属性"面板的"路径查找器"部分中的"更多选项" ⋯，将显示"路
> 径查找器"面板，该面板有更多选项。

5　选择"编辑">"还原相加"，撤销"联集"命令并将两个形状复原，保持形状呈选中状态。

了解形状模式

　　在上面的内容中，"路径查找器"效果对形状进行了永久性更改。选中形状后，通过按住

Option 键（macOS）或 Alt 键（Windows），单击"属性"面板中显示的任何默认的"路径查找器"工具，都会创建复合形状而不是路径。复合形状中的原始底层对象都会保留下来，因此，您仍然可以选择复合形状中的任意原始对象。如果您认为稍后可能还需要获取原始形状，那么使用创建复合形状的模式将非常有用。

1 在选中形状的情况下，按住 Option 键（macOS）或 Alt 键（Windows），然后单击"属性"面板中的"联集"按钮 ，如图 4-53 所示。

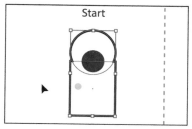

图4-53

这将创建一个复合形状，图 4-54 右图所示为合并后的形状轮廓，您仍然可以单独编辑这两个形状。

2 选择"选择" > "取消选择"，查看最终的形状。

3 选中"选择工具"，双击新合并的形状的黑色描边，进入隔离模式。

4 单击顶部圆形的边缘，或者按住鼠标左键拖框选中圆形，如图 4-54 左图所示。

Ai | **提示** 若要编辑类似于此复合形状中的原始形状，还可以使用"直接选择工具" ▷
来单独选择它们。

---

5 在中心的蓝点外按住鼠标左键直接向下拖动所选圆，拖动时按住 Shift 键。向下拖动，直到看到一条水平智能参考线，并使圆的中心与矩形的上边缘对齐，如图 4-54 右图所示。对齐后，松开鼠标左键和 Shift 键。

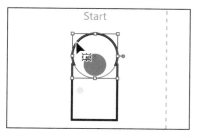
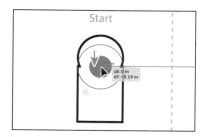

图4-54

Ai | **注意** 如果您发现难以拖动，还可以按方向键移动形状。

---

6 按 Esc 键退出隔离模式。

接下来，您将扩展图稿外观。扩展外观将保持复合对象的形状，但您不能再次选择或编辑原始对象。当您想要修改对象内部特定元素的外观属性和其他属性时，通常需要扩展对象。

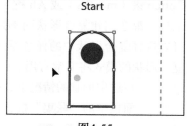

图4-55

7　在形状外单击以取消选择，然后单击复合形状再次选中它。

8　选择"对象">"扩展外观"，如图 4-55 所示。

"路径查找器"使复合形状成了一个单一的永久的形状。

9　单击"属性"面板中的"填色"框，选择名为"Pink"的色板，将描边粗细更改为"0 pt"。

10　按住鼠标左键拖框选中构成门的所有形状。

11　单击"属性"面板底部的"编组"按钮，将内容组合在一起。

4.5.3　创建露营车

在这一节中，您将把露营车的所有部件拖动到一起并将它们编组。

1　选择"视图">"缩小"，重复几次。

2　按住空格键临时选中"抓手工具"，然后在文档窗口查看窗、水箱、车轮、门和拖车画板。如图 4-56 所示。

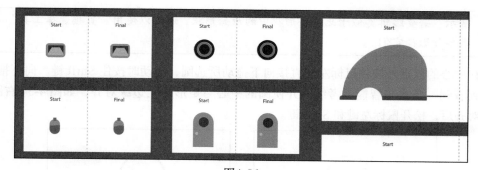

图4-56

3　选中"选择工具" ▶，将已经创建好的标记为"Start"的车轮、门、窗和水箱图稿拖到标记为"Start"的拖车图稿上。将它们放置在如图 4-57 所示的位置。

4　按住鼠标左键拖框选中拖车图稿中的所有对象，然后选择"对象">"编组"。

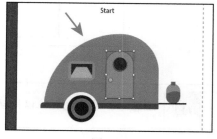

图4-57

4.5.4 调整路径形状

在第 3 课中，您学习了如何创建形状和路径（线条）。您可以使用"整形工具" ⊾拉伸路径的
某部分而不扭曲其整体形状。在本节中，您将改变一条线段的形状，让它更弯曲一点，这样就可
以把它变成火焰形状。

1　从文档窗口左下角的"画板导航"菜单中选择"10 Flame"画板，如图 4-58 所示。
　　您将创建的内容范例位于画板右侧，且标记为"Final"；而您将使用的图稿是左侧侧画板
　　上标有"Start"的图稿。首先您将调整左侧画板上直线的形状。

2　选择"选择工具" ▶，然后单击标记为"Start"的路径。

3　单击工具栏底部的"编辑工具栏"按钮 ⋯。在弹出的面板菜单中滚动进度条，然后按住
　　鼠标左键将"整形工具"拖到左侧工具栏中的"旋转工具" ↻上，将其添加到工具栏中，
　　如图 4-59 所示。

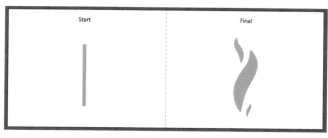

图4-58　　　　　　　　　　　　　　　　　　　　　图4-59

4　选中"整形工具"后，将鼠标指针移到路径上。当指针变为 ⊾时，按住鼠标左键将路径拖
　　动以添加锚点，并调整路径的形状。按住鼠标左键将路径向右下方拖动，然后按住鼠标左
　　键向左下方拖动路径，如图 4-60 所示。您可以查看右侧画板上标为"Final"的火焰形状，
　　以供参考。
　　"整形工具"可用于拖动现有的锚点或路径段。如果拖动现有路径段,则会创建一个新锚点。

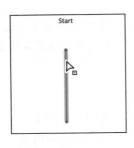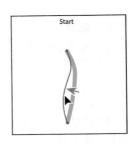

图4-60

 注意 您可以在封闭路径（如正方形或圆形）上使用"整形工具"，但如果选择了整个路径，"整形工具"将添加锚点并重塑路径。

5 将鼠标指针移动到路径顶部的锚点上，然后按住鼠标左键将其向右拖动一点，如图 4-61 所示。保持路径为选中状态。

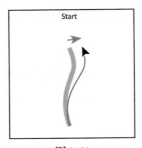

图4-61

如果在路径中选中了所有锚点，这意味着"整形工具"将调整整个路径。

 注意 使用"整形工具"拖动路径时，仅调整选定的锚点。

4.6 使用宽度工具

您不仅可以像在第 3 课中那样调整描边的粗细，还可以通过使用"宽度工具" 或将宽度配置文件应用于描边来更改常规描边的宽度。这使您可以沿路径描边创建可变宽度。接下来，您将使用"宽度工具"调整上一节中用"整形工具"调整后的路径，使其看起来像火焰形状。

1 在工具栏中选择"宽度工具"，将鼠标指针放在上一节用"整形工具"调整后的路径的中心，请注意，当鼠标指针位于路径上时，指针旁边有一个加号（+）。如果按住鼠标左键并拖动，则会编辑描边的宽度。向右拖动蓝线，请注意，拖动时会以相等的距离向左右两边伸展描边。当测量标签显示"边线 1"和"边线 2"大约为 0.2 in 时，松开鼠标左键，如图 4-62 所示。

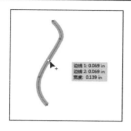

图4-62

您在路径上创建了一个宽度可变的描边，而不是一个带有填色的形状。原始路径上的新点称为宽度点，从宽度点延伸的线是宽度控制柄。

2　在画板的空白区域单击，取消选中锚点。

3　将鼠标指针放在路径上的任意位置，第 1 步创建的新宽度点（如图 4-63 左图箭头处所示）将显示出来。而在路径上，鼠标指针指向的宽度点则是单击可创建的新宽度点，如图 4-63 左图所示。

4　将鼠标指针放在原始宽度点上，当您看到从其延伸出的线条和鼠标指针变为▶~时，延路径向上和向下拖动它以查看其对路径的影响，如图 4-63 中图和右图所示。

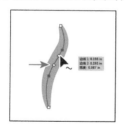

图4-63

5　选择"编辑">"还原宽度点数更改"，可将宽度点恢复到路径上的原始位置。
除了单击和拖动来为路径添加宽度点之外，您还可以双击锚点创建宽度点，并在"宽度点数编辑"对话框中输入数值。这是您接下来要做的。

6 将鼠标指针移动到路径的顶部锚点上，注意鼠标指针变为▸，并出现"锚点"一词，如
   图4-64左图所示。双击该点以创建一个新的宽度点，并打开"宽度点数编辑"对话框。
7 在"宽度点数编辑"对话框中，将"总宽度"更改为"0 in"，然后单击"确定"按钮，如
   图4-64中图和右图所示。

图4-64

您可以通过"宽度点数编辑"对话框，更精确地整体或单独调整宽度点控制手柄的长度。
此外，如果选中"调整临近的宽度点数"复选框，对所选宽度点所做的任何更改还会影响
相邻宽度点。

8 将鼠标指针移动到路径的底部锚点上，然后双击。在弹出的"宽度点数编辑"对话框中，
   将"总宽度"更改为"0 in"，然后单击"确定"按钮，如图4-65所示。

 提示 您可以选中一个宽度点，按住 Option 键（macOS）或 Alt 键（Windows），
拖动宽度点的一个宽度控制手柄，来更改单侧描边宽度。

9 将鼠标指针移动到原始宽度点上。当宽度控制手柄出现时，将其中一个手柄从路径中心向
   外拖离，使其更宽一些，如图4-66所示。保持路径呈选中状态，以备下一节操作使用。

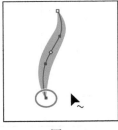

图4-65

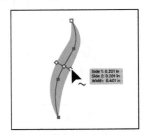

图4-66

提示 定义描边宽度后，您可以将可变宽度保存为配置文件，以后就可以从"描边"
面板或"控制面板"中复用它。若要了解有关可变宽度配置文件的详细信息，请在
"Illustrator 帮助"（"帮助"＞"Illustrator 帮助"）中搜索"带有填色和描边的绘制"。

4.7 完稿

若要完成该插图，您还要将每个画板上编组的图稿拖动到图 4-2 左侧画板的主插图中。

1. 选中"选择工具"▶，选中路径后，选择"编辑">"复制"，然后选择"编辑">"粘贴"以粘贴副本。

2. 选中副本，选择"对象">"路径">"轮廓化描边"，以便您可以更轻松地缩放形状，而无须调整描边粗细。

3. 按住 Shift 键，同时按住鼠标左键拖动路径定界框的一个角，使其等比例缩小，将其拖动到如图 4-67 所示的位置，松开鼠标左键和 Shift 键。

4. 选中较小的副本，选择"编辑">"复制"，然后选择"编辑">"粘贴"，将新副本等比例放大，并将其移动到图 4-68 左图所示位置。

图4-67

5. 在仍选中形状的情况下，单击"属性"面板中的"水平轴翻转"按钮。然后按住鼠标左键将形状拖动到图 4-68 右图所示位置。

图4-68

6. 按住鼠标左键拖框选中 3 个火焰形状，选择"对象">"编组"。

7. 选择"视图">"缩小"，重复几次，以便您可以看到画板右侧的篝火图稿。按住鼠标左键将火焰组形状拖动到画板右侧的篝火图稿上，如图 4-69 所示。

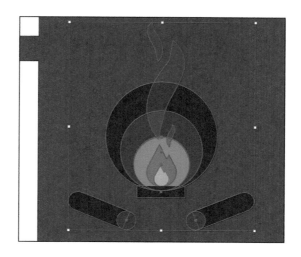

图4-69

8 按住鼠标左键拖框选中所有篝火形状，选择"对象" > "编组"。

9 选择"视图" > "全部适合窗口大小"。

10 选择"视图" > "智能参考线"，将其关闭。

11 按住鼠标左键将您创建的所有图稿组拖动到主插图中，如图 4-70 所示。

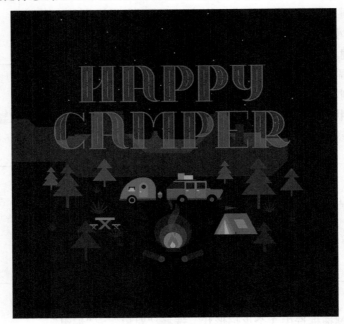

图4-70

您可能需要调整每个图稿组的大小，以更好地适应现有的主插图。选中"选择工具"，您可以按住 Shift 键并按住鼠标左键拖动一个角点来等比例调整图稿的大小。

调整大小完成后，松开鼠标左键和 Shift 键。

12 选择"视图" > "智能参考线"，打开智能参考线，以便下一课使用。

13 选择"文件" > "存储"，然后选择"文件" > "关闭"。

4.8　复习题

1　描述可以将几个形状合并为一个形状的两种方法。
2　"剪刀工具"和"刻刀工具"之间的区别是什么？
3　如何使用"橡皮擦工具"进行直线擦除？
4　在"属性"面板或"路径查找器"面板中，"形状模式"和"路径查找器"之间的主要区别是什么？
5　为什么要轮廓化描边？

4.9　复习题答案

1　使用"形状生成器"工具，您可以方便地在图稿中合并、删除、填充和编辑相互重叠的形状和路径。您还可以使用"路径查找器"（可在"属性"面板、"效果"菜单或"路径查找器"面板中找到）在重叠的对象中创建新形状。
2　"剪刀工具"用于在锚点处或沿线段剪切路径、图形框架或空文本框架。"刻刀工具"会沿着使用该工具绘制的路径切割对象，并将对象分离开来。使用"剪刀工具"剪切形状时，生成的形状是开放路径；而使用"刻刀工具"切割形状时，生成的形状是闭合路径。
3　要使用"橡皮擦工具"进行直线擦除，您需要按住 Shift 键，然后再使用"橡皮擦工具"进行擦除。
4　在"属性"面板中，应用形状模式（如"联集"）时，所选原始对象将永久转变；但如果您按住 Option 键（macOS）或 Alt 键（Windows）应用形状模式，此时将保留原始对象。应用"路径查找器"（如"联集"）时，所选原始对象也将永久转变。
5　路径与线条一样，可以显示描边颜色，但默认情况下不能显示填充颜色。如果您在 Illustrator 中创建了一条线，并且希望同时应用描边和填充，则可以轮廓化描边，这将把线条转换为封闭的形状（或复合路径）。

第5课 变换图稿

本课概览

在本课中，您将学习如何执行以下操作。

- 在现有文档中对画板进行添加、编辑、对齐、重命名和重新排序操作。
- 在画板之间导航。
- 使用标尺和参考线。
- 使用智能参考线定位和对齐内容。
- 精确调整对象位置。
- 使用各种方法移动、缩放、镜像、旋转和倾斜对象。
- 使用"自由变换工具"扭曲对象。
- 使用"操控变形工具"。

 完成本课内容大约需要 60 分钟。

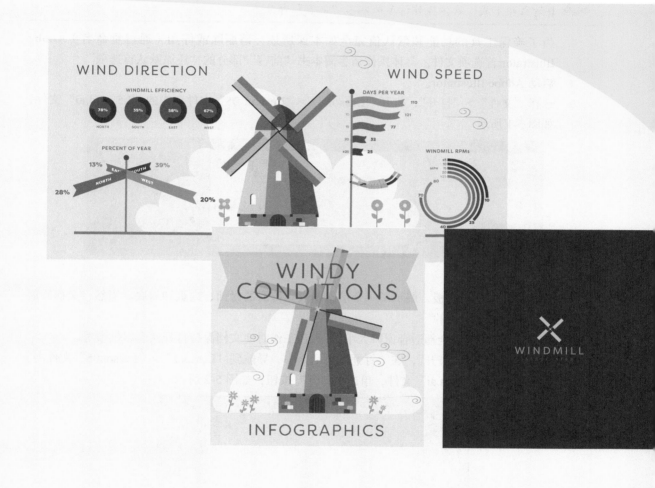

创建图稿时，您可以通过多种方式
快速、精确地调整对象的大小、形状
和方向。在本课中，您将创建多幅图稿，
同时了解创建和编辑画板、各种变换命
令和专用工具。

5.1 开始本课

在本课中，您将变换图稿并使用它来完成一幅信息图。在开始之前，您将还原 Adobe Illustrator 的默认首选项，然后打开一个包含已完成图稿的文件，查看您将创建的内容。

1 为了确保工具的功能和默认值完全如本课所述，请删除或停用（通过重命名）Adobe Illustrator 首选项文件。具体操作请参阅本书"前言"部分的"还原默认首选项"。

2 启动 Adobe Illustrator。

3 选择"文件">"打开"，打开"Lessons">"Lesson 05"文件夹中的"L5_end.ai"文件，如图 5-1 所示。

图5-1

该文件包含 3 个画板，展示了一个信息图表宣传册的封面、内页和封底。当然，文档所展示的数据都是虚构的

4 选择"视图">"全部适合窗口大小"，并在工作时使文档保持打开状态以供参考。

5 选择"文件">"打开"，在"打开"对话框中，导航到"Lessons">"Lesson05"文件夹，然后选择"L5_start.ai"文件，单击"打开"按钮，如图 5-2 所示。

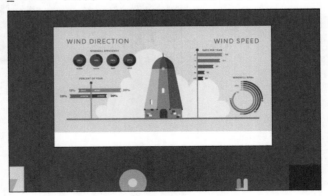

图5-2

6 选择"文件">"存储为"。在"存储为"对话框中，将文件命名为"Infographic.ai"，然

后导航到"Lesson05"文件夹。从"格式"菜单中选择"Adobe Illustrator（ai）"（macOS）或从"保存类型"菜单中选择"Adobe Illustrator（*.AI）"（Windows），然后单击"保存"按钮。

7 在"Illustrator 选项"对话框中，使"Illustrator 选项"保持默认设置，然后单击"确定"按钮。

8 选择"窗口">"工作区">"重置基本功能"。

 注意 如果在"工作区"菜单中没有看到"重置基本功能"，请在选择"窗口">"工作区">"重置基本功能"之前，先选择"窗口">"工作区">"基本功能"。

5.2 使用画板

画板为包含可打印或可导出图稿的区域，类似于 Adobe Indesign 中的页或 Adobe Photoshop 或 Adobe Experience Design 中的画板。您可以使用画板创建各种类型的项目，例如多页 PDF 文件，大小或元素不同的打印页面，网站、应用程序或视频故事板的独立元素。

5.2.1 向文档中添加画板

在使用文档时，您可以随时添加和删除画板，也可以创建不同尺寸的画板，还可以在画板编辑模式下调整它们的大小，并且可以将画板放在文档窗口中的任意位置。所有画板都有对应的编号，还可以指定名称。接下来，您将为"Infographic.ai"文档添加一些画板。

1 选择"视图">"画板适合窗口大小"，然后按"Option+-"（macOS）或"Ctrl +-"（Windows）组合键两次，以缩小视图。

2 按下空格键临时切换到"抓手工具" 🖐。按住鼠标左键将画板向左拖动，可以查看画板右侧深色的画布（背景）。

3 在工具栏中选中"选择工具" ▶。

4 在右侧"属性"面板中，单击"编辑画板"按钮，进入画板编辑模式，并在工具栏中选择"画板工具" ▭，如图 5-3 所示。

图5-3

 注意 如果要在"属性"面板中查看文档选项，则不能选择任何内容。如果需要查看文档选项，请先选择"选择">"取消选择"。

 提示 您也可以在工具栏中选中"画板工具"，即可进入画板编辑模式。

5 将鼠标指针移动到现有画板的右侧，然后按住鼠标左键向右下方拖动。当鼠标指针旁边的测量标签显示宽度约为 800 px 且高度约为 800 px 时，松开鼠标左键，如图 5-4 所示。

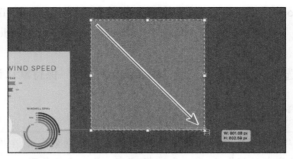

图5-4

现在应该选中了新画板，因为此画板周围有一个虚线框，所以您可以看出它是被选中的。在右边的"属性"面板中，您能看到所选画板的属性，如位置（X 和 Y）、大小（宽度和高度）和名称等。

6　在右侧的"属性"面板中，在"宽"右侧输入"800 px"，在"高"右侧输入"850 px"，按回车键确认输入值，如图 5-5 所示。

7　在"属性"面板的"画板"部分，将名称更改为"Back"，按回车键确认更改，如图 5-6 所示。

图5-5

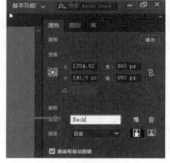

图5-6

接下来，您将创建另一个大小相同的画板。

8　单击右侧"属性"面板中的"新建画板"按钮，在所选画板"Back"右侧创建一个与其大小相同的新画板，如图 5-7 所示。

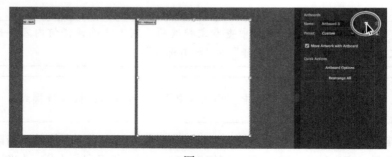

图5-7

9 在"属性"面板中，将新建画板的名称更改为"Front"。如图 5-8 所示。

图5-8

在画板编辑模式下编辑画板时，您可以在每个画板的左上角看到画板的名称。

5.2.2 编辑画板

创建画板后，您可以使用"画板工具" 、菜单命令、"属性"面板或"画板"面板对其进行编辑或删除。接下来，您将调整一个画板的位置和大小。

1 选择"视图">"全部适合窗口大小"，查看您所有的画板。

2 按"Option+–"（macOS）或"Ctrl+–"（Windows）组合键两次，缩小画板。

3 仍处于画板编辑模式下，选择工具栏中的"画板工具"，将名为"Front"的画板拖动到原始画板的左侧，如图 5-9 所示。不用精确确定它的位置，但要确保它没有被任何图稿覆盖。

提示 若要删除画板，请使用"画板工具"选择该画板，然后按 Delete 键或 Backspace 键，或单击"属性"面板中的"删除画板"按钮 ▥。您可以不断删除画板，直到只留下一个画板。

在画板编辑模式下的右侧"属性"面板上，您将看到许多用于编辑所选画板的选项，如图 5-10 所示。当选择一个画板后，您可以通过"预设"菜单将画板更改为预设大小。"预设"菜单中的大小包括常用的打印、视频、平板电脑和 Web 大小。您还可以切换画板方向、重命名或删除画板。

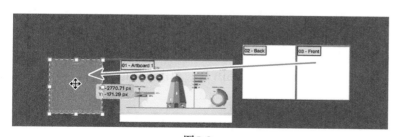

图5-9

图5-10

4 在中间较大的原始画板中单击，然后选择"视图">"画板适合窗口大小"，让画板适应文档窗口的大小。

"画板适合窗口大小"命令通常用于所选画板或当前画板。

 提示 您可以一次变换多个所选画板。

5 按住鼠标左键向上拖动原始画板下边缘的中间控制点，调整画板大小。当控制点与蓝色形状的下边缘对齐时，松开鼠标左键。如图 5-11 所示。

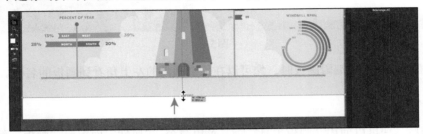

图5-11

6 单击"属性"面板顶部的"退出"按钮，退出画板编辑模式，如图 5-12 所示。
退出画板编辑模式将取消选择所有画板，并选中左侧工具栏中的"选择工具" ▶。

 提示 您还可以通过在工具栏中选中"画板工具"以外的其他工具或按 Esc 键退出画板编辑模式。

7 选择"视图">"全部适合窗口大小"，使所有画板适应文档窗口的大小。

5.2.3 对齐画板

您可以移动和对齐画板，组织管理文档中的画板（可能是为了将相似的画板放在一起以适合您的工作风格）。接下来，您将选择所有画板并使它们对齐。

1 在左侧的工具栏中选中"画板工具" 口。
这是进入画板编辑模式的另一种方式，在某图稿被选中时非常有用。因为在图稿被选中时，您无法在"属性"面板中看到"编辑画板"按钮。

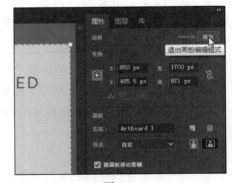

图5-12

2 单击最左边的画板"03-Front"来选中它。按住 Shift 键，单击右侧的另外两个画板，选中这 3 个画板，如图 5-13 所示。

 提示 选中"画板工具"后，您还可以按住 Shift 键并按住鼠标左键拖框选中一系列画板。

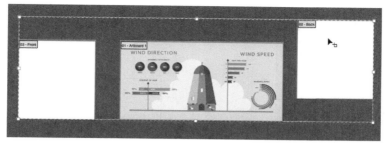

图5-13

选中"画板工具"时，您按住 Shift 键可以将其他画板添加到所选内容中，而不是绘制一个新画板。

3 单击右侧"属性"面板中的"垂直居中对齐"按钮![icon]，使 3 个画板彼此对齐，如图 5-14 所示。使画板保持选中状态。

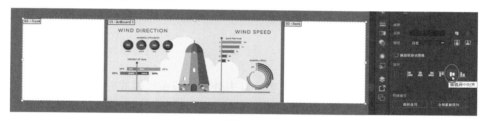

图5-14

5.2.4 重命名画板

默认情况下，画板会被指定一个编号和名称。命名画板有助于您在文档的画板之间导航。接下来，您将重命名画板，为这些画板添加更有意义的名称。

1 在画板编辑模式下，单击鼠标左键选择中间的（最大的）画板。

2 单击"属性"面板中的"画板选项"按钮，如图 5-15 所示。

3 在弹出的"画板选项"对话框中，将名称更改为"Inside"，然后单击"确定"按钮，如图 5-16 所示。

"画板选项"对话框为画板编辑提供了许多额外的选项，以及一些您在"属性"面板中已经看到的选项，比如宽度和高度。

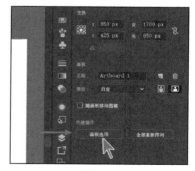

图5-15

4 选择"窗口">"画板"，打开"画板"面板，如图 5-17 所示。

"画板"面板允许您查看文档中所有画板。它还允许您重新排序、重命名、添加和删除画板，并选择许多其他与画板相关的选项，而无须进入画板编辑模式。

5 选择"文件">"存储"，并保留"画板"面板，以便进行接下来的操作。

图5-16

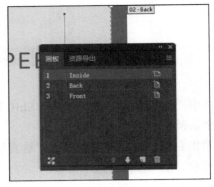

图5-17

5.2.5 调整画板的排列顺序

在选中"选择工具" ▶ 但未选择任何内容，且未处于画板编辑模式时，您可以使用"属性"面板中的"下一项"按钮▶ 和"上一项"按钮◀，在文档中的画板之间切换，您也可以在文档窗口的左下角进行类似的操作。默认情况下，画板的排列顺序与其创建顺序相同，但您也可以更改该顺序。

接下来，您将对"画板"面板中的画板重新进行排序，以便您在使用"下一项"按钮▶ 或"上一项"按钮◀ 时，按您确定的画板顺序导航。

1　打开"画板"面板后，双击名称"Back"左侧的数字"2"，然后双击"画板"面板中名称"Inside"左侧的数字"1"，如图 5-18 所示。

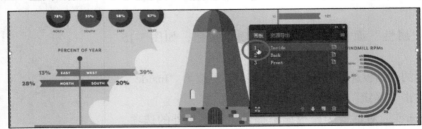

图5-18

双击"画板"面板中未选中的画板名称左侧的编号，可使该画板成为当前画板，并使其适应文档窗口的大小。

2　按住鼠标左键向上拖动名为"Front"的画板，直到名为"Inside"的画板上方出现一条直线，松开鼠标左键，如图 5-19 所示。

这会使"Front"画板成为列表中的第一个画板。

3 如有必要，选择"视图">"画板适合窗口大小"，使"Front"画板适合文档窗口的大小。

4 单击"属性"面板中的"退出"按钮，退出画板编辑模式。

5 单击"属性"面板中的"下一项"按钮▶，如图 5-20 所示。

图5-19

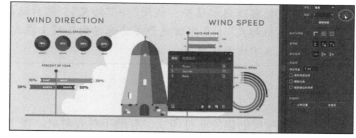

图5-20

这将使面板列表中下一个名为"Inside"的画板适合文档窗口的大小。如果您没有更改"画板"面板中的画板顺序，则"下一项"按钮将是灰色的（您无法选择它），因为"Front"画板是"画板"面板列表中最后一个画板。

6 单击"画板"面板组顶部的"×"将其关闭。

现在，画板已设置好，您将重点学习如何变换图稿来为您的项目创建内容。

重新排列画板

在画板编辑模式下（在工具栏中选中"画板工具"），您可以单击"属性"面板中的"全部重新排列"按钮，打开"重新排列所有画板"对话框。

在"重新排列所有画板"对话框中，您可以调整画板的列数和每个画板之间的间距。

例如，如果您有一个包含6个画板的文档，将"列数"设置为"2"，则画板将排列成2行（或2列）、每行3个画板的形式，如图5-21所示。

图5-21

您还可以单击"画板"面板（"窗口">"画板"）底部的"重新排列所有画板"按钮，或选择"对象">"画板">"重新排列所有画板"打开该对话框。

5.3 使用标尺和参考线

设置好画板后，接下来您将了解如何使用标尺和参考线来对齐和测量内容。标尺有助于精准地放置对象和测量对象及其之间的距离。标尺显示在文档窗口的上边缘和左边缘，且可以选择显示或隐藏。Illustrator 中有两种类型的标尺：画板标尺和全局标尺。每个标尺（水平和垂直）上 0（零）刻度的点称为标尺原点。画板标尺将标尺原点设置在当前画板的左上角。而不论哪个画板是当前画板，全局标尺都将标尺原点设置在第一个画板（即"画板"面板中顶端的画板）的左上角。默认情况下，标尺设置为画板标尺，这意味着标尺原点位于当前画板的左上角。

 注意 您可以通过选择"视图">"标尺"，然后选择"更改为全局标尺"或"更改为画板标尺"（具体取决于当前选择的选项）在画板标尺和全局标尺之间切换，当然现在不需要这样做。

5.3.1 创建参考线

参考线是用标尺创建的非打印线，有助于对齐对象。接下来，您将创建一些参考线，以便稍后可以更精确地对齐画板上的内容。

1 选择"视图">"全部适合窗口大小"。
2 在未选择任何内容和"选择工具" ▶ 的情况下，单击右侧"属性"面板中的"单击可显示标尺"按钮▦，显示页面标尺，如图 5-22 所示。

图5-22

 提示 您也可以选择"视图">"标尺">"显示标尺"。

3 单击每个画板，同时观察水平和垂直标尺（沿文档窗口的上边缘和左边缘）的变化。
请注意，对于每个标尺，0 刻度点总是位于当前画板（您单击的最后一个画板）的左上角。默认情况下，标尺原点位于当前画板的左上角。正如您所看到的，两个标尺上的 0 刻度点对应于当前画板的边缘。如图 5-23 所示。

 注意 您所看到的工具栏可能并不相同，这取决于您是否完成了之前的课程。

4 选中"选择工具"，单击最左侧名为"Front"的画板。
请注意"Front"画板周围的细微黑色轮廓，以及"画板导航"菜单（位于文档窗口下方）和文档窗口右侧"属性"面板的"画板"部分中显示的"1"，这些都表示"Front"画板是当前正在使用的画板。一次只能有一个当前画板。"视图">"画板适合窗口大小"命令可以用于当前画板。

5 选择"视图">"画板适合窗口大小"。

这个操作将使当前画板适合窗口大小，并使标尺原点（0,0）位于该画板的左上角。接下来，您将在当前画板上创建一条参考线。

6 在文档窗口上边缘标尺处按住鼠标左键向下拖到画板中。当参考线到达标尺上 600 px 处时，松开鼠标左键，如图 5-24 所示。

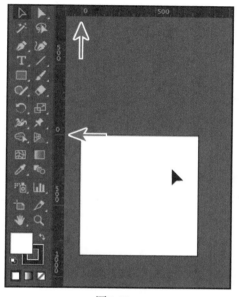

图5-23

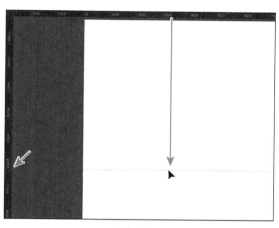

图5-24

Ai | **提示** 按住 Shift 键并拖动标尺，参考线会与标尺上的刻度值对齐。

Ai | **提示** 您可以双击水平或垂直标尺，添加新的参考线。

创建了参考线后，此参考线呈选中状态。当您移开鼠标指针时，参考线的颜色将和相关图层的颜色一致（本例中为深蓝色）。

7 在仍选中该参考线的情况下（在本例中，如果被选中，它将显示为蓝色），将"属性"面板中的"Y"值更改为"600 px"，如图 5-25 所示，然后按回车键确认更改。

8 在参考线外单击以取消选择参考线。

9 单击"属性"面板中的"单位"菜单，然后选择"Inches"以更改整个文档的单位。现在，您可以看到标尺显示为英寸而不是像素，如图 5-26 所示。

图5-25

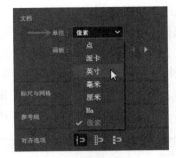

图5-26

 提示 若要更改文档的单位（英寸、点等），您还可以右键单击任一标尺并选择新的单位。

10 选择"文件">"存储"。

5.3.2 编辑标尺原点

在水平标尺上，0 度度点右侧的测量值为正数，左侧的测量值为负数。在垂直标尺上，0 刻度点往下的测量值为正数，往上的测量值为负数。您可以移动标尺原点，在另一个位置开始水平和垂直测量，这是您接下来要做的。

1 选择"视图">"缩小"。

2 从文档窗口的左上角标尺相交处■按住鼠标左键拖框到"Front"画板的左下角，如图 5-27 所示。

这会将标尺原点（0，0）设置为画板的左下角。换句话说，现在测量从"Front"画板的左下角开始计算。

3 选中"选择工具"▶后，将鼠标指针移到参考线上，然后单击将其选中。

4 在右侧的"属性"面板查看"Y"值。现在，因为移动了标尺原点（0，0），所以"Y"值显示的是与画板下边缘的垂直距离。将"Y"值更改为"–1.75 in"（–44.45 mm），如图 5-28 所示，然后按回车键。

5 移动鼠标指针到文档窗口左上角标尺相交处■，然后双击将标尺原点重置为画板左上角，如图 5-29 所示。

6 选择"选择">"取消选择"，取消选择参考线。

7 单击"属性"面板中的"锁定参考线"按钮■，锁定所有参考线以防止选中它们，如图 5-30 所示。

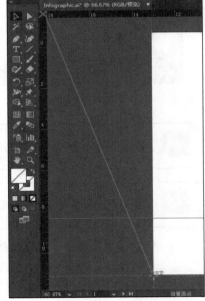

图5-27

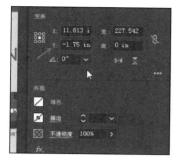

图5-28

图5-29

图5-30

 提示 您也可以通过选择"视图">"参考线">"锁定参考线"来锁定参考线。您可以单击"属性"面板中的"隐藏参考线"按钮，或按"Command +;"（macOS）或"Ctrl + ;"（Windows）组合键来隐藏和显示参考线。

5.4 变换内容

在第 4 课中，您学习了选择简单的路径和形状，并通过编辑和合并这些内容来创建更复杂的图稿，这其实是一种变换图稿的方式。在本课中，您将学习如何使用多种工具和方法以其他方式缩放、旋转和变换内容。

5.4.1 使用定界框

如本课和之前的课程所示，所选内容周围会出现一个定界框。您可以使用定界框来变换内容，也可以将其关闭。关闭定界框后，您就无法通过使用"选择工具"▶拖动定界框的任意位置来调整内容的大小。

1　在显示"Front"画板的情况下，选择"视图">"缩小"，直到看到画板下方包含文本标题"WINDY CONDITIONS"的图稿组为止。

2　选中"选择工具"后，单击选中此组。将鼠标指针移动到所选组的左上角，如图 5-31 所示。如果现在进行拖动，将调整内容的大小。

图5-31

3　选择"视图">"隐藏定界框"。

此命令隐藏了组周围的定界框，并使您无法通过使用"选择工具"拖动定界框上的任意位置来调整此组的大小。

4　将鼠标指针移动到此组的左上角，然后按住鼠标左键将其拖到"Front"画板的左上角，如图 5-32 所示。您会发现，视图缩小状态下会增加精确放置图形的难度。

5　选择"视图">"显示定界框"。

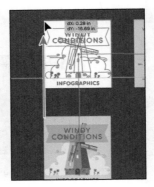

图5-32

5.4.2 使用属性面板放置图稿

有时，您需要相对于其他对象或画板精确地放置对象。那么，如第2课所述，您可以使用"对齐"选项。您也可以使用"智能参考线"和"属性"面板中的"变换"选项，将对象精确地移动到画板的X轴和Y轴上的特定坐标处，这种方法还可以控制对象相对于画板边缘的距离。接下来，您将为画板的背景添加图稿，并精确放置该图稿。

1 选择"视图">"全部适合窗口大小"，以查看所有画板。

2 在最右侧的空白画板中单击，使其成为当前画板。您即将学习"变换"命令并应用于该当前画板。

> **提示** 您还可以使用"对齐"选项将内容对齐到画板，在 Illustrator 中有多种方法供您完成大多数任务。

3 单击选中画板中带有"WINDMILL"徽标的蓝色形状。在"属性"面板的"变换"部分中，单击参考点定位器左上角的参考点█。将"X"值和"Y"值更改为"0 in"，如图5-33所示。然后按回车键确定。

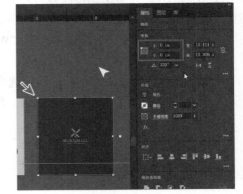

该组内容会移动到当前画板的左上角。参考点定位器中的点对应于所选内容的定界框的点。例如，参考点定位器左上角的点指向定界框的左上角的点。

4 选择"选择">"取消选择"，然后选择"文件">"存储"。

图5-33

5.4.3 缩放对象

到目前为止，您都在使用"选择工具"▶来缩放大多数图稿内容。在本节中，您将使用其他几种方法来缩放图稿。

1 如有必要，按"Command+–"（macOS）或"Ctrl+–"（Windows）组合键（或选择"视

图">"缩小")缩小图稿视图，以查看中间画板下方穿雨衣的人物图稿。

2 选中"选择工具"后，单击穿黄色雨衣的人物图稿，如图 5-34 所示。

3 按住"Command++"（macOS）"或"Ctrl++"（Windows）组合键几次，将图稿放大。

4 在"属性"面板中，单击参考点定位器的中心参考点▦（如果未选中的话），从中心点调整形状的大小。接着单击"保持宽度和高度比例"按钮▯，在"宽"字段中输入"30%"，如图 5-35 所示。然后按回车键以缩小图稿。

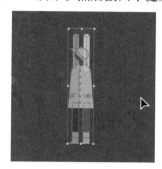

图5-34   图5-35

---

5 选择"视图">"隐藏边缘"，以隐藏内部边缘。

请注意，图稿变小了，但人的胳膊仍然是原来的宽度，如图 5-36 所示。这是因为它们是一个应用了描边的路径。默认情况下，描边和效果（如投影）不会随对象一起缩放。例如，如果您放大一个描边为 1 pt 的圆，那么描边粗细仍然是 1 pt。在缩放之前选择"缩放描边和效果"复选框，如图 5-37 所示，然后缩放对象，则 1 pt 描边将根据应用于对象的缩放比例进行缩放（更改）。

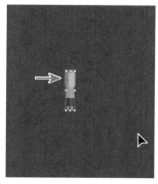

图5-36   图5-37

---

6 选择"视图">"显示边缘",再次显示内部边缘。

7 选择"编辑">"还原缩放"。

8 在"属性"面板中,单击"变换"部分中的"显示更多"按钮 以查看更多选项。选择"缩放描边和效果"复选框,在"宽"字段中输入"30%",然后按回车键缩小图稿。

   现在,构成胳膊的路径的描边也会随之缩小。

9 按住空格键临时切换到"抓手工具" ✋ ,然后按住鼠标左键向右拖动,查看人物左侧的花朵图稿。

10 选中"选择工具"后,单击选中花卉图稿。

11 将鼠标指针移到工具栏中的"旋转工具" ↻ 上,单击鼠标左键并长按,然后选择"比例缩放工具" 🔲 。

   "比例缩放工具"通过按住鼠标左键拖动来缩放内容。对于很多变换工具(如"比例缩放工具"),还可以双击该工具在其对话框中编辑所选内容,效果等同于选择"对象">"变换">"缩放"。

Ai **注意** 您可能会在工具栏中看到"整形工具" ⤙ ,而不是"旋转工具"。如果是这种情况,请长按"整形工具"以选中"比例缩放工具"。

Ai **提示** 您还可以选择"对象">"变换">"缩放"以打开"缩放"对话框。

---

12 双击工具栏中的"比例缩放工具"。在弹出的"比例缩放"对话框中,将"等比"更改为"20%",然后选中"比例缩放描边和效果"复选框(若未选中的话)。先选中"预览"复选框再取消选中,以查看大小变化,单击"确定"按钮,如图 5-38 所示。

   如果有大量重叠的图稿,或者当图稿的精度要求很高时,或者当您需要不等比地缩放内容时,这种缩放图稿的方法可能会很有用。

13 选中"选择工具",然后将花朵图稿向上拖动到画板上,放在风车和其他图稿底部的灰线上方,如图 5-39 所示,您可能需要将花朵图稿缩小。

图5-38

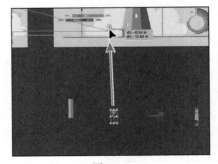

图5-39

14 选择"视图">"画板适合窗口大小"。

15 按住 Option 键（macOS）或 Alt 键（Windows），然后向右拖动花朵图稿，如图 5-40 所示。松开鼠标左键和 Option 键（macOS）或 Alt 键（Windows），完成对花朵图稿的复制。执行此操作几次，在画板上沿灰线放置花朵图稿副本。

图5-40

5.4.4　创建对象的镜像

创建对象的镜像时，Illustrator 会基于一条不可见的垂直轴或水平轴翻转该对象。与缩放和旋转类似，在创建对象的镜像时，可以指定镜像参考点，也可以使用默认的对象中心点。

 提示　您还可以选择"对象">"变换">"对称"以打开"镜像"对话框。

接下来，您将复制图稿并使用"镜像工具"沿垂直轴翻转图稿。

1 选择"视图">"全部适合窗口大小"。

2 在工具栏中选中"缩放工具"，然后按住鼠标左键在画板下方卷曲的绿色形状上从左到右拖动，将其放大。

 注意　您可能需要在文档窗口中拖动图稿才能看到卷曲的绿色形状。按住空格键，然后在文档窗口中按住鼠标左键拖动，看到卷曲的绿色形状就松开鼠标左键和空格键。

3 选中"选择工具"，然后单击选择卷曲的绿色形状，如图 5-41 所示。

4 选择"编辑">"复制"，然后选择"编辑">"就地粘贴"，在所选形状的顶部创建副本。

5 在工具栏中选中"镜像工具"，该工具包含在"比例缩放工具"中。单击路径的直线部分可设置形状的镜像参考轴，而不使用默认的中心轴。

 提示　如果您只想原地翻转对象，可以单击"属性"面板中的"水平轴翻转"按钮或"垂直轴翻转"按钮。

6 在仍选中图稿的情况下，将鼠标指针移出其右边缘，然后顺时针拖动。拖动时，按 Shift 键可在创建镜像时将每次旋转角度限制为 45°。当图稿看起来和图 5-42 所示一致时，松开鼠标左键，然后松开 Shift 键。

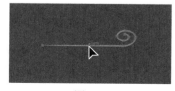

图5-41

图5-42

> **提示** 如果要在拖动时复制图稿并创建镜像，请在使用"镜像工具"拖动图稿时，按住 Option 键（macOS）或 Alt 键（Windows）。当图稿旋转到目标位置时，松开鼠标左键，然后松开 Option 键（macOS）或 Alt 键（Windows）。按住"Shift + Option"（macOS）或"Shift + Alt"（Windows）组合键会在复制镜像的同时，将镜像每次旋转角度限制为 45°。

7　在工具栏中选中"选择工具"，在仍选中形状的情况下，单击"属性"面板的"变换"区域中的"更多选项" ■■■，确保未选择"缩放描边和效果"复选框，如图 5-43 所示。

8　按住鼠标左键并拖动下方卷曲形状定界框的右下角，使形状变大，如图 5-44 所示。

9　按住鼠标左键拖框选中两个卷曲形状，然后选择"对象" > "编组"，将它们编为一组。

10　选择"视图" > "全部适合窗口大小"。

11　按住鼠标左键将该形状组拖到中间的画板上，如图 5-45 所示。

图5-43　　　　　　　　　图5-44　　　　　　　　　图5-45

12　按住 Option 键（macOS）或 Alt 键（Windows），然后按住鼠标左键将此形状组拖到画板的另一个区域。松开鼠标左键，然后松开 Option 键或 Alt 键，创建一个副本。可以多执行几次此操作，在画板周围放置多个卷曲形状组副本。

5.4.5　旋转对象

旋转对象的方法有很多，从精确角度旋转到自由旋转，不一而足。在前面的课程中，您已经了解到可以使用"选择工具" ▶ 旋转所选对象。默认情况下，对象会围绕对象中心的指定参考点旋转。在本节中，您将学习使用"旋转工具" ↻ 和"旋转"命令。

1　选择"视图" > "全部适合窗口大小"。

2　选择"选择工具"，单击选中穿黄色雨衣的人物图稿。按"Option++"（macOS）或"Ctrl + +"（Windows）组合键几次，将其放大。

3　将鼠标指针放到定界框的一个角点外，当出现旋转箭头 ↰ 时，按住鼠标左键并逆时针拖动进行旋转。拖动时，按住 Shift 键将旋转角度限制为 45°。当您在鼠标指针旁边的测量标签中看到 90° 时，释放鼠标左键，然后松开 Shift 键，如图 5-46 所示。

默认情况下，"选择工具"围绕对象中心旋转对象。接下来，您将使用"旋转工具"，该工具允许您围绕不同的点旋转对象。

4 按住空格键切换到"抓手工具"，然后按住鼠标左键向右拖动，以查看最左侧的形状组。

5 选中"选择工具"后，单击选中此图稿。

6 在工具栏中选择"旋转工具"（位于"镜像工具" 组里）。将鼠标指针移动到所选图稿的下方，单击设置旋转参考点，如图 5-47 所示。

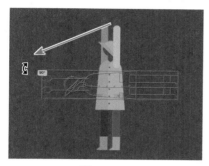
图5-46

图5-47

7 将鼠标指针移出所选图稿的右边缘，然后按住鼠标左键开始顺时针拖动。拖动时，按住"Option + Shift"（macOS）或"Alt + Shift"（Windows）组合键，可在旋转图稿的同时复制图稿，并将每次旋转的角度限制为 45°。当您看到测量标签中显示"–90°"时，松开鼠标左键，然后松开"Option + Shift"（macOS）或"Alt + Shift"（Windows）组合键，如图 5-48 所示。

使用"属性"面板（"控制"面板或"变换"面板）是精确旋转图稿的另一种方法。在"变换"面板中，您始终可以看到每个对象的旋转角度，并可在稍后进行更改。

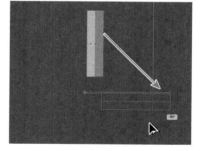
图5-48

 注意 您看到的测量标签可能与图 5-48 有所不同，这是正常的。

8 选择"对象">"变换">"再次变换"两次，对所选形状重复应用之前的变换。

9 选中"选择工具"，按住鼠标左键拖框选中 4 个形状组。

10 单击"属性"面板中的"编组"按钮，将它们编组在一起。

提示 使用各种方法（包括旋转）变换内容后，您可能会注意到定界框也发生了变化。您可以选择"对象">"变换">"重置定界框"来重置图稿的定界框。

11 在仍选择此组的情况下，双击工具栏中的"旋转工具"。在弹出的"旋转"对话框中，将"角度"值更改为"45°"，然后单击"确定"按钮，如图 5-49 所示。

12 选择"视图">"全部适合窗口大小"。

13 选中"选择工具"后，将所选形状组向上拖动到风车图稿上，如图 5-50 所示。

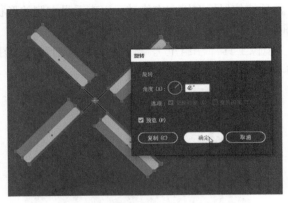
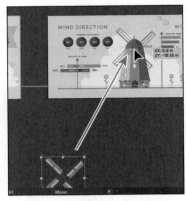

图5-49   图5-50

5.4.6　使用效果来扭曲对象

您可以使用各种工具以不同的方式来扭曲对象的原始形状。现在，您将使用"效果"来扭曲部分花朵和其他图稿。这是与用其他工具变换内容不同类型的变换，因为这种变换是作为效果应用，这意味着您最终还可以编辑效果或在"外观"面板中删除效果。

> **Ai** | **注意**　若要了解有关效果的详细信息，请参阅第 13 课。

1 选择"选择工具" ▶后，单击选中其中一朵花。按"Command++"（macOS）或"Ctrl++"（Windows）组合键几次，连续进行放大。

2 双击花朵进入隔离模式，然后单击选择较大的橙色圆圈。

3 单击"属性"面板中的"选取效果"按钮 ，如图 5-51 所示。

图5-51

4 在弹出的菜单中选择"扭曲和变换">"收缩和膨胀"，如图 5-52 所示。

5 在弹出的"收缩和膨胀"对话框中，选中"预览"复选框，然后按住鼠标左键向右拖动滑块，将值更改为"35%"，从而扭曲形状。单击"确定"按钮，如图 5-23 所示。

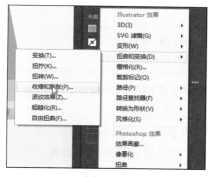

图5-52

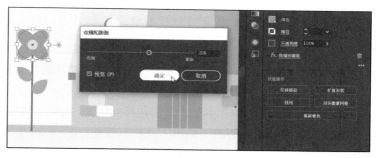

图5-53

应用于形状的效果是实时的，这意味着您可以随时编辑或删除它们。您可以在"外观"面板（"窗口">"外观"）中查看应用于所选图稿的效果。

6　按 Esc 键退出隔离模式。

7　按住空格键临时切换到"抓手工具"，按住鼠标左键向左拖动，查看"DAYS PER YEAR"旗帜。

8　选中"选择工具"后，单击选中最上方的旗帜形状，您可能需要缩小视图。

9　单击"属性"面板中的"选取效果"按钮，然后选择"扭曲和变换">"扭转"。

10　在"扭转"对话框中，将"角度"更改为"20°"，选中"预览"复选框，以便查看效果，如图 5-54 所示。然后单击"确定"按钮。

11　单击所选旗帜形状下方的旗帜形状，然后按住 Shift 键，单击剩余的 3 个旗帜形状，将它们全部选中。

12　选择"效果">"应用'扭转'"，如图 5-55 所示。

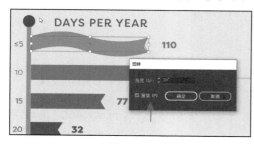

图5-54

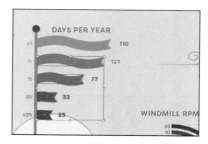

图5-55

选择"应用'扭转'"将应用上一次应用过的效果，并使用相同的选项参数。如果选择"效果">"扭转"，也将应用上一次应用过的效果，但会打开"扭转"对话框，此时可以设置选项参数。

5.4.7　使用自由变换工具进行变换

"自由变换工具"是一种多用途工具，您可以利用它结合移动、缩放、倾斜、旋转和扭曲（透视扭曲或自由扭曲）等功能扭曲对象。"自由变换工具"还支持触控功能，这意味着您可以在某些设备上使用触控控件来控制变换。

> **Ai** | **注意** 若要了解有关触控控件的详细信息，请在"Illustrator 帮助"（"帮助"＞"Illustrator 帮助"）中搜索"触控工作区"。

1　按住空格键临时切换到"抓手工具" ✋，然后按住鼠标左键在文档窗口中拖动，直到看到风车左侧的"PERCENT OF YEAR"文本。

2　选中"选择工具" ▶ 后，单击选择标记为"EAST WEST"的形状，如图 5-56 所示。

3　单击工具栏底部的"编辑工具栏"按钮 。在弹出的菜单中滚动进度条，然后将"自由变换工具"拖到左侧的工具栏中，将其添加到工具列表中。将"操控变形工具" 拖动到"自由变换工具"上，将它们放在一组里，如图 5-57 所示。

> **Ai** | **注意** 您可能需要按 Esc 键隐藏多余的工具菜单。

4　单击并长按"操控变形工具"，然后在工具栏中选中"自由变换工具"。

　　选中"自由变换工具"后，自由变换小部件将显示在文档窗口中。这个小部件是自由浮动的，可以放置在窗口其他位置，它包含用于更改"自由变换工具"工作方式的选项，如图 5-58 所示。默认情况下，您可以使用"自由变换工具"移动、倾斜、旋转和缩放对象。通过选择其他选项（如"透视扭曲"），您可以更改"自由变换工具"的工作方式。

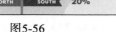

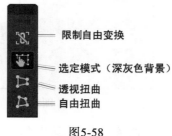

限制自由变换
选定模式（深灰色背景）
透视扭曲
自由扭曲

图5-56　　　　　　　图5-57　　　　　　图5-58

> **Ai** | **注意** 若要了解有关"自由变换工具"选项的详细信息，请在"Illustrator 帮助"（"帮助"＞"Illustrator 帮助"）中搜索"自由变换"。

5　选中"自由变换工具"后，单击自由变换小部件中的"透视扭曲"选项 （见图 5-59 中的圆圈处）。

6 选择"视图">"智能参考线",暂时关闭智能参考线。

关闭智能参考线后,您可以自由调整图稿,而不会使图稿对齐到文档的其他任何内容。

7 将鼠标指针移动到定界框的右下角,当指针的外观变为时,按住鼠标左键将所选形状右下角向下拖动,直到如图 5-59 所示。

8 按住 Command 键(macOS)或 Ctrl 键(Windows)临时切换到"选择工具",然后单击选中标记为"NORTH SOUTH"的形状,返回到"自由变换工具"。

9 在自由变换小部件中仍选择"透视扭曲"选项,稍微向下拖动所选形状的左下角,直到它如图 5-60 所示。保持选中该形状。

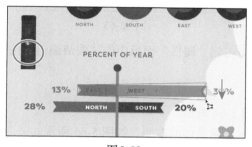

图5-59

图5-60

10 选择"视图">"智能参考线",启用智能参考线。

11 选择"文件">"存储"。

5.4.8 倾斜对象

"倾斜工具"可使对象的侧边沿指定的轴倾斜,在保持其对边平行的情况下使对象不再对称。接下来,您将倾斜所选形状。

 提示 您可以在一个步骤中设置参考点、倾斜,甚至复制。选择"倾斜工具"后,按住 Option 键(macOS)或 Alt 键(Windows),单击设置参考点,打开"倾斜"对话框,您可以在其中设置选项,甚至在必要时进行复制。

1 仍选中标记为"NORTH SOUTH"的形状,选中包含在"旋转工具"中的"倾斜工具"。

2 将鼠标指针移到此形状的右边缘外,按住 Shift 键将形状限制为其原始宽度,然后向上拖动。当您看到倾斜角度(S)大约为 –20° 时,松开鼠标左键和 Shift 键,如图 5-61 所示。

3 按住 Command 键(macOS)或 Ctrl 键(Windows)临时切换到"选择工具"。单击选中标记为"EAST WEST"的形状,返回到"倾斜工具"。

4 按住 Shift 键将形状限制为其原始宽度,移动鼠标指针到此形状的右边缘外,然后按住鼠

图5-61

标左键向下拖动。当您看到倾斜角度（S）大约为 –160° 时，松开鼠标按钮和 Shift 键，如图 5-62 所示。

5　选中"选择工具"，按住鼠标左键拖动"NORTH SOUTH"形状，然后拖动"EAST WEST"形状，使它们与旗杆对齐，如图 5-63 所示。

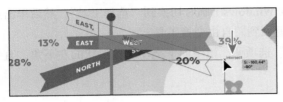

图5-62　　　　　　　　　　　　　　　　图5-63

6　单击"NORTH SOUTH"形状将其选中，单击右侧"属性"面板中的"取消编组"按钮。

7　选择"选择">"取消选择"。

8　单击"NORTH"，选中该形状。

9　选择"对象">"排列">"置于顶层"，如图 5-64 所示。

10　将百分数文本拖到形状的末端，把花朵图稿也移到整体的右侧，如图 5-65 所示。

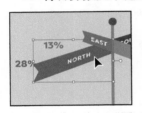
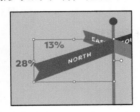

图5-64　　　　　　　　　　　　　　　　图5-65

11　选择"视图">"全部适合窗口大小"，然后选择"文件">"存储"。

5.4.9　使用操控变形工具

在 Illustrator 中，您可以使用"操控变形工具" 轻松地将图稿扭转和扭曲成不同的形状。在本节中，您将使用"操控变形工具"扭曲穿着黄色雨衣的人物图稿。

1　选中"选择工具" 后，将穿着黄色雨衣中的人物图稿拖到上方的画板上，如图 5-66 所示，确保人的双手正好放在旗杆上。这样做的目的是让画面看起来很像这个人在风把他或她吹向右侧的时候，双手紧紧握着"DAYS PER YEAR"旗杆。

> **Ai** | **注意**　如果您查看下一页上的图，可能会更好地了解我所说的"确保人的手正好放在旗杆上"是什么意思。

2　按"Command++"（macOS）或"Ctrl++"（Windows）组合键几次，将图稿进行放大。

3　单击并长按工具栏中的"自由变换工具" ，然后选中"操控变形工具"，如图 5-67 所示。

Illustrator 默认会确定变换图稿的最佳区域，并自动将变换针脚添加到图稿中。变换针脚用于将所选图稿的一部分固定在画板上，您可以通过添加或删除变换针脚来变换对象。您可以围绕变换针脚旋转图稿，或者重新放置变换针脚以移动图稿等。

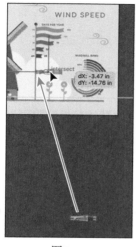

图5-66

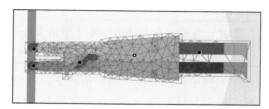

图5-67

 注意 Illustrator 默认添加到图稿中的变换针脚可能与您在图 5-67 中看到的不一样。如果是这样，请注意本书中的标注。

4 鼠标指针沿着人手臂移动，大概到肘部的位置悬停，当鼠标指针变为 时，单击添加变换针脚，如图 5-68 所示。

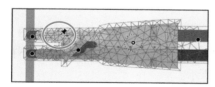 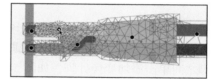

图5-68

5 在右侧的"属性"面板中，您会看到"操控变形"选项。取消选中"显示网格"复选框，这样会更容易看到变换针脚，并更清楚地看到您所做的任何变换，如图 5-69 所示。

图5-69

 注意 如果您在人物手部没有看到变换针脚，您可以单击添加一个。如果您刚刚添加的变换针脚与以前添加的变换针脚之间还有一个变换针脚，请单击选中它，然后按 Delete 或 Backspace 键将其删除。

6 单击手部的变换针脚，将其选中。如果一个变换针脚被选择，它的中心会出现一个白点。向上拖动所选变换针脚，这将移动手而不是图稿的其余部分，如图 5-70 所示。

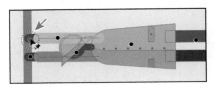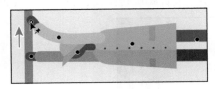

图5-70

您设置在手臂下方肘部附近的变换针脚是一个支点，身体的其他默认变换针脚可以保持身体原地不动。在图稿上确定至少 3 个变换针脚通常会带来更好的变换效果。

> **Ai** **提示** 您可以按住 Shift 键并单击多个变换针脚将其全部选中，也可以单击"属性"面板中的"选择所有变换针脚"按钮来选中所有变换针脚。

7 在仍然选中手部变换针脚的情况下，将鼠标指针移动到变换针脚的虚线圆圈上，并按住鼠标左键逆时针拖动一点，使手围绕变换针脚旋转，如图 5-71 所示。

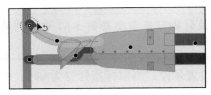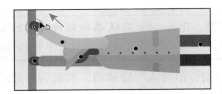

图5-71

8 单击默认添加到腿上的变换针脚，按 Backspace 或 Delete 键将其删除，如图 5-72 所示。这是因为这个变换针脚不能很好地使腿弯曲，又不能在不影响图稿的情况下被移动。

9 在双脚之间单击添加变换针脚，如图 5-73 所示。

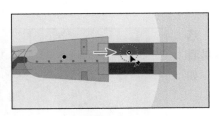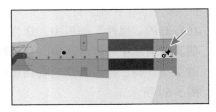

图5-72   图5-73

10 将新添加的变换针脚向上拖动，如图 5-74 所示。

11 将鼠标指针移到新添加的变换针脚的虚线圆圈上，按住鼠标左键逆时针拖动一点，使双脚围绕变换针脚旋转，如图 5-75 所示。

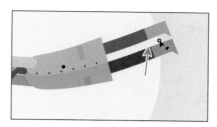

图5-74

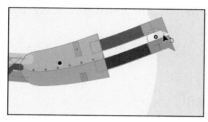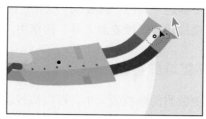

图5-75

12 选择"选择">"取消选择",然后选择"视图">"全部适合窗口大小",如图 5-76 所示。

图5-76

13 选择"文件">"存储",然后选择"文件">"关闭"。

5.5 复习题

1 简述 3 种改变当前画板大小的方法。
2 什么是标尺原点？
3 画板标尺和全局标尺之间有什么区别？
4 简要描述"属性"面板或"变换"面板中的"缩放描边和效果"复选框的作用。
5 简要描述"操控变形工具"的作用。

5.6 复习题答案

1 要更改当前画板的大小，可以执行以下操作。
   - 双击"画板工具" ，然后在"画板选项"对话框中编辑当前画板的尺寸。
   - 在未选中任何内容但选中了"选择工具" 的情况下，单击"编辑画板"按钮进入画板编辑模式。选中"画板工具"后，将指针放在画板的边缘或边角，然后按住鼠标左键拖动以调整其大小。
   - 在未选中任何内容但选中了"选择工具"的情况下，单击"编辑画板"按钮进入画板编辑模式。选中"画板工具"后，在窗口中单击画板，然后在"属性"面板中更改尺寸。

2 标尺原点是每个标尺上 0 刻度的交点。默认情况下，标尺原点位于当前画板左上角的 0 刻度处。

3 Illustrator 中有两种类型的标尺：画板标尺和全局标尺。画板标尺是默认标尺，可将标尺原点设置在当前画板的左上角。而无论哪个画板是当前画板，全局标尺都将标尺原点设置在第一个画板的左上角。

4 可以从"属性"面板或"变换"面板找到"缩放描边和效果"复选框，选中该复选框可在缩放对象时缩放任何描边和效果。您可以根据当前需求选中或取消选中此复选框。

5 在 Illustrator 中，您可以使用"操控变形工具"轻松地扭转和扭曲图稿为不同的形状。

第6课 使用基本绘图工具

本课概览

在本课程中，您将学习如何执行以下操作。

- 使用"曲率工具"绘制曲线和直线。
- 使用"曲率工具"编辑路径。
- 创建虚线。
- 使用"铅笔工具"进行绘制和编辑。
- 使用"连接工具"连接路径。
- 向路径添加箭头。

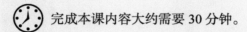 完成本课内容大约需要 30 分钟。

在第 5 课中，您变换了图稿。接下来，您将学习如何使用"曲率工具"和"铅笔工具"创建直线、曲线或更复杂的形状。您还将了解创建虚线、箭头等内容。

6.1 开始本课

在本课中，您将首先使用"曲率工具"创建和编辑自由形式的路径，并探索其他路径绘制方法。

> **Ai** **注意** 如果您还没有从您的"账户"页面下载本课的课程文件到您的计算机中，请立即下载。具体操作请参阅本书"前言"部分。

1 为了确保工具的功能和默认值完全如本课所述，请删除或停用（通过重命名）Adobe Illustrator 首选项文件。具体操作请参阅本书"前言"部分中的"还原默认首选项"。

2 启动 Adobe Illustrator。

3 选择"文件">"打开"，找到您硬盘上的"Lessons">"Lesson06"文件夹，找到"L6_end.ai"文件，然后单击"打开"按钮。

  该文件包含您将在本课中创建的最终图稿，如图 6-1 所示。

图6-1

4 选择"视图">"全部适合窗口大小"，使文件保持打开状态以供参考，或选择"文件">"关闭"。

5 选择"文件">"打开"，然后在硬盘上的"Lessons">"Lesson06"文件夹中打开"L6_start.ai"文件，如图 6-2 所示。

6 选择"文件">"存储为"。在"存储为"对话框中，定位到"Lesson06"文件夹并将其打开。将该文件重命名为"Outdoor_Logos.ai"。

  从"格式"菜单中选择"Adobe Illustrator（ai）"（macOS）或从"保存类型"菜单中选择"Adobe Illustrator（*.AI）"（Windows），然后单击"保存"按钮。

图6-2

7 在"Illustrator 选项"对话框中，使"Illustrator 选项"保持默认设置，然后单击"确定"按钮。

8 选择"窗口">"工作区">"重置基本功能"。

> **Ai** **注意** 如果在菜单中看不到"重置基本功能"，请在选择"窗口">"工作区">"重置基本功能"之前，先选择"窗口">"工作区">"基本功能"。

6.2 使用曲率工具进行创作

本课在开始时，将向您介绍"曲率工具"，因为它是易于掌握的绘图工具之一。使用"曲率工具" ✍，您可以绘制和编辑路径，创建具有直线和平滑曲线的路径。使用"曲率工具"创建的路径由锚点组成，并且可以被任何绘图工具或选择工具编辑。

6.2.1 使用曲率工具绘制路径

接下来，您将使用"曲率工具"绘制一条弯曲的路径，这将作为 Logo 中的地平线。

1 从文档窗口下方的"画板导航"菜单中选择"1 Logo 1"以切换画板，选择"视图">"画板适合窗口大小"，使画板适合窗口大小。

2 在工具栏中选中"选择工具" ▶，然后单击选中圆形的边缘，选择"对象">"锁定">"所选对象"，对其进行锁定，这样您就可以进行绘制而不会意外编辑到圆形。

3 在左侧的工具栏中选中"曲率工具"。

4 在绘制路径前先设置要创建的路径的描边和填色。在"属性"面板中单击"填色"框，然后选择"无" ☑，去除填充颜色。单击"描边"框，选择深灰色色板，色值为"C=0 M=0 Y=0 K=90"，描边"粗细"为"4 pt"。

选中"曲率工具"，单击鼠标左键，这将创建一个锚点以开始绘制路径。然后，您可以创建锚点来更改路径的方向、弯曲程度或两者兼而有之。对于要创建的路径，您可以从任一端开始绘制。

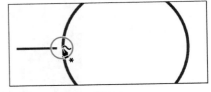

图6-3

5 在圆形的左边缘上，单击鼠标左键，以开始绘制路径，如图 6-3 所示。

6 向右移动鼠标指针，单击鼠标左键将创建新锚点，然后将鼠标指针移开，如图 6-4 所示。

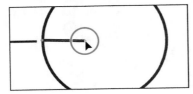

图6-4

注意预览添加新锚点前后的曲线。"曲率工具"的工作原理是在您单击的地方创建锚点，同时绘制的曲线将围绕该锚点动态弯曲。

7 如图 6-5 所示，将鼠标指针向右移动，单击鼠标左键以创建一个锚点。移动鼠标指针以查看路径的变化。

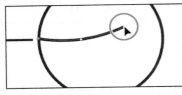

图6-5

8 在锚点右侧单击鼠标左键，创建另一个锚点，如图 6-6 所示。

9 最后，要完成地平线的绘制，请将鼠标指针移动到圆形的右边缘，单击鼠标左键，创建最后一个锚点，如图 6-7 所示。

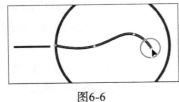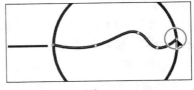

图6-6   图6-7

10 选择"对象">"锁定">"所选对象"，停止绘制并锁定绘制的路径，这样您就不会在下面的操作中意外编辑到它。

6.2.2 练习绘制一条河道

为了让您对"曲率工具"有更多的了解，接下来，您将练习绘制一条从上一节创建的地平线延伸出的河道。您将先绘制河道的一侧，然后再绘制另一侧。图6-8展示了河道的外观示例。您绘制的河道的外观可以与图6-8有所不同。

1 如图6-9所示，将鼠标指针移到地平线路径上，单击鼠标左键，开始创建新路径。

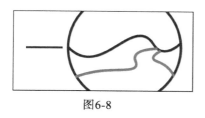
图6-8

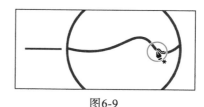
图6-9

在接下来的几步中，要绘制河道的一侧，您可以以用图6-8作为示例，但请多做尝试。

2 移动鼠标指针后单击，<u>重复该操作4遍</u>以添加锚点，绘制出河流的一侧，如图6-10所示。确保您创建的最后一个锚点在圆的边缘上。

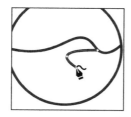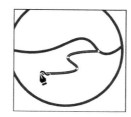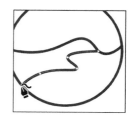
图6-10

3 按Esc键停止绘制河道路径。

通过"单击鼠标左键以及移动鼠标指针"这种方式来了解曲率工具如何影响路径，对您学习应用"曲率工具"将很有帮助。接下来，您将使用类似的方法绘制河道的另一侧。

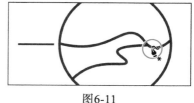
图6-11

4 选择"选择">"取消选择"。

5 将鼠标指针移动到第2步绘制的路径起点右侧的地平线上，单击鼠标左键，以开始绘制新的路径，如图6-11所示。

鼠标指针不要太靠近您先绘制的一侧河道，否则您可能会编辑该路径而不是开始绘制新的路径。如果您不小心单击并编辑了其他路径，请按下Esc键以停止编辑。

6 移动鼠标指针，然后单击以添加另一个锚点。再进行2次该操作，添加锚点来创建河道的另一侧。最终确保您创建的最后一个锚点在圆的边缘上，如图6-12所示。

7 按Esc键，停止绘制河道路径。

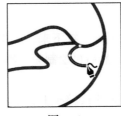

图6-12

6.2.3 使用曲率工具编辑路径

您可以使用"曲率工具"通过移动、删除或添加新的锚点来编辑正在绘制的路径或已创建的任何其他路径，而与创建该路径所使用的绘图工具无关。接下来，您将编辑已经创建的路径。

1. 选中"曲率工具"，单击并选中您绘制的河道左侧，这将显示该路径上的所有锚点。
   使用"曲率工具"编辑路径，需要先选中路径。

Ai | 提示　封闭路径使用"曲率工具"，将指针悬停在路径中创建的第一个点上。当指针旁边出现圆圈时，单击以关闭路径。

---

2. 如图 6-13 左图所示，将鼠标指针移动到红色圆圈中的锚点上。当鼠标指针变为时，单击将该锚点选中，按住鼠标左键拖动该点以重塑曲线，如图 6-13 右图所示。

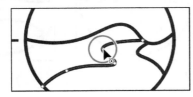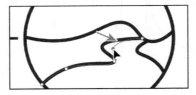

图6-13

3. 尝试单击并拖动该路径中的其他点，如图 6-14 所示。
   接下来，您将解锁地平线路径，然后选择该路径并进行编辑。

4. 选择"对象">"全部解锁"，这样就能够编辑之前绘制的地平线路径。

5. 选中"曲率工具"，单击选中地平线路径，查看其上的锚点。

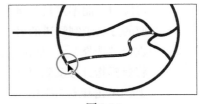

图6-14

6. 将鼠标指针移动到第一个锚点（最左侧的锚点）右侧的路径上。当鼠标指针旁边出现加号（+）时，单击以添加一个新锚点，如图 6-15 左图所示。

7. 按住鼠标左键向下拖动新锚点，以重塑路径，如图 6-15 右图所示。
   接下来，您将删除上一步添加的新锚点右侧的锚点，以使路径更弯曲。

8. 单击新锚点右侧的锚点，然后按 Delete 或 Backspace 键将其删除，如图 6-16 所示。

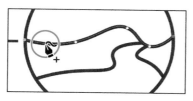 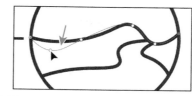

图6-15

 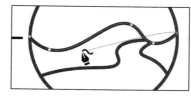

图6-16

9 按 Esc 键，停止编辑。

10 请选择"对象">"锁定">"所选对象"，锁定路径，以免在下面的操作中意外编辑到它。

6.2.4 使用曲率工具创建拐角

默认情况下，"曲率工具"会创建平滑的锚点，即导致路径弯曲的锚点。路径可以具有两种锚点：角部锚点和平滑锚点。在角部锚点处，路径会突然改变方向；而在平滑锚点处，路径段会连接形成连续曲线。使用"曲率工具"，您可以通过创建角部锚点来创建直线路径。接下来，您将为 Logo 绘制一座山峰。

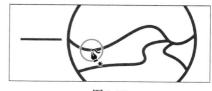

图6-17

1 选中"曲率工具" 后，将鼠标指针移到地平线路径的左侧，单击以添加第一个锚点，如图 6-17 所示。

2 向右上方移动鼠标指针，然后单击，以创建山峰的第一个高点，如图 6-18 左图所示。

3 向右下方移动鼠标指针，然后单击以创建一个新锚点，如图 6-18 右图所示。

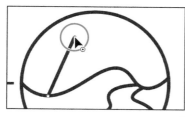 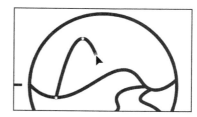

图6-18

要使峰顶成为一个点而不是一段曲线，需要将您在本步创建的锚点转换为角部锚点。

4 将鼠标指针移到山峰路径的最高锚点上，当指针变为 时，双击将该锚点转换为角部锚点，如图 6-19 所示。

您可以从角部外观上分辨出哪些锚点是平滑锚点，哪些锚点是角部锚点。使用"曲率工具"

创建的每个锚点可以具有 3 种外观，来指示其当前状态：被选中锚点 ●、未选中的角部锚点 ◉ 和未选中的平滑锚点 ○。

5　向右上方移动鼠标指针，然后单击创建另一个锚点，开始另一个山峰高点的绘制，如图 6-20 所示。

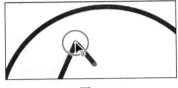
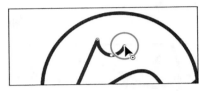

图6-19　　　　　　　　　　　　　图6-20

您在本步创建的锚点及第 3 步创建的锚点也需要转换为角部锚点。事实上，所有为创建山峰路径添加的锚点都必须为角部锚点。接下来，您将把这两个锚点转换为角部锚点。

6　双击最后创建的两个锚点，使其成为角部锚点，如图 6-21 所示。

为了完成山峰路径，需要创建更多锚点，您可以在绘制时按住一个键直接创建角部锚点。

7　按住 Option 键（macOS）或 Alt 键（Windows），鼠标指针将变为 ，单击创建另一个角部锚点，如图 6-22 所示。

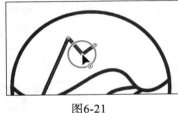

图6-21　　　　　　　　　　　　　图6-22

8　仍然按住 Option 键（macOS）或 Alt 键（Windows），同时单击几次以完成山峰路径。确保您创建的最后一个锚点落在地平线路径上，如图 6-23 所示。

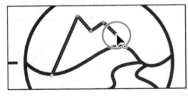

图6-23

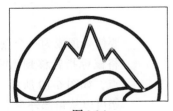

如果要调整任何锚点，请随时将指针移动到该锚点上，单击选中该锚点，然后按住鼠标左键拖动以重塑路径，或者双击使锚点在角部锚点和平滑锚点之间转换，或者按 Delete 键或 Backspace 键将锚点从路径中删除。最终调整完成的山峰路径如图 6-24 所示。

图6-24

9　按 Esc 键停止编辑，然后选择"选择">"取消选择"。

6.3 创建虚线

如果想要为图稿添加一些设计感，您可以在闭合路径（如正方形）或开放路径（如直线）的描边中添加虚线。在"描边"面板中，您可以创建虚线，还可以在其中指定虚线短线的长度及间隔。接下来，您将在直线中添加虚线，给同一 Logo 添加更多元素。

1　选中"选择工具" ▶，然后单击圆形左侧的路径，如图 6-25 所示。

图6-25

2　在"属性"面板中，单击"描边"一词以显示"描边"面板。在"描边"面板中更改以下选项，如图 6-25 所示。

- 描边"粗细"：3 pt。
- "虚线"复选框：选中。
- "保留虚线和间隙间精确长度"选项 ：选择。
- 第 1 个虚线值：35 pt（这将创建 35 pt 虚线、35 pt 间隙的样式）。
- 第 1 个间隙值：4 pt（这将创建 35 pt 虚线、4 pt 间隙的样式）。
- 第 2 个虚线值：5 pt（这将创建 35 pt 虚线、4 pt 间隙，5pt 虚线、5pt 间隙的样式）。
- 第 2 个间隙值：4 pt（这将创建 35 pt 虚线、4 pt 间隙，5pt 虚线、4pt 间隙的样式）。
  输入最后一个值后，按回车键确认该值并关闭"描边"面板。

 提示　"保留虚线和间隙精确长度"按钮 可以使虚线的外观保持不变，而无须对准角或虚线末端。

现在，您将在圆形周围制作虚线副本。

3　在仍选中虚线的情况下，选中"旋转工具" ↻，将鼠标指针移动到圆心，然后看到"中心点"字样，如图 6-26 所示。按住 Option 键（macOS）或 Alt 键（Windows）单击以设置参考点（图稿旋转的点）并打开"旋转"对话框。

注意　如果没有出现"中心点"字体，请检查是否已打开智能参考线（"视图" > "智能参考线"）。

4　选中"预览"复选框，以查看您在对话框中所做的更改。将角度更改为"–15°"，然后单击"复制"按钮，如图 6-27 所示。

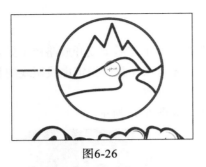

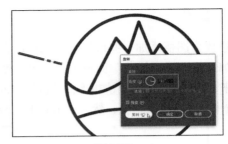

图6-26 图6-27

5 选择"对象">"变换">"再次变换",以同样的旋转角度再次复制虚线。

6 按"Command+D"(macOS)或"Ctrl+D"(Windows)组合键10次,再制作10个副本,如图 6-28 所示。

该命令将调用您在上一步中执行的"再次转换"命令。

要完成图稿,您需要切掉圆圈的一部分并将画板底部的文本拖到 Logo 上层。

7 选中"矩形工具" ▦ ,然后绘制一个矩形覆盖圆圈的下部,如图 6-29 所示。

图6-28 图6-29

注意,虚线会应用到矩形上。

8 选中"选择工具" ▶ ,然后按住鼠标左键拖框选中矩形和圆形,如图 6-29 所示。

9 在工具栏中选中"形状生成器"工具 ☉ 。按住 Option 键(macOS)或 Alt 键(Windows),然后按住鼠标左键在圆圈底部和矩形上拖如图 6-30 所示,过将其删除。松开鼠标左键,然后松开 Option 键(macOS)或 Alt 键(Windows)。

10 选中"选择工具" ▶ ,选中画板底部的文本,按住鼠标左键将文本向上拖动到 Logo 上。

11 单击"属性"面板中的"排列"按钮,然后选择"置于顶层"。最终结果如图 6-31 所示。

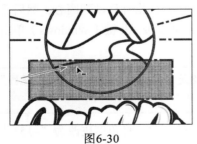

图6-30 图6-31

12 选择"选择>取消选择",然后选择"文件">"存储"。

6.4 使用铅笔工具绘图

Illustrator 中的另一个绘图工具是"铅笔工具" 。使用"铅笔工具",类似于在纸上绘图它允许您自由绘制包含曲线和直线的开放路径和闭合路径。使用"铅笔工具"绘制时,根据设置的"铅笔工具"选项,锚点将创建在您需要的路径上。完成路径后,您还可以轻松调整路径。

6.4.1 使用铅笔工具绘制路径

接下来,您将绘制并编辑一条简单的路径来练习使用"铅笔工具"。

1　从文档窗口左下角的"画板导航"菜单中选择"2 Pencil"。

2　从工具栏中的"画笔工具"组中选中"铅笔工具"。

> **Ai** | **提示**　设置"保真度"值时,将滑块拉近至"精确"端通常会创建更多锚点,并更准确地反映您绘制的路径。而将滑块向"平滑"端拖动,则可减少锚点,绘制出更平滑、更简单的路径。

3　双击"铅笔工具"。在"铅笔工具选项"对话框中,设置以下选项,如图 6-32 所示。

* 将"保真度"滑块一直拖动到最右边。这将平滑路径并减少使用"铅笔工具"绘制的路径上的锚点数。

* "保持选定"复选框:选中(默认设置)。

* "当端点位于此范围内时闭合路径"复选框:选中(默认设置)。

4　单击"确定"按钮。

5　在"属性"面板中,确保"填色"为"无" 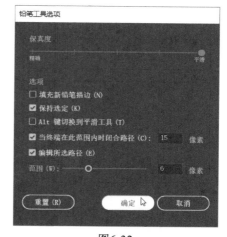,描边颜色为深灰色色板,该色板色值为"C=0 M=0 Y=0 K=90"。另外,在"属性"面板中确保"描边"粗细为"3 pt"。

图6-32

如果将指针移到文档窗口中,"铅笔工具"指针旁边出现星号 ,表示您将要创建新路径。

> **Ai** | **注意**　如果指针为✕而不是"铅笔工具"图标( ),则表示 Caps Lock 键处于活动状态。按 Caps Lock 键,"铅笔工具"图标会变成"×",可以提高精度。

6　从标有"A"的模板的红点开始,按住鼠标左键并顺时针拖动,围绕模板的虚线绘制路径。当鼠标指针靠近路径起点(红点)时,它旁边会显示一个小圆圈 ,如图 6-33 所示。这意味着,此时如果松开鼠标左键,该路径将闭合。当您看到圆圈时,松开鼠标左键以闭合路径。

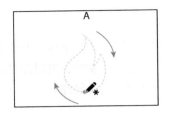 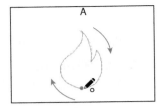 

图6-33

请注意，在绘制时，路径可能看起来并不完美。但松开鼠标左键后，Illustrator 将根据您在"铅笔工具选项"对话框中设置的"保真度"值对路径进行平滑处理。接下来，您将使用"铅笔工具"重新绘制部分路径。

7 将鼠标指针移动到需重绘的路径上或附近。当指针旁边的星号消失后，按住鼠标左键并拖动以调整路径的形状，使路径形状与之前不同。最后要确保回到原来的路径上结束重绘，如图 6-34 所示。

图6-34

8 在仍选中火焰形状的情况下，在"属性"面板中将"填色"更改为红色，如图 6-35 所示。

6.4.2 使用铅笔工具绘制直线

除了绘制更多形式自由的路径之外，您还可以使用"铅笔工具" ✎ 创建直线。接下来，您将使用"铅笔工具"绘制火焰附着的原木。请注意，您当然可以通过绘制矩形和圆化角部来创建要绘制的形状，但是我们希望绘制出的原木看起来更像是手工绘制的，这就是要使用"铅笔工具"绘制它的原因。

图6-35

1 将鼠标指针移到标记为"B"的路径左侧的红点上。按住鼠标左键向上拖动到图形顶部附近，然后在到达蓝点时松开鼠标左键，如图 6-36 所示。

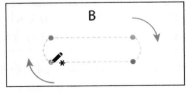 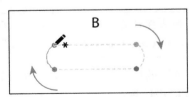

图6-36

您绘制的下一部分路径将是直线。使用"铅笔工具"进行绘制时，您可以轻松地继续绘制路径中的直线。

2　将鼠标指针移到上一步绘制的路径的末端。当"铅笔工具"指针旁边出现一条线 ✐ 时，表明您可以继续绘制该路径。按住 Option 键（macOS）或 Alt 键（Windows）并向右拖动到橙点。当您到达橙点时，松开 Option 键（macOS）或 Alt 键（Windows），但不要松开鼠标左键，如图 6-37 所示。

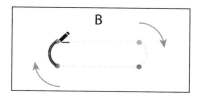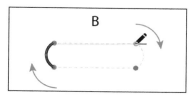

图6-37

使用"铅笔工具"进行绘制时，按住 Option 键（macOS）或 Alt 键（Windows）键，可在任意方向上创建直线路径。

3　仍然按住鼠标左键，继续按照模板路径进行绘制。到达紫点时，请按住鼠标左键，然后按住 Option 键（macOS）或 Alt 键（Windows），继续向左绘制，直到到达红点处的路径起点。当"铅笔工具"指针旁边显示一个小圆圈 ✐ 时，松开鼠标左键，然后松开 Option 键（macOS）或 Alt 键（Windows）以闭合路径。如图 6-38 所示。

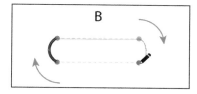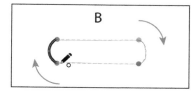

图6-38

Ai **提示**　您也可以在使用"铅笔工具"进行绘制时，按住 Shift 键，然后拖动以创建角度限制为 45° 的直线。

4　在路径仍被选中的情况下，在"属性"面板中将填色更改为棕色。

5　选中"选择工具" ▶，然后将火焰形状向下拖动到原木形状上，如图 6-38 左图所示。

6　单击"属性"面板中的"排列"按钮，然后选择"置于顶层"，将火焰形状置于圆木形状的上层，如图 6-39 中图和右图所示。

7　按住鼠标左键拖框选中这两个形状。

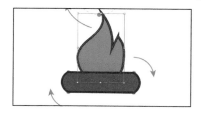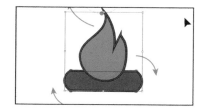

图6-39

8 选择"编辑">"复制",复制这两个形状。

9 在文档窗口下方的状态栏中单击的"下一个画板"按钮 ▶，切换到下一个画板。

10 选择"编辑">"粘贴",粘贴所复制的形状。

11 如图 6-40 所示，将形状拖到图稿上。

图6-40

6.5 使用连接工具连接

在 4.2.2 节中，您使用了"连接"命令（"对象">"路径">"连接"）来连接和闭合路径，您也可以使用"连接工具" ✐ 来连接路径。使用"连接工具"，您可以使用擦除手势来连接交叉、重叠或末端开放的路径。

1 选中"直接选择工具" ▷，然后在画板上单击黄色圆圈。

2 选择"视图">"放大"，重复几次，以放大视图，如图 6-41 所示。

图6-41

3 选中与"橡皮擦工具" ◆ 在一组的"剪刀工具" ✂，将鼠标指针移到顶部锚点上。当您在指针旁看到"锚点"一词时，单击以剪切该处的路径。

在文档窗口顶部将显示一条消息，表示形状已经扩展。默认情况下，该圆形是实时形状，而切断路径后，它不再是实时形状。

4 选中"直接选择工具"，按住鼠标左键向上拖动顶部锚点，然后将其稍微向右拖动，如图 6-42 所示。

 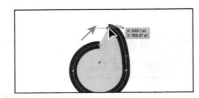

图6-42

5 将路径另一端的锚点拖动到左侧。当锚点与第一个锚点对齐时，将出现一条洋红色的对齐参考线，如图 6-43 所示。

 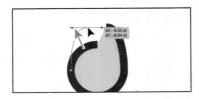

图6-43

现在，两个端点所连接的路径是弯曲的，但是我们需要它们是笔直的。

6 在仍然选中"直接选择工具"的情况下，在两个端点上拖框选中这两个点，如图 6-44 所示。

7 在右侧的"属性"面板中，单击"将所选锚点转换为尖角"按钮，拉直两个锚点两端的路径，如图 6-45 所示。

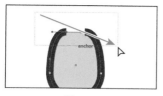
图6-44

图6-45

在第 7 课中，您将了解有关转换锚点的更多信息。

注意 您可能需要按 Esc 键来隐藏多余的工具菜单。

8 单击工具栏底部的"编辑工具栏"按钮。在弹出的菜单中滚动进度条，然后按住鼠标左键将"连接工具"拖入左侧的工具栏中并放在"铅笔工具"上，如图 6-46 所示。

接下来，您将使用"连接工具"连接路径的开放端，过程中您不需要选择路径即可工具将其连接。

图6-46

9 选中"连接工具"，按住鼠标左键拖过路径顶部的两端，如图 6-47 所示，确保在靠近顶端附近拖过。

当拖过（也称为擦过）路径顶端时，路径将被"扩展并连接"或"修剪并连接"。在本例中，路径的两端被"扩展并连接"。此外，该操作将取消选中生成的连接图稿，以方便您可以继续在其他路径上进行连接。

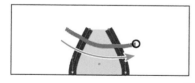

图6-47

提示 按 Caps Lock 键会将"连接工具"指针变成更精确的指针。这将使您更容易查看进行连接的位置。

注意 如果您通过按"Command + J"（macOS）或"Ctrl + J"（Windows）组合键来连接开放路径的末端，则会使用直线连接末端。

10 选择"视图">"画板适合窗口大小"。

11 选中"选择工具"，然后将黄色形状拖到火焰形状上，并使其与火焰形状的底部对齐。

12 单击"属性"面板中的"排列"按钮，然后选择"置于顶层"，将黄色形状置于画板的顶层。

13 将画板底部的"Camp"文本拖到 Logo 的其余部分上。

14 单击"属性"面板中的"排列"按钮，然后选择"置于顶层"，将文本放在其他图稿之上，如图 6-48 所示。

15 选择"选择">"取消选择"，然后选择"文件">"存储"。

图6-48

6.6 向路径添加箭头

在 Illustrator 中，有许多不同的箭头样式以及箭头编辑选项可供选择，您可以使用"描边"面板将箭头添加到路径的两端。接下来，您将把箭头应用于一些路径以完成 Logo。

1 从文档窗口下方的"画板导航"菜单中选择"4 Logo 3"，以切换画板。

2 选中"选择工具" ▶，单击选中左侧的弯曲粉红色路径，按住 Shift 键，然后单击选中右侧的粉红色弯曲路径。

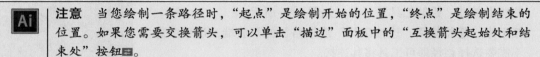

注意 当您绘制一条路径时，"起点"是绘制开始的位置，"终点"是绘制结束的位置。如果您需要交换箭头，可以单击"描边"面板中的"互换箭头起始处和结束处"按钮■。

3 仍选中路径，单击"属性"面板中的"描边"一词以打开"描边"面板。在"描边"面板中，更改以下选项，如图 6-49 所示。

• 将描边"粗细"更改为"3 pt"。

• 从右侧的箭头菜单中选择"箭头 5"。这将在两条线条的末尾各添加一个箭头。

• 缩放（选择"箭头 5"的位置的正下方）：70%。

• 从左侧的箭头菜单中选择"箭头 17"。这将在两条线条的起点各添加一个箭头。

• 缩放（选择"箭头 17"的位置的正下方）：70%。

您可以尝试进行一些箭头设置，如更改"缩放"值或尝试使用其他箭头。

4 仍选中路径，在"属性"面板中将描边颜色更改为白色，最终图稿如图 6-50 所示。

图6-49

图6-50

5 选择"选择">"取消选择"。

6 选择"文件">"存储"，然后选择"文件">"关闭"。

6.7 复习题

1 默认情况下，"曲率工具"创建的是曲线路径还是直线路径？
2 在使用"曲率工具"时，如何创建角部锚点？
3 如何更改"铅笔工具"的工作方式？
4 如何使用"铅笔工具"重新绘制路径中的某些部分？
5 如何使用"铅笔工具"绘制直线路径？
6 "连接工具"与"连接"命令（"对象" > "路径" > "连接"）有何不同？

6.8 复习题答案

1 使用"曲率工具"绘制路径时，默认情况下会创建曲线路径。
2 使用"曲率工具"绘制时，可以双击路径上的现有锚点将其转换为角部锚点，或者在绘制时按住 Option 键（macOS）或 Alt 键（Windows），单击以创建新的角部锚点。
3 要更改"铅笔工具"的工作方式，请双击工具栏中的"铅笔工具"，或单击"属性"面板中的"工具选项"按钮以打开"铅笔工具选项"对话框，即可在其中更改保真度和其他选项。
4 选中路径后，可以将"铅笔工具"指针移动到路径上，然后重绘部分路径，最后再回到原来路径上结束重绘。
5 使用"铅笔工具"创建的路径默认情况下为自由格式。 为了使用"铅笔工具"绘制直线路径，请按住 Option 键（macOS）或 Alt 键（Windows），同时按住鼠标左键拖动来创建一条直线路径。
6 与"连接"命令不同，"连接工具"可以在连接时修剪重叠的路径，而不是简单地在要连接的锚点之间创建一条直线，它考虑了要连接的两条路径之间的角度。

第7课 使用钢笔工具绘图

本课概览

在本课中，您将学习如何执行以下操作。

- 使用"钢笔工具"绘制曲线和直线。
- 编辑曲线和直线。
- 添加和删除锚点。
- 在平滑锚点和角部锚点之间转换。

完成本课内容大约需要 60 分钟。

在之前的课程里，您使用的是
Illustrator 的基本绘图工具。在本课中，
你将学习使用"钢笔工具"创建和修改
图稿。

7.1 开始本课

在本课中，您将主要使用"钢笔工具" 来创建和修改图稿。您将先以练习文件来学习"钢笔工具"的基本功能，然后使用"钢笔工具"来实战绘制一只天鹅。

> **Ai** | **注意** 如果您还没有从您的"账户"页面下载将本课的课程文件到您的本地计算机中，请立即下载。具体操作参阅本书"前言"部分。

1 为了确保工具的功能和默认值完全如本课所述，请删除或停用（通过重命名）Adobe Illustrator 首选项文件。具体操作请参阅本书"前言"部分中的"还原默认首选项"。

2 启动 Adobe Illustrator。

3 选择"文件">"打开"，选择"Lessons">"Lesson07"文件夹中的"L7_practice.ai"文件，然后单击"打开"，如图 7-1 所示。

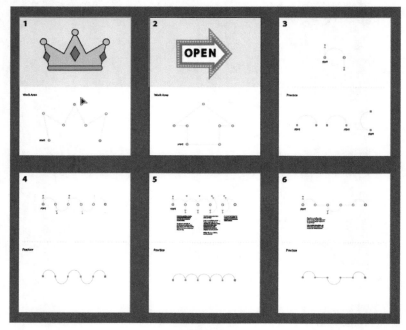

图7-1

4 选择"文件">"储存为"。在"储存为"对话框中，导航到"Lesson07"文件夹并打开它，将文件重命名为"PenPractice.ai"。从"格式"菜单中选择"Adobe Illustrator（ai）"（macOS）或从"保存类型"菜单中选择"Adobe Illustrator（*.AI）"（Windows），然后单击"保存"按钮。

5 在弹出的"Illustrator 选项"对话框中，保持选项为默认设置，然后单击"确定"按钮。

6 选择"视图">"全部适合窗口大小"。

7 选择"窗口">"工作区">"重置基本功能"。

7.2 理解曲线路径

在第 6 课中,您使用"曲率工具" 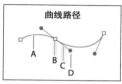 和"铅笔工具" 创建了曲线和直线路径。 您也可以使用"钢笔工具" 创建曲线和直线路径,而且您可以更好地控制绘制的路径的形状。"钢笔工具"是 Illustrator 中的主要绘制工具之一,能够和其他绘图工具一起创建新的矢量图稿以及编辑已有图稿。Photoshop 和 InDesign 等其他 Adobe 软件中也有"钢笔工具"。理解如何利用"钢笔工具"创

建和编辑路径,不仅让您在 Illustrator 中拥有更大的创作自由,在其他软件中也是如此。学习和掌握"钢笔工具"需要大量练习。因此,请根据本课中的步骤练习,练习,再练习!

选中"钢笔工具",单击可以创建角部锚点。如果您创建了两个角部锚点,就绘制出了一条直线。为了使用"钢笔工具"创建曲线,您需要在单击时按住鼠标左键拖动来创建具有方向线的锚点。方向线控制锚点前后路径的长度和斜率,如图 7-2 所示。当您使用"曲率工具"或"铅笔工具"绘制曲线时,您也在创建方向线,但是使用这些工具绘制的时候您看不到方向线也不能(也没必要)调整方向线。

曲线路径

A. 线段
B. 锚点
C. 方向线
D. 方向点
方向线和方向点合称为方向手柄。

图7-2

7.3 使用钢笔工具绘图

在本节中,您将打开一个练习文件并在设定的工作区练习使用"钢笔工具" 绘图。

1　如果尚未选择的话,从文档窗口左下角的"画板导航"菜单中选择"1"画板。
　　如果画板没有适合文档窗口大小,请先选择"视图">"画板适合窗口大小"。

2　在工具栏中选中"缩放工具" ,然后在画板的下半部分单击,进行放大。

3　选择"视图">"智能参考线",关闭智能参考线。
　　智能参考线在其他绘图中非常有用,可以帮您对齐锚点,但现在不需要它们。

7.3.1 开始使用钢笔工具

现在,您将按照第一块画板顶部的皇冠图形,使用"钢笔工具"绘制直线来创建皇冠图形的主要路径。

1　选中工具栏中的"钢笔工具"。

2　在文档右侧的"属性"面板中,单击"填色"框,确保选中了"色板"选项 ,并选择"无" 。
　　然后,单击"描边"框,确保选中"Black"色板。确保"属性"面板中的描边粗细为"1 pt"。

当您开始使用"钢笔工具"绘图时，最好不要在您创建的路径上填色，因为填色会覆盖您尝试创建的路径的某些部分。如确有必要，您可以稍后进行填色。

3　将鼠标指针移动到画板上标有"Work Area"的区域，并注意"钢笔工具"指针旁边的星号，这表示如果开始绘图，将创建新路径。

4　在橙色起始点"1"上单击，设置第一个锚点，如图 7-3 所示。

5　移动鼠标指针，无论将鼠标指针移动到何处，您都会看到一条连接第一个点和鼠标指针的直线，如图 7-4 所示。

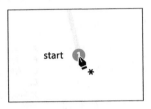

图7-3

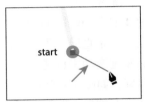

图7-4

这条线称为"钢笔工具预览线"或"Rubber Band"（橡皮筋）。稍后，当您创建曲线路径时，它会使曲线绘制变得更容易，因为它可以显示路径的外观。此外，还要注意，当鼠标指针旁边的星号消失时，表示您正在绘制路径。

6　将鼠标指针移动到标记为"2"的灰色点上单击以创建另一个锚点，如图 7-5 所示。您创建了一条由两个锚点和连接锚点的线段组成的简单路径。

7　继续依次单击点 3 ～ 7，每次单击后都创建了一个锚点，如图 7-6 所示。

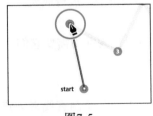

图7-5

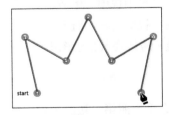

图7-6

注意，只有最后一个锚点有颜色填充（其他锚点都是空心的），这表示此时该锚点被选中。

7.3.2　选择路径

7.3.1 节中创建的锚点类型为角部锚点。角部锚点不像曲线那样光滑。相反，它们会在锚点处形成一个角。现在您已经会创建角部锚点了，您还将学习使用"钢笔工具" ✒ 创建平滑锚点来生成曲线路径。

在第 2 课中，您学习了使用"选择工具" ▶ 和"直接选择工具" ▷ 来选择图稿。接下来，您将了解使用这两种选择工具选择图稿的其他技巧。

1　在工具栏中选中"选择工具"，并将鼠标指针移动到上一节创建的路径中的一条直线上，如图 7-7 所示。当鼠标指针变成 ▶ 时，单击路径将选择整个路径及路径上所有锚点。

> **Ai** **提示**　您也可以选中"选择工具"后，按住鼠标左键拖框选中一条路径。

2　将鼠标指针移动到路径中的一条直线上，当鼠标指针变为 ▶ 时，按住鼠标左键将路径拖动到画板的任意一个新位置，然后松开鼠标左键，所有锚点会保持路径的形状一起移动，如图 7-8 所示。

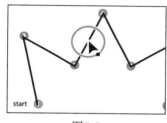

图7-7

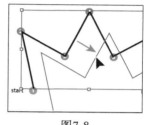

图7-8

3　选择"编辑">"还原移动"，可将路径恢复至其原始位置。

4　选中"选择工具"后，单击画板的空白区域取消选择路径。

5　在工具栏中选中"直接选择工具"，将鼠标指针移动到锚点之间的路径上。当指针变为 ▷ 时，单击路径，以显示所有锚点，如图 7-9 所示。

> **Ai** **提示**　当您选中"直接选择工具"，将鼠标指针移动到尚未选中的线段上时，鼠标指针旁边会出现一个黑色的实心正方形，表示您将选中该线段。

您选中了一条线段（路径）。如果按 Delete 键或 Backspace 键（不要这样做），则这条线段（路径）会被删除。

> **Ai** **提示**　如果您仍选中了"钢笔工具"，则可以按住 Command 键（macOS）或 Ctrl 键（Windows），并在画板空白区域单击来取消选择路径。这将临时选中"直接选择工具"。松开 Command 键（macOS）或 Ctrl 键（Windows）时，将再次选中钢笔工具。

6　将鼠标指针移动到标记为"4"的锚点上，此锚点会变得比其他锚点稍大一些，且鼠标指针旁将出现一个中心有点的小框 ▷，如图 7-10 所示。这两者都表明，如果单击，您将选择该锚点。单击选择锚点，选中的锚点会被填色（看起来是实心的），而其他锚点仍然是空心的（未选中）。

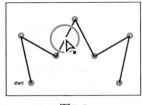

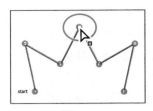

图7-9 图7-10

7 按住鼠标左键将所选锚点向上拖动一点，重新定位它，如图 7-11 所示。

在该锚点移动过程中，其他锚点保持静止。如第 2 课所述，这是编辑路径的一种方法。

8 在画板的空白区域中单击，取消选择此锚点。

> **Ai** | **注意** 如果整个路径消失，请选择"编辑">"撤销剪切"，然后再次尝试选中线段。

9 将"直接选择工具"指针移动到锚点 5 和锚点 6 之间的路径上。当指针变为 ▷ 时，单击选中此路径。选择"编辑">"剪切"，如图 7-12 所示。

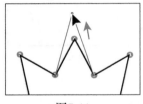

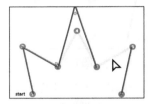

图7-11 图7-12

这将删除锚点 5 和锚点 6 之间的所选线段。接下来，您将再次学习如何连接路径。

10 选中"钢笔工具" ✐，并将鼠标指针移动到标记为"5"的蓝色锚点上。请注意，此时鼠标指针变为 ✎，如图 7-13 所示。这表示如果单击此锚点，将继续从该锚点绘制路径。单击该锚点。

11 将鼠标指针移动到另一个锚点（锚点 6），将连接之前剪切的线段。现在鼠标指针会变为 ✎（钢笔工具图标）旁边会显示一个合并符号，如图 7-14 所示。这表示如果单击此锚点，则会连接到另一条路径。单击该锚点重新连接路径。

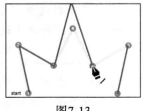

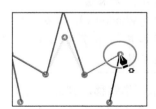

图7-13 图7-14

12 选择"选择">"取消选择"。保持文件呈开状态，以备下一节使用。选择"文件">"存储"。

7.3.3　使用钢笔工具绘制直线

在前面的课程中，您学习了使用形状工具创建形状时，结合使用 Shift 键和智能参考线均可约束所创建的形状。Shift 键和智能参考线也可用于"钢笔工具"，可将创建直线路径时的角度约束为 45° 的整数倍。接下来，您将学习如何在绘制直线时约束角度。

1　从文档窗口左下角的"画板导航"菜单中选择"2"画板。

2　在工具栏中选中"缩放工具"，然后单击画板的下半部分进行放大。

3　选择"视图">"智能参考线"，打开智能参考线。

4　选中"钢笔工具"后，在标记为"Work Area"的区域中，单击标记为"1"且旁边标有"Start"的点，以设置第一个锚点。

　　智能参考线很可能试图将您创建的锚点与画板上的其他内容对齐，这可能会使您很难准确地将锚点添加到所需位置。这是可以预期的情况，也是在绘图时有时关闭智能参考线的原因。

5　将鼠标指针从第一个锚点移动到标记为"2"的点。当你看到指针旁边的灰色测量标签中显示的数值约为 1.5 in 时，单击设置另一个锚点，如图 7-15 所示。

　　如之前的课程所述，测量标签和对齐参考线是智能参考线的一部分。在使用"钢笔工具"绘图时，有时显示距离的测量标签是很有用的。

6　选择"视图">"智能参考线"，关闭智能参考线。

　　关闭智能参考线后，您需要按 Shift 键来对齐锚点，这是您接下来要执行的操作。

7　按住 Shift 键，然后单击标记为"3"的锚点，如图 7-16 所示。松开 Shift 键。

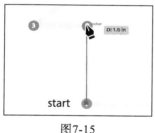

图7-15

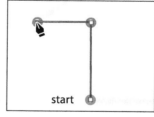

图7-16

　　关闭智能参考线后，指针旁不再显示测量标签，并且因为您按住了 Shift 键，新建锚点仅与上一个锚点对齐。

8　单击设置锚点 4，再单击设置锚点 5，如图 7-17 所示。

　　如您所见，如果不按住 Shift 键，则可以在任何位置设置锚点，路径的角度也不会约束为 45° 的整数倍。

9　按住 Shift 键，然后单击设置锚点 6 和锚点 7，如图 7-18 所示。松开 Shift 键。

10　移动鼠标指针到锚点 1（第一个锚点）上，当鼠标指针变为 时，单击闭合路径，如图 7-19 所示。

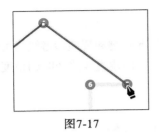
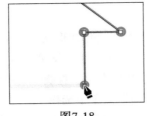
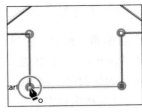

图7-17	图7-18	图7-19

11 选择"选择">"取消选择"。

7.3.4 了解曲线路径

在本课该部分，您将学习如何使用"钢笔工具" ✐绘制曲线路径，如图 7-20 所示。为了创建曲线，您需要在创建锚点时按住鼠标左键拖出方向手柄来确定曲线的形状。这种带有方向手柄的锚点，称为平滑锚点。

以这种方式绘制曲线，可以使您在创建路径时获得最大的可控性和灵活性。当然，掌握这项技巧确实需要一定的时间。本课中的练习的目的不是创建任何具体的内容，而是习惯创建曲线的感觉。首先，您将学习如何创建一条曲线路径。

1 从文档窗口左下角的"画板导航"菜单中选择"3"画板。您将在该画板中标记为"Practice"的区域里练习绘制路径。

2 在工具栏中选中"缩放工具" 🔍，然后在画板的下半部分单击两次以放大视图。

3 在工具栏中选中"钢笔工具"。在"属性"面板中，确保填色为"无" ▢，描边颜色为"black"，描边粗细仍为"1 pt"。

4 选中"钢笔工具"后，在画板的空白区域单击以创建起始锚点，然后将鼠标指针移开，如图 7-21 所示。

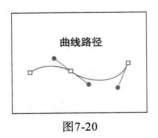

图7-20

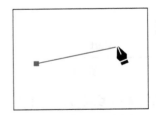

图7-21

5 在空白区域单击，同时按住鼠标左键拖动创建一条曲线路径，如图 7-22 所示。松开鼠标左键。

当您按住鼠标左键从锚点拖离时，就会出现方向手柄。方向手柄是两端带有圆形方向点的方向线，其角度和长度决定了曲线的形状和大小。方向手柄不会被打印出来。

6 将指针拖离上一步创建的锚点，以便观察"橡皮筋"线，如图 7-23 所示。将鼠标指针移开一点，观察曲线是如何变化的。

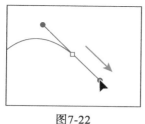

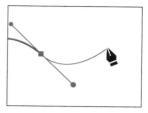

| 图7-22 | 图7-23 |

7 在不同区域中按住鼠标左键并拖动鼠标，创建一系列平滑锚点。

8 选择"选择">"取消选择"。保持此文件呈打开状态，以便下一节使用。

7.3.5 使用钢笔工具绘制曲线

在这一节，您将使用在上一节学习到的曲线绘制知识，使用"钢笔工具" 🖊️来描摹弯曲的形状。这需要您仔细模仿模板路径。

1 按住空格键临时切换到"抓手工具" ✋，按住鼠标左键向下拖动，直到看到当前画板（画板3）顶部的曲线。

> **Ai** | **注意** 拖动时，画板可能会随之滚动。如果您看不到曲线了，请选择"视图">"缩小"，直到再次看到曲线和锚点。按下空格键允许您使用"抓手工具"重新定位图稿。

2 选中"钢笔工具"后，单击标记为"1"的点，并按住鼠标左键向上拖动到红色点位置，然后松开鼠标左键，如图 7-24 所示。

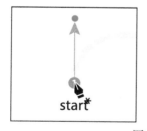

图7-24

到目前为止，您还没绘制任何内容，只是简单地创建了一条与路径方向大致（向上）相同的方向线。在第一个锚点上就拖出方向线，有助于绘制更弯曲的路径。

> **Ai** | **注意** 拉长方向手柄会使曲线更弯曲，而缩短方向手柄会使曲线更平坦。

3 在点 2 上单击并按住鼠标左键向下拖动，当鼠标指针到达红色点时，松开鼠标左键。两个锚点之间会沿着灰色弧线创建一条路径，如图 7-25 所示。

如果您创建的路径与模板没有完全对齐，请选中"直接选择工具" ▷，每次选中一个锚点以显示方向手柄，然后拖动方向手柄的两端（称为方向点），直到您的路径与图 7-25 完全一致为止。

> **Ai** | **提示** 在使用"钢笔工具"绘图时，要取消选择对象，可以按住 Command 键（macOS）或 Ctrl 键（Windows）临时切换到"直接选择工具"，然后单击画板空白处。结束路径绘制的另一种方法是在完成绘图时按 Esc 键。

4 选中"选择工具" ▶，然后单击画板空白区域，或选择"选择" > "取消选择"。

取消选择第一条路径将允许您新建另一条路径。在仍选中路径的情况下，使用"钢笔工具"单击画板上某处，则生成的新路径会连接到您绘制的前一个锚点上。

如果您还想练习绘制曲线，可向下滚动到同一画板中的"Practice"区域，描摹不同的曲线。

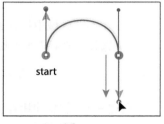

图7-25

7.3.6 使用钢笔工具绘制系列曲线

您已经尝试了用"钢笔工具" ✐ 绘制曲线，接下来您将绘制一个包含多个连续曲线的形状。

1 从文档窗口左下角的"画板导航"菜单中选择"4"画板。选中"缩放工具" ◌，然后在画板的上半部分单击几次放大视图。

2 选中"钢笔工具"。在文档右侧的"属性"面板中，确保填色为"无" ◪，描边颜色为"black"，描边粗细为"1 pt"。

3 在标记为"start"的点 1 上单击并按住鼠标左键沿着弧线的方向（向上）拖动，然后停在红色点处，如图 7-26 所示。

> **Ai** | **注意** 如果您绘制的路径不精确，不要担心，当绘制完路径后，您可以使用"直接选择工具" ▷ 进行调整。

4 将鼠标指针移动到标记为"2"的点（点 1 右边）上，然后单击并按住鼠标左键向下拖动到红色点（点 2 下方）所示位置，使用方向手柄调整第一个圆弧（在点 1 和点 2 之间），然后松开鼠标左键，如图 7-26 所示。

当使用平滑锚点（曲线）时，您会发现您花了很多时间在正在创建的当前锚点之后的路径段上。请牢记，默认情况下，锚点有两条方向线，其中后随方向线控制锚点之后的路径的形状。

> **Ai** | **提示** 当您拖出锚点的方向手柄时，可以按住空格键来重新定位锚点。当锚点位于适当位置时，释放空格键。

5 继续绘制这条路径，交替执行单击并按住鼠标左键向上或向下拖动的操作。在标有数字的地方设置锚点，并在标记为"6"的点处结束绘制，如图 7-27 所示。

如果您在绘制过程中出错，可以通过选择"编辑">"还原钢笔"来撤销此步操作，然后重新绘制。如果您的方向线与图 7-27 不一致，也没问题，撤销操作重绘即可。

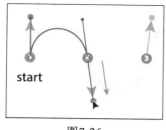

图7-26

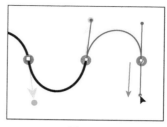

图7-27

6 路径绘制完成后，选择"直接选择工具" ▷，然后单击选中路径中的任意一个锚点。
选中锚点后，画板中将显示其方向手柄，如有必要，您可以重新调整路径的曲率。选中曲线后，您还可以修改曲线的描边和填色。修改之后，绘制的下一条曲线将具有与之相同的属性。如果您想要练习绘制形状，请向下滚动到该画板的下半部分（标记为"Practice"的区域），然后在其中描摹形状。

7 选择"选择">"取消选择"，然后选择"文件">"存储"。

7.3.7 将平滑锚点转换为角部锚点

如您所见，创建曲线时，方向手柄有助于调整曲线的形状和大小。如果您想在直线路径之后接着创建曲线路径，您可以移除锚点的方向线将平滑锚点转换为角部锚点。接下来，您将练习将锚点在平滑锚点和角部锚点之间进行转换。

1 从文档窗口左下角的"画板导航"菜单中选择"5"画板。
在画板上半部分，您将看到要描摹的路径。您将使用该路径作为练习模板，直接在这些模板路径上创建路径。

2 选中"缩放工具" ⊙，然后在画板顶部单击几次进行放大。

3 选中"钢笔工具" ✐。在"属性"面板中，确保填色为"无" ☑，描边颜色为"black"，描边粗细仍为"1 pt"。

4 按住 Shift 键，单击并按住鼠标左键从标记为"start"的点 1 向上朝着圆弧方向拖动，到红色点处停止拖动。松开鼠标左键和 Shift 键，如图 7-28 所示。
拖动时按 Shift 键可将方向手柄旋转角度约束为 45° 的整数倍。

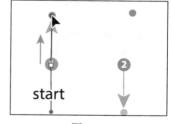

图7-28

5 在点 2（点 1 右侧）处单击并按住鼠标左键向下拖动到金色点，如图 7-28 所示。拖动时，按住 Shift 键。当曲线正确时，松开鼠标左键，然后松开 Shift 键。保持路径为选中状态。
现在，您需要切换曲线方向并创建另一条弧线。您将拆分方向手柄，或者说将两条方向线移动到不同方向，从而使平滑锚点转换为角部锚点。当您使用"钢笔工具"按住鼠标左键拖动来创建平滑锚点时，您将创建前导方向线和后随方向线。默认情况下，这两条方向线成对且等长。

6 按住 Option 键（macOS）或 Alt 键（Windows），将鼠标指针移动到您在上一步创建的锚点（点 2）上。当鼠标指针变为（旁边出现转换点图标） ▲ 时，单击并按住鼠标左键将一条方向线向上拖动到红色点处，如图 7-29 所示。松开鼠标左键，然后松开 Option 键（macOS）或 Alt 键（Windows）。如果没显示转换点图标 ^，您最终可能会创建一个环。

您还可以按住 Option 键（macOS）或 Alt 键，单击并按住鼠标左键拖动方向手柄端点（即方向点），如图 7-29 左图中箭头处所示。以上所述任何一种方法都可以拆分方向手柄，使两条方向线指向不同的方向。

7 将鼠标指针移动到模板路径右侧的点 3 上，然后按住鼠标左键向下拖动到金色点处。当路径看起来类似于模板路径时，松开鼠标左键。

8 按住 Option 键（macOS）或 Alt 键（Windows），然后将鼠标指针移到您创建的上一个锚点（点 3）上。当鼠标指针变为（旁边出现转换点图标） ▲ 时，单击并按住鼠标左键将方向线大致拖动到上面的红色点处，如图 7-30 所示。松开鼠标左键，然后松开 Option 键（macOS）或 Alt 键（Windows）。

对于下一个点，将不松开鼠标左键来拆分方向手柄，因此请看仔细了。

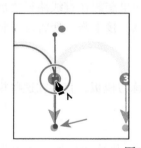 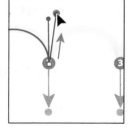 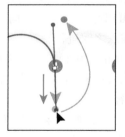

图7-29 　　　　　　　　　　　　　　　　　图7-30

 注意　按住 Option 键（macOS）或 Alt 键（Windows）实质上允许您为该锚点创建一条独立的新方向线。如果不按住 Option 键（macOS）或 Alt 键（Windows），将不会拆分方向手柄，因此它仍是一个平滑锚点。

9 对于锚点 4，单击并按住鼠标左键向下拖动到金色点，直到路径看起来正确为止。这一次，不要松开鼠标左键。按住 Option 键（macOS）或 Alt 键（Windows），然后向上大致拖动到红色点处，以创建下一条曲线。松开鼠标左键，然后松开 Option 键（macOS）或 Alt 键（Windows）。如图 7-30 所示。

10 继续此过程，按住 Option 键（macOS）或 Alt 键（Windows）创建角部锚点，直到路径完成。

11 使用"直接选择工具" ▷ 微调路径，然后取消选中路径。

如果想要继续练习绘制形状，请向下滚动到该画板中的"Practice"区域，然后描摹形状。

7.3.8 结合曲线和直线

在实际绘图中使用"钢笔工具"时，您常常需要在曲线和直线之间切换。在本节中，您将学习如何从曲线切换到直线，又如何从直线切换到曲线。

1 从文档窗口左下角的"画板导航"菜单中选择"6"画板。选择"缩放工具" Q，然后在画板的上半部分单击几次，进行放大。

2 选中"钢笔工具" ✐，单击标记为"start"的点 1，然后按住鼠标左键向上拖动到红色点处。松开鼠标左键。

到目前为止，您一直在模板中将指针拖动到金色点或红色点。在实际绘图中，这些点显然是不存在的，所以在创建下一个锚点时您不会有模板作为参考。别担心，您可以随时选择"编辑" > "还原钢笔"，然后再试一次。

3 单击点 2 并按住鼠标左键向下拖动，当路径与模板大致匹配时松开鼠标左键，如图 7-31 所示。

现在您应该已经熟悉这种创建曲线的方法了。

如果单击点 3 继续绘制，甚至按住 Shift 键（生成直线）单击（当然，现在这两种操作都不要执行），路径都是弯曲的。因为您创建的最后一个锚点是平滑锚点，并且有一个前导方向手柄。图 7-32 展示了如果使用"钢笔工具"单击下一个点，创建的路径会是什么样子。

现在，您将移除前导方向手柄，以直线的形式继续绘制该路径。

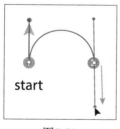

图7-31

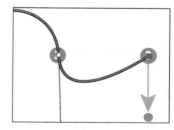

图7-32

4 将鼠标指针移动到创建的最后一个点（点 2）上。当鼠标指针变为 ▲ 时，单击它，如图 7-33 左图所示。这将从锚点中删除前导方向手柄（而不是后随方向手柄），如图 7-33 右图所示。

5 按住 Shift 键，然后在模板路径右侧的点 3 上单击添加下一个锚点。松开 Shift 键，创建一条直线段，如图 7-34 所示。

6 对于下一条弧线，将鼠标指针移动到创建的最后一个点上。当鼠标指针变为 ▲ 时，单击并按住鼠标左键从该点向下拖动到红色点位置。这将创建一条新的、独立的方向线。如图 7-35 所示。

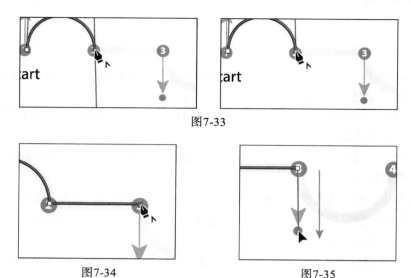

图7-33

图7-34   图7-35

对于本节的其余部分，您可以按照模板的指引自行完成路径绘制。剩余部分没有再用图展示，所以如果需要指导，请查看前面步骤的图示。

7　单击并按住鼠标左键向上拖动创建下一点（点 4），完成弧线绘制。

8　单击上一步创建的最后一个锚点，删除前导方向线。

9　按住 Shift 键并单击下一个点，创建第二条直线段。

10　单击并按住鼠标左键从创建的最后一个点向上拖动，创建一条方向线。

11　单击并按住鼠标左键向下拖动到终点（点 6），创建最后的弧线。

　　如果您想要练习绘制相同的形状，请向下滚动到同一画板中的"Practice"区域，然后在那里描摹形状。绘制前确保已取消选中之前的图稿。

12　选择"文件" > "存储"，然后选择"文件" > "关闭"。

　　您可以根据需要多次打开"L7_practice.ai"文件，并在该文件中反复使用这些钢笔工具模板，根据自己的需求慢慢绘制，不断练习，练习，再练习！

7.4　使用钢笔工具创建图稿

接下来，您将运用所学到的知识在项目中创建一些图稿。首先，您将绘制一只结合了曲线和角部的天鹅。请您花时间练习绘制这个图稿，您可以使用本书提供的参考模板。

> **Ai**　提示　别忘了，您始终可以撤销已绘制的点（"编辑" > "还原钢笔"），然后重绘。

1 选择"文件">"打开",打开"Lessons">"Lesson07"文件夹中的"L7_end.ai"文件,查看您将创建的最终图稿,如图 7-36 所示。

2 选择"视图">"全部适合窗口大小",查看最终图稿。如果您不想让该图稿保持打开状态,请选择"文件">"关闭"。

3 选择"文件">"打开",打开"Lessons">"Lesson07"文件夹中的"L7_start"文档,如图 7-37 所示。

图7-36

4 选择"文件">"储存为",将文件命名为"Swon. ai",在"存储为"对话框中选择"Lesson07"文件夹。从"格式"菜单中选择"Adobe Illustrator(ai)"(macOS)或从"保存类型"菜单中选择"Adobe Illustrator(*.AI)"(Windows),然后单击"保存"按钮。

5 在"Illustrator 选项"对话框中,保持选项设置为默认值,然后单击"确定"按钮。

6 选择"视图">"画板适合窗口大小",确保能您看到整个画板。

7 打开"图层"面板("窗口 > 图层"),然后单击选中名为"Artwork"的图层,如图 7-38 所示。

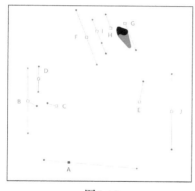

图7-37

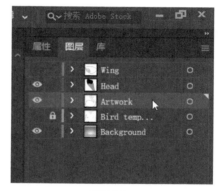

图7-38

8 在工具栏中选中"钢笔工具" 。

9 在"属性"面板("窗口 > 属性")中,确保填色为"无" ,描边颜色为"black",描边粗细为"1 pt"。

绘制天鹅

现在您已经打开并准备好了文件,您将根据您在前面几节中对"钢笔工具"练习来绘制一只漂亮的天鹅。本节的步骤数超过了本书的平均步骤数,不要着急,慢慢来。

1 选中"钢笔工具" ,在天鹅主体模板上标记为"A"的蓝色正方形上单击并按住鼠标左键拖动到红色点处,以设置第一条曲线的起始锚点和方向手柄,如图 7-39 所示。

2 移动鼠标指针到点 B 处,单击并按住鼠标左键拖动到金色点处,创建第一条曲线,如

图 7-40 所示。

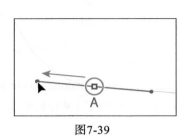

图7-39

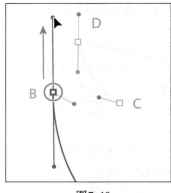

图7-40

记住，当您拖动方向手柄时，要关注路径的外观。将指针拖动到模板上的彩色点会很容易，但是当您自己创建内容时，您需要时刻留意您正在创建的路径！接下来，您将创建一个平滑锚点并拆分方向手柄。

3　将鼠标指针再次移动到点 B 上，当鼠标指针变为 ▶ 时，按住 Option 键（macOS）或 Alt 键（Windows），单击并按住鼠标左键向红色点处拖动创建新的方向线，如图 7-41 所示。松开鼠标左键，然后松开 Option 键（macOS）或 Alt 键（Windows）。

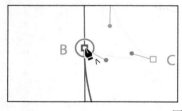
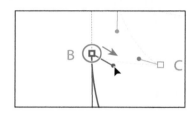

图7-41

4　将鼠标左键移动到点 C 上，单击添加锚点。

5　要使下一条路径为曲线，可将鼠标指针移动到上一步在点 C 处创建的锚点上，单击并按住鼠标左键拖动到红色点位置，添加方向手柄，如图 7-42 所示。

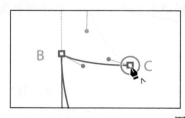
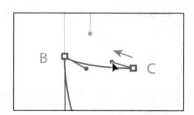

图7-42

6　将鼠标指针移到点 D 处，单击并按住鼠标左键拖动到红色点位置，如图 7-43 所示。路径的下一段是直线，因此需要删除 D 点上的一条方向线。

7 将鼠标指针移动到点 D 上。当指针变为 ↖ 时，单击点 D 以删除前导方向手柄，如图 7-44 所示。

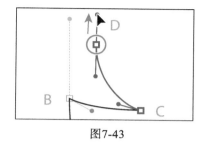 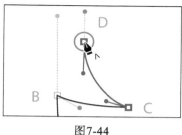

图7-43　　　　　　　　　图7-44

8 在点 E 上单击，以创建一条直线，如图 7-45 所示。

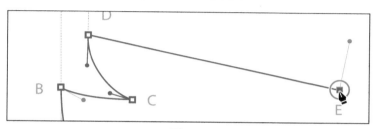

图7-45

当您使用"钢笔工具"绘图时，您可能需要编辑您之前绘制的部分路径。选中"钢笔工具"，按住 Option 键（macOS）或者 Alt 键（Windows），将指针移动到前面的路径段上，按住鼠标左键拖动并修改该路径，这是下一步要做的。

9 将指针移动到点 D 和点 E 之间的路径上。按住 Option 键（macOS）或 Alt 键（Windows），当指针外观变为 时，按住鼠标左键向上拖动路径使其弯曲，如图 7-46 所示。松开鼠标左键，然后松开 Option 键（macOS）或 Alt 键（Windows）。这将为线段两端的锚点添加方向手柄。

> **Ai** **提示**　您还可以按住"Option + Shift"（macOS）或"Alt + Shift"（Windows）组合键，将手柄限制为垂直方向，且手柄的长度相等。

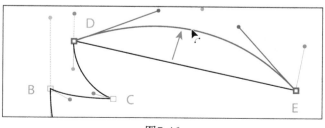

图7-46

松开鼠标左键后，请注意，当您移动鼠标指针时，您可以看到鼠标指针仍然连着"橡皮筋"线，这意味着您仍然在绘制路径。

点 E 之后的路径是曲线，因此您需要在点 E 处为曲线添加前导方向手柄。

> **Ai** | **注意** 在第 9 步松开鼠标左键后，如果您把指针移开，然后再把指针返回到点 E，
> 指针旁边将出现转换点图标 ^。

10 将鼠标指针移动到点 E 上，单击并按住鼠标左键向上拖动到红色点处，创建新的方向手柄。如图 7-47 所示。

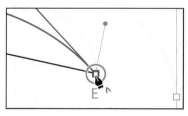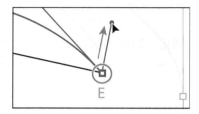

图7-47

这将创建一个新的前导方向手柄，并将下一段路径设置为曲线。做得很好，您已经成功了一半。

11 在点 F 处单击并按住鼠标左键拖动到红色点处，继续绘图。

12 在点 G 处单击并按住鼠标左键拖动到红色点处，如图 7-48 左图所示。

路径的下一段是直线，因此您将在点 G 处删除前导方向手柄。

13 将鼠标指针移回到点 G 处，当鼠标指针变为 ▸ 时，单击删除前导方向手柄，如图 7-48 右图所示。

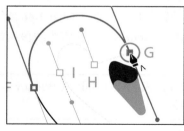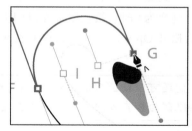

图7-48

14 单击点 H 创建一个新锚点。

路径的下一部分是曲线，因此您需要为点 H 添加一个前导方向手柄。

15 将"钢笔工具"指针移动到点 H 上。当鼠标指针变为 ▸ 时，单击并按住鼠标左键从点 H 处拖动到红色点处，添加前导方向手柄，如图 7-49 所示。

16 继续绘制点 I，在点 I 处单击并拖动到金色点，然后松开鼠标左键。

17 按住 Option 键（macOS）或 Alt 键（Windows），当鼠标指针变为 ▸ 时，单击并按住鼠标左键将方向手柄的末端从金色点向下拖动到红色点处，如图 7-50 所示。

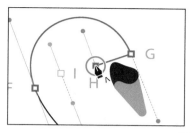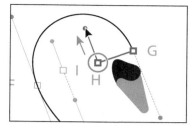

图7-49

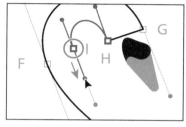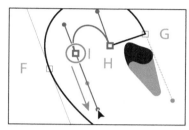

图7-50

18 在标记为"J"的锚点处单击并按住鼠标左键拖动到红色点处。

接下来,您将闭合路径以完成天鹅的绘制。

19 将鼠标指针移动到点 A 上,但不要单击。

请注意,鼠标指针此时会变成 ▸,如图 7-51 所示。这表示如果单击该锚点(还不要单击),将闭合路径。如果您在该锚点处单击并按住鼠标左键拖动,则锚点两侧的方向手柄将变成一条直线一起移动。此时您需要扩展其中一个方向手柄,使路径与模板一致。

Ai | **提示**　创建闭合锚点时,您可以按住空格键来移动该锚点。

---

20 按住鼠标左键向左稍微偏上一点方向拖动,如图 7-52 所示。注意,这会在相反方向(右下方)显示方向手柄。拖动鼠标,直到曲线看起来合适。

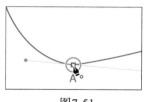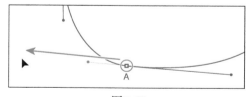

图7-51　　　　　　　　　　图7-52

通常,当您从一个锚点上拖离鼠标指针时,会在该锚点之前和之后显示方向手柄。如果不按住 Option 键(macOS)或 Alt 键(Windows),随着您从闭合锚点上拖动鼠标,您将重塑锚点之前和之后的路径;而按住 Option 键(macOS)或 Alt 键(Windows),在闭合锚点上拖动鼠标则可以单独编辑闭合锚点之前的方向手柄。

21 单击"属性"面板选项卡，单击"填色"，然后选择"白色"。

22 按住 Option 键（macOS）或 Alt 键（Windows），在路径以外的地方单击取消选择路径，然后选择"文件">"存储"。

 注意 这是在选中"钢笔工具"时取消选中路径的快捷方法。您也可以使用其他方法，如"选择">"取消选择"。

7.5 编辑路径和锚点

接下来，您将编辑上一节创建的天鹅图形的一些路径和锚点。

1 选中"直接选择工具" ▷，然后单击选中锚点 J，按住鼠标左键向左拖动该锚点，大致匹配整个图形，如图 7-53 所示。

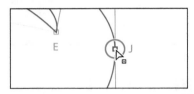

图7-53

 提示 当您使用"直接选择工具"拖动路径时，还可以按住 Shift 键将方向手柄限制为垂直方向，这将确保手柄的长度相等。

2 移动鼠标指针到点 F 和点 G 之间的路径段上（位于天鹅颈部）。当指针变为 ▷ 时，按住鼠标左键并朝上偏左一点拖动该路径段，以改变该路径段的曲率，如图 7-54 所示。这是一种对曲线路径进行编辑的简单方法，因为无须编辑每个锚点的方向手柄。

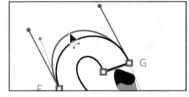

图7-54

注意，当在路径上的鼠标指针变为 ▷ 时，意味着您可以拖动该路径，并随着您的拖动调节锚点和方向手柄。

3 选择"选择">"取消选择"，然后再选择"文件">"存储"。

7.5.1 删除和添加锚点

大多数情况下，使用"钢笔工具" ✐ 或"曲率工具" ✐ 等工具绘制路径是为了避免添加不必要的锚点。您可以通过删除不必要的锚点来降低路径的复杂度或调整其整体形状（从而使形状更可控），也可以通过向路径添加锚点来扩展路径。接下来，您将删除和添加天鹅路径上不同部分的锚点。

1. 打开"图层"面板（"窗口" > "图层"）。在"图层"面板中，单击名为"Bird template"的图层的眼睛图标 ，隐藏图层内容，如图 7-55 所示。

2. 选中"直接选择工具" ▷，单击天鹅路径将其选中。首先，您将删除尾部的几个锚点，以简化路径。

3. 在工具栏中选中"钢笔工具"，并将鼠标指针移到图 7-56 左图箭头所示的锚点上。当减号（–）出现在鼠标指针中时，单击删除锚点。

图7-55

Ai **提示**　选中锚点后，您也可以单击"属性"面板中的"删除所选锚点"按钮 来删除锚点。

---

4. 将鼠标指针移动到图 7-56 右图所示锚点上，当减号（–）出现在鼠标指针中时，单击删除锚点。

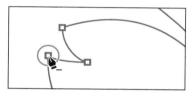 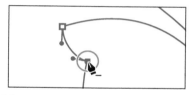

图7-56

接下来，您将调整剩余路径。在选中"钢笔工具"的时候，您可以按住 Command 键（macOS）或 Ctrl 键（Windows），临时切换到"直接选择工具"，以便编辑路径。松开 Command 键（macOS）或 Ctrl 键（Windows），则可以继续用"钢笔工具"进行绘制。

5. 按住 Command 键（macOS）或 Ctrl 键（Windows），临时切换到"直接选择工具"。移动鼠标指针到图 7-57 所示锚点上，当鼠标指针变为 ▷ 时，单击选中此锚点。

Ai **注意**　拖拽方向手柄的末端可能会有点棘手。如果您不小心取消选择并丢失该路径，可以按住 Command 键（macOS）或 Ctrl 键（Windows），单击该路径然后再单击锚点查看方向手柄。

---

6. 不放开 Command 键（macOS）或 Ctrl 键（Windows），按住鼠标左键从选中锚点朝左下方拖动方向手柄调整路径形状，如图 7-58 所示。松开鼠标左键和 Command 键（macOS）或 Ctrl 键（Windows）。

   在调整过后的路径上，您可以添加新的锚点来进一步调节路径的形状。

7. 移动鼠标指针到天鹅路径的左边、所选锚点的下方。当鼠标指针变为 ◥ 时，单击添加锚点，如图 7-59 所示。

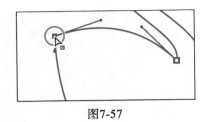

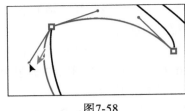

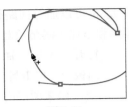

图7-57   图7-58   图7-59

8 按住 Command 键（macOS）或 Ctrl 键（Windows），临时切换到"直接选择工具"，单击选中新建锚点并按住鼠标左键朝左偏下一点拖动，调节路径形状，如图 7-60 所示。松开鼠标左键和 Command 键（macOS）或 Ctrl 键（Windows）。

最后，您将在天鹅路径的下部添加一个新锚点，以便在下一节中能够调整天鹅形状的下部。

9 移动鼠标指针到天鹅下部路径上，当鼠标指针变为 时，单击添加锚点，如图 7-61 所示。

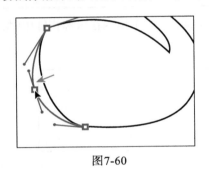

图7-60

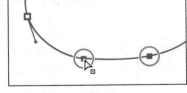

图7-61

7.5.2 在平滑锚点和角部锚点之间转换

为了更精确地控制创建的路径，您可以使用多种方法将点从平滑锚点转换为角部锚点，以及从角部锚点转换为平滑锚点。

1 选中"直接选择工具" ▷，选中最后添加的锚点，按住 Shift 键并单击其左侧的锚点（之前标记为"A"的点），同时选中这两个锚点，如图 7-62 所示。

2 在右侧的"属性"面板中，单击"将所选锚点转换为尖角"按钮 ，将锚点转换为角部锚点，如图 7-63 所示。

图7-62

> **Ai**   **提示**   您还可以通过双击锚点，或按住 Option 键（macOS）或 Alt 键（Windows）时单击锚点来在角部锚点和平滑锚点之间进行转换。

3 单击"属性"面板中的"垂直底对齐"按钮，将选中的第一个锚点与选中的第二个锚点对齐，如图 7-64 所示。

 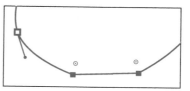

图7-63

 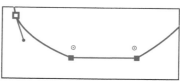

图7-64

正如您在第 2 课中学到的,先选中的锚点将与最后选中的锚点(称为关键锚点)对齐。

4　选择"选择">"取消选择",然后选择"文件">"存储"。

使用锚点工具

另一种将锚点在平滑锚点和角部锚点之间转换的方法是使用"锚点工具"。接下来您将使用"锚点工具"来完成天鹅头部的绘制。

1　选中"选择工具" ▶,单击选中天鹅路径。

2　长按工具栏中的"钢笔工具" ✎显示更多工具,选择"锚点工具"。

如果使用"锚点工具"在锚点上单击,锚点上的方向手柄将被移除并使该锚点成为角部锚点。"锚点工具"可以用于从锚点删除两个或其中一个方向手柄,将锚点转换成角部锚点;或者从该锚点拖出方向手柄。如果锚点处拆分出了方向手柄,那么从锚点重新拖拽出方向手柄是一种非常方便的方法。

3　将鼠标指针移到图 7-65 圆圈处天鹅头部的锚点上,当鼠标指针变为 ▶ 时,单击并按住鼠标左键从该角部锚点向左上方拖动,拖出方向手柄,然后拖动到颈部看起来与拖动前相似,如图 7-65 所示。拖动方向取决于之前绘制的路径方向,在反方向上拖动会反转方向手柄。

4　将鼠标指针移动到您在上一步编辑过的锚点右侧的锚点上。当指针变为 ▶ 时,单击并按住鼠标左键向右下方拖动。确保天鹅的头部看起来和它本来的样子相似,如图 7-66 所示。

图7-65 图7-66

5 选中"直接选择工具"，然后向左上方拖动下方的方向手柄的末端，使其更短、曲线弯曲度更小，如图 7-67 所示。

当您使用"锚点工具"创建锚点上的方向手柄时，方向手柄是拆分开的，这意味着您可以独立移动它们。接下来，您将把平滑锚点（带方向手柄）转换为角部锚点。

6 打开"图层"面板（"窗口">"图层"）。在"图层"面板中，单击"Wing"图层和"Background"图层的切换可视性列，显示这两个图层的内容，如图 7-68 所示。
您现在应该能在您绘制的天鹅形状上面看到天鹅的翅膀了。它由一系列相互重叠的简单路径组成。您需要把翅膀的右边缘变成一个角部锚点，而非平滑锚点。

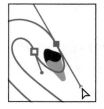 

图7-67

7 在工具栏中选择"直接选择工具"。单击选中较大的翅膀形状，然后您会看到翅膀上的锚点，如图 7-69 所示。

 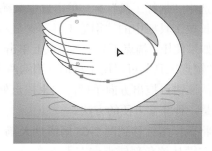

图7-68 图7-69

8 在工具栏中选中"锚点工具"，将鼠标指针移动到如图 7-70 左图圆圈所示位置。单击可将该锚点从平滑锚点（带方向手柄）转换为角部锚点，如图 7-70 右图所示。

> **Ai** | **注意** 另一种将平滑锚点转换为角部锚点的方法是在"属性"面板中单击"将所选锚点转换为尖角"按钮。

9 选中"直接选择工具"，然后按住鼠标左键拖动上一步转换的锚点使它与天鹅颈底部的锚点贴合，如图 7-71 左图所示。

10 将鼠标指针移动到翅膀上部锚点的方向手柄末端，然后按住鼠标左键拖动更改路径的形状。如图 7-71 右图所示。

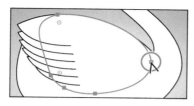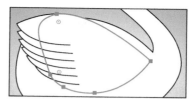

图7-70

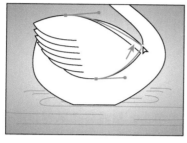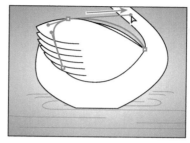

图7-71

11 选择"选择">"取消选择"。

12 选择"视图">"画板适合窗口大小"。

13 选择"文件">"存储",效果如图 7-72 所示,选择"文件">"关闭",保存和关闭文件。

图7-72

7.6 复习题

1 描述如何使用"钢笔工具"绘制垂直直线、水平直线或 45° 对角线。

2 如何使用"钢笔工具"绘制曲线？

3 "钢笔工具"可以创建哪两种锚点？

4 指出两种将曲线上的平滑锚点转换成角部锚点的方法。

5 哪种工具可以编辑曲线上的线段？

7.7 复习题答案

1 要绘制一条直线，请使用"钢笔工具" ✐ 单击，然后移动鼠标指针并再次单击。第一次单击设置直线段的起始锚点，第二次单击设置直线段的结束锚点。要约束直线为垂直、水平或为 45° 对角线，请在使用"钢笔工具"单击创建第二个锚点时按住 Shift 键。

2 使用"钢笔工具"绘制曲线，可单击创建起始锚点，再拖动设置曲线的方向，然后单击设置曲线的终止锚点。

3 "钢笔工具"可以创建角部锚点或平滑锚点。角部锚点没有方向线或者具有拆分方向线，可以使路径改变方向。平滑锚点具有成对方向线。

4 若要将曲线上的平滑锚点转换为角部锚点，请使用"直接选择工具" ▷ 选中锚点，然后使用"锚点工具" ⊿ 拖动方向手柄更改方向。另一种方法是使用"直接选择工具"选择一个或多个锚点，然后单击"属性"面板中的"将所选锚点转换为尖角"按钮 ◣。

5 要编辑曲线上的线段，请选择"直接选择工具" ▷，然后按住鼠标左键拖动线段将其移动；或按住鼠标左键拖动锚点上的方向手柄，调整线段的长度和形状。按住 Option 键（macOS）或 Alt 键（Windows）并使用"钢笔工具"拖动路径段是调整路径的另一种方式。

第8课 使用颜色优化标志

本课概览

在本课中，您将学习如何执行以下操作。

- 了解颜色模式和主要颜色控件。
- 使用多种方法创建、编辑颜色和给对象上色。
- 命名和存储颜色。
- 将上色等外观属性从一个对象复制到另一个对象。
- 设计自定义色板。
- 使用颜色组。
- 使用"颜色参考"面板激发创意。
- 了解"编辑颜色 / 重新着色图稿"的功能。
- 使用"实时上色工具"。

 完成本课内容大约需要 75 分钟。

您可以使用 Adobe Illustrator 中的
颜色控件，为您的插图增色。在内容
丰富的本课中，您将学习如何创建和使
用颜色来填色和描边，使用"颜色参考"
面板激发灵感，以及使用颜色组、重新
着色图稿等功能。

8.1 开始本课

在本课中，您将通过使用"色板"面板等创建和编辑节日标志图稿的颜色，来学习颜色的基础知识。

1 为了确保工具的功能和默认值完全如本课所述，请删除或停用（通过重命名）Adobe Illustrator 首选项文件。具体操作请参阅本书"前言"部分中的"还原默认首选项"。

2 打开 Adobe Illustrator。

3 选择"文件">"打开"，打开"Lessons">"Lesson08"文件夹中的"L8_end1.ai"文件，查看图稿的最终版本，如图 8-1 所示。

4 选择"视图">"全部适合窗口大小"。您可以使文件保持打开状态以供参考，也可以选择"文件">"关闭"，将其关闭。

5 选择"文件">"打开"，在"打开"对话框中定位到"Lessons">"Lesson08"文件夹，然后在您的硬盘中选择"L8_start1.ai"文件，单击"打开"按钮，打开文件。

该文件包含了图稿所有的部件，只需要再次上色，如图 8-2 所示。

图8-1

图8-2

6 选择"视图">"全部适合窗口大小"。

7 选择"文件">"存储为"，在"存储为"对话框中，定位到"Lesson08"文件夹，并将其命名为"Festival. ai"。从"格式"菜单中选择"Adobe Illustrator（ai）"（macOS）或从"保存类型"菜单中选择"Adobe Illustrator（*.AI）"（Windows），然后单击"保存"按钮。

8 在"Illustrator 选项"对话框中，将选项保持为默认设置，然后单击"确定"按钮。

9 选择"窗口">"工作区">"重置基本功能"。

8.2　了解颜色模式

在 Adobe Illustrator 中，有多种方法可以将颜色应用到您的图稿中。在使用颜色时，您需要考虑将在哪种媒介中发布图稿，比如是"打印"还是"Web"。您创建的颜色需要适合相应的媒介的要求，这通常要求您使用正确的颜色模式和颜色定义。下面将介绍"颜色模式"。

在创建一个新文档之前，您应该确定作品应该使用哪种"颜色模式"："CMYK 颜色"还是"RGB 颜色"。

- CMYK 颜色——青色、洋红色、黄色和黑色，是四色印刷中使用的油墨颜色。这 4 种颜色以点的形式组合和重叠，创造出大量其他颜色。
- RGB 颜色——红色、绿色和蓝色的光以不同方式叠加在一起合成一系列颜色。如果图稿需要在屏幕上演示，在互联网或移动应用程序中使用，请选择此模式。

 提示　要了解有关颜色和图形的详细信息，请在"Illustrator 帮助"（"帮助" > "Illustrator 帮助"）中搜索"关于颜色"。

当您选择"文件" > "新建"创建新文档时，每个新建文档预设（如"打印"或"Web"）都有一个特定的颜色模式。例如，"打印"配置文件使用"CMYK 颜色"，如图 8-3 所示。您可以通过从"颜色模式"菜单选择不同的选项来更改颜色模式。

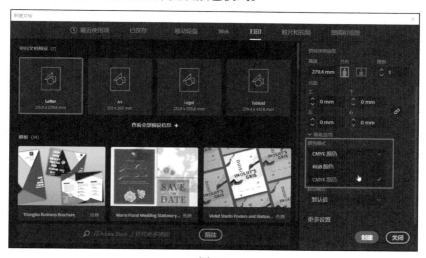

图8-3

 注意　您在"新建文档"对话框中看到的预设模板可能与图 8-3 不一样，但这没关系。

一旦选择了一种颜色模式，文档就将以该颜色模式显示和创建颜色。创建文档后，可以选择"文件" > "文档颜色模式"，然后从菜单中选择"CMYK 颜色"或"RGB 颜色"，从而更改文档的颜色模式。

8.3 使用颜色

在本节中，您将学习在 Illustrator 中使用面板和工具为对象着色（也称为上色）的常用方法，如"属性"面板、"色板"面板、"颜色参考"面板、拾色器和工具栏中的上色选项。

在前面的课程中，您了解了 Illustrator 中的对象可以有填色、描边属性或两者兼而有之。请注意工具栏底部的"填色"框和"描边"框，"填色"框是白色的（本例），而"描边"框为黑色，如图 8-4 所示。如果您单击其中一个框，单击的框（已选中）将位于另一个框的前面。选择一种颜色后，它将应用于所选对象的填色或描边。当您对 Illustrator 有了一定了解时，您将在其他许多地方看到这些"填色"框和"描边"框，如"属性"面板、"色板"面板等。

图8-4

> **Ai** **注意** 您看到的工具栏可能是一列，具体取决于屏幕的分辨率。

正如本节所述，Illustrator 提供了很多方法来让您获取所需的颜色。您可以先将现有颜色应用到形状，然后通过一些方法来创建和应用颜色。

8.3.1 应用现有颜色

> **Ai** **注意** 在本课中，您将在颜色模式为"CMYK 颜色"的文档中操作。这意味着，您创建的颜色默认将由青色、洋红色、黄色和黑色组成。

Illustrator 中的每个新建文档都有其默认的一系列颜色，可供您在"色板"面板中以色板的形式应用到图稿中。您要学习的第一种上色方法就是将现有颜色应用到形状。

1   如果您未关闭"L8_end1.ai"文档，请单击文档窗口顶部的"Festival. ai"文档选项卡。从文档窗口左下角的"画板导航"菜单中选择"1 Festival Sign"（如果还没有选中的话），然后选择"视图">"画板适合窗口大小"。

2   使用"选择工具" ▶，单击红色吉他形状，将其选中。

3   单击右侧"属性"面板中的"填色"框■以弹出面板。如果尚未选中面板中的"色板"按钮 ■，请单击该按钮显示默认色板（颜色）。当您将指针移动到任意色板上时，提示标签会显示每个色板的名称。单击名为"Orange"的橙色色板来更改所选图稿的填充颜色，如图 8-5 所示。

图8-5

4   按 Esc 键隐藏弹出的"色板"面板。

8.3.2 创建自定义颜色

在 Illustrator 中,您有很多方法可以创建自定义颜色。使用"颜色"面板("窗口 > 颜色")或"颜色混合器"(您将在本节中学习该功能的更多内容),您可以将创建的自定义颜色应用于对象的填色和描边,还可以使用不同的颜色模式(例如"CMYK 颜色")编辑和混合颜色。"颜色"面板和"颜色混合器"会显示所选内容的当前填色和描边色,您可以直观地从面板底部的色谱条中选择一种颜色,也可以以各种方式混合自己的颜色。接下来,您将使用"颜色混合器"创建自定义颜色。

1 使用"选择工具" ▶,单击选择吉他上的灰色形状,如图 8-6 所示。

2 单击右侧"属性"面板中的"填色"框 ▣ 以弹出面板,在弹出的面板中单击"颜色混合器"选项 ◑。

3 在色谱的黄橙色部分单击选取一种黄橙色,并将其应用于"填色",如图 8-7 所示。

图8-6

图8-7

由于色谱条很小,您可能很难获得与书中相同的颜色。没关系,稍后您就可以编辑颜色让它与本书完全一致。

如果以这种方式创建颜色时选择了图稿,则会自动应用该颜色到图稿。

 提示 若要放大色谱,可以打开"颜色"面板("窗口" > "颜色")并按住鼠标左键向下拖动面板底边。

4 在"颜色混合器"面板中的"CMYK"字段中输入以下值"C=3%""M=2%""Y=98%""K=0"。这将确保我们使用相同的黄色,如图 8-8 所示。
在"颜色混合器"面板中创建的颜色仅保存在所选图稿的填色或描边中。如果您想轻松地在本文档的其他位置重复使用您创建的颜色,可以将其保存在"色板"面板中,这是您接下来要做的。

提示 每个"CMYK"值都显示为百分数的形式。

图8-8

8.3.3 将颜色储存为色板

您可以为文档中不同类型的颜色和图案命名并将其保存为色板，以便稍后应用和编辑它们。"色板"面板按创建顺序列出色板，但您可以根据需要重新排序或编组色板。如前所述，所有文档都以默认的色板开始。默认情况下，您在"色板"面板中保存或编辑的任何颜色仅适用于当前文档，因为每个文档都有自己的自定义色板。

接下来，您会将上一节创建的颜色保存为色板，以便可以轻松地重复使用它。

1 选中"选择工具" ▶ 后，单击选中黑色圆形。
2 单击右侧"属性"面板中的"填色"框■，弹出面板。选择"颜色混合器"选项■后，将"CMYK"对应值更改为"C=0%""M=84%""Y=100%""K=0"，如图 8-9 所示。按回车键确认更改颜色。图 8-9 是没有按回车键确认"K"值（黑色）修改的图形。

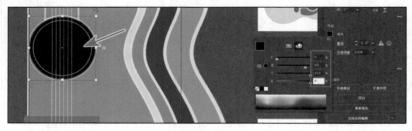

图8-9

现在您将保存颜色为色板。

3 如果"颜色"面板没有显示在工作区，则再次单击"填色"框。
4 单击面板顶部的"色板"按钮■查看色板。单击面板底部的"新建色板"按钮■，根据所选图稿的填色创建新色板，如图 8-10 所示。

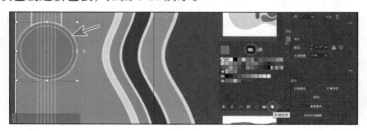

图8-10

5　在弹出的"新建色板"对话框中，更改以下选项。

- 色板名称：Dark Orange。
- "添加到我的库"复选框：取消选中（在第14课中，您将了解有关"库"的更多信息），如图8-11所示。

请注意，此处默认会选中"全局色"复选框，即您创建的新色板默认是全局色。这意味着，如果您以后编辑此色板，则无论是否选中图稿，应用此色板的位置都会自动更新。

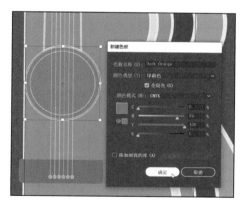

提示　命名颜色是一种艺术。您可以根据它们的数值（C=45……）、外观（Light Orange）、用途（如"文本标题"）或其他属性来命名。

6　单击"确定"按钮，保存色板。

请注意，新建的"Dark Orange"色板在"色板"面板中高亮显示（它周围有一个白色边框），这是因为它已自动应用于所选形状。这里还要注意色板右下角的白色小三角形，如图8-12所示，这表明它是一个全局色板。

保持选中橙色圆形和显示面板，以便下一节使用。

注意　如果"色板"面板隐藏了，请单击"属性"面板中的"填色"框。

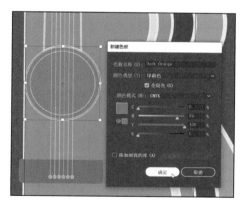

图8-11

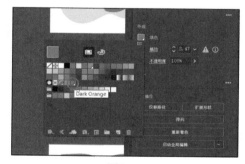

图8-12

8.3.4　创建色板副本

创建颜色并将其保存为色板的一种简单方法是制作色板的副本并编辑该副本。接下来，您将通过复制和编辑名为"Dark Orange"的色板来创建另一个色板。

1　仍选中此圆形和显示"色板"面板，从面板菜单■中选择"复制色板"，如图8-13所示。这将创建所选"Dark Orange"色板的副本。新色板现在也应用于所选圆形。

2　单击将原始的"Dark Orange"色板应用于所选圆形，如图8-14所示。

3　选中"选择工具"▶，单击吉他上的浅蓝色形状，将其选中。

图8-13

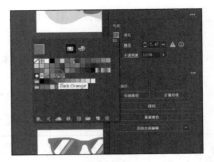

图8-14

4　单击"属性"面板中的"填色"框▇（如果"色板"面板没有显示），然后双击"Dark Orange 副本"色板，将其应用到所选图稿并编辑该色板，如图 8-15 所示。

> **提示**　在"色板选项"对话框中，"颜色模式"菜单允许您更改指定颜色的颜色模式为"RGB""CMYK""灰度"或其他模式。

5　在"色板选项"对话框中，将名称更改为"Mustard"，将 CMYK 值更改为"C=11%""M=23%""Y=100%""K=0"，并确保取消选中"添加到我的库"复选框，选中"预览"复选框，然后单击"确定"按钮。如图 8-16 所示。

确保新的"Mustard"色板应用于所选形状。

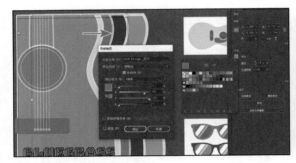

图8-15

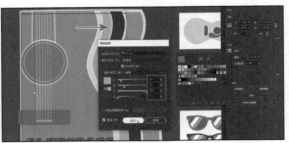

图8-16

8.3.5　编辑全局色板

接下来，您将了解全局色。当您编辑全局色时，无论是否选中相应图稿，都会更新应用了该色板的所有图稿的颜色。

1　选中"选择工具"▶，单击选中"BLUEGRASS FESTIVAL"文本上方的灰色形状。按住 Shift 键，然后单击选中吉他上的绿色形状，如图 8-17 所示。

您将应用"Dark Orange"色板到这两个形状并改变它们的颜色。

2　单击"属性"面板中的"填色"框▇，然后在弹出的面板顶部选择"色板"选项▇（如有必要的话）以查看色板。单击名为"Dark Orange"的色板，应用该色板。

3 双击"Dark Orange"色板。在"色板选项"对话框中，将"M"值（洋红色）更改为"64"，选中"预览"复选框以查看更改（您可能需要在对话框另一个区域中单击来查看更改），然后单击"确定"按钮，如图 8-18 所示。

应用了全局色的所有形状都将更新其颜色，即使它们未被选中（圆形）也是如此。

图8-17

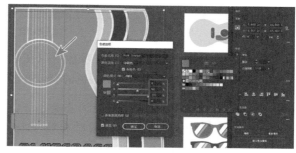

图8-18

8.3.6 编辑非全局色板

默认情况下，每个 Illustrator 文档自带的颜色色板不会保存为全局色板。因此，当您编辑其中一个颜色色板时，则只有选中了该图稿，才会更新其使用的颜色。接下来，您将应用和编辑未保存为全局色板的色板。

1 选中"选择工具" ▶后，单击选中最先应用橙色填色的吉他上的形状，如图 8-19 箭头处所示。
2 单击"属性"面板中的"填色"框 ▇，您将看到名为"Orange"的色板应用于填色，如图 8-19 所示。这是您在本课开始时应用于内容的第一种颜色。

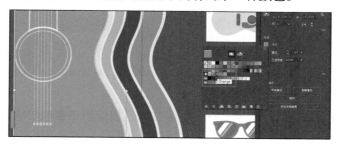

图8-19

可以看出，您应用的橙色色板不是全局色板，因为在"色板"面板中该色板的右下角没有白色小三角形。

3 按 Esc 键隐藏"色板"面板。
4 选择"选择">"取消选择"。
5 选择"窗口">"色板"，将"色板"面板作为单独的面板打开。双击名为"Orange"的色板对其进行编辑，如图 8-20 所示。

图8-20

"属性"面板中的大多数格式选项也可以在单独的面板中找到。例如，打开"色板"面板是一种无须选择图稿即可使用颜色的有效方法。

> **Ai** **注意** 您可以将现有色板更改为全局色板，但这需要更多的操作。您需要在编辑色板之前选中应用了该色板的所有形状，使其成为全局形状，然后再编辑色板；或者先编辑色板使其成为全局色板，然后将色板重新应用到所有形状。

6 在"色板选项"对话框中，将名称更改为"Guitar Orange"，并将值更改为"C= 0%" "M=29%" "Y=100%" "K=0"，选中"全局色"复选框以确保它是全局色板，然后选中"预览"复选框，如图 8-21 所示。

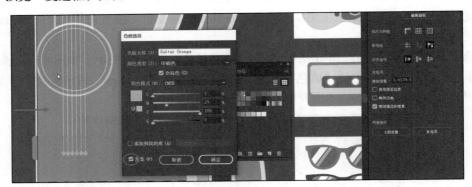

图8-21

请注意，吉他的颜色不会改变。这是因为在将色板应用于吉他形状时，未在"色板选项"对话框中选中"全局色"对话框。更改非全局色板后，您需要将其重新应用于编辑时未选中的图稿。

7 单击"确定"按钮。

8 单击"色板"面板组顶部的"×"按钮将其关闭。

9 再次单击选中用橙色填色的吉他形状。单击"属性"面板中的"填色"框■，并注意将要应用的不再是橙色色板。

10 单击第 6 步编辑的"Guitar Orange"色板，再次应用它，如图 8-22 所示。

11 选择"选择" > "取消选择"，再次选择"文件" > "存储"。

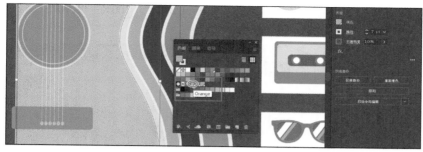

图8-22

8.3.7 使用拾色器创建颜色

另一种创建颜色的方法是使用"拾色器"，您可以使用拾色器在色域、色谱带中直接输入颜色值，或者单击色板来选择颜色。在 Adobe 的其他软件（如 InDesign 和 Photoshop）中也可以找到"拾色器"。接下来，您将使用"拾色器"创建一种颜色，然后在"色板"面板中将该颜色存储为色板。

1 选中"选择工具" ▶，单击吉他上的蓝色形状，如图 8-23 左图所示。

2 双击文档左侧工具栏底部的蓝色"填色"框，打开"拾色器"对话框，如图 8-23 右图所示。在"拾色器"对话框中，较大的色域显示饱和度（水平方向）和亮度（垂直方向），而色域右侧的色谱条则显示色相，如图 8-24 所示。

3 在"拾色器"对话框中，按住鼠标左键向上或向下拖动色谱条滑块，更改颜色范围。确保滑块最终在浅橙色处，如图 8-24 所示。

图8-23

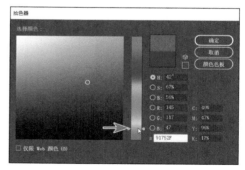

图8-24

4 在色域中单击并按住鼠标左键拖动，如图 8-25 圆圈处所示。当您左右拖动时，可以调整饱和度；而上下拖动时，可以调整亮度。您单击（此处先不要单击）"确定"按钮时创建的颜色将显示在"新建颜色"矩形中，如图 8-25 箭头处所示。

5　在 CMYK 色域中，将值更改为"C=8%""M=50%""Y=100%""K=0"，如图 8-26 所示。

图8-25

图8-26

 注意　"拾色器"中的"颜色色板"按钮可显示"色板"面板中的色板和默认色标簿（Illustrator 附带的一组色板），它允许您从中选择一种颜色。您可以单击"颜色模式"按钮返回到色谱条和色域，然后继续编辑"色板"值。

6　单击"确定"按钮，您会看到橙色应用于形状填色。

7　单击"属性"面板中的"填色"框，显示"色板"面板。单击面板底部的"新建色板"按钮，并更改"新建色板"对话框中的以下选项。

* 色板名称：Burnt Orange。
* "全局色"复选框：选中（默认设置）。
* "添加到我的库"复选框：不选中。

8　单击"确定"按钮，可以看到颜色在"色板"面板中显示为新色板，如图 8-27 所示。

9　选择"选择">"取消选择"。

10　选择"文件">"存储"。

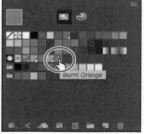

图8-27

8.3.8　使用 Illustrator 色板库

色板库是预设的颜色组（如 PANTONE、TOYO）和主题库（如"大地色调""冰淇淋"）的集合。当您打开 Illustrator 默认色板库时，这些色板库将显示为独立面板，并且不能被编辑。将色板库中的颜色应用于图稿时，该颜色将随当前文档一起保存在"色板"面板中。

 注意　在实际工作中您有时可能需要同时使用印刷色（通常是 CMYK）和专色（例如 PANTONE）。例如，您可能需要在一份用印刷色打印照片的年度报告上，使用某种专色来打印公司徽标。您也可能需要用一种专色在某印刷色作业上涂一层薄膜。在这两种情况下，您的打印工作将需要使用总共 5 种油墨——4 种标准印刷色油墨和 1 种专色油墨。

注意 如果在"PANTONE"库面板打开的情况下退出并重启 Illustrator，则该面板不会重新打开。若要使 Illustrator 重启后自动打开该面板，请单击"PANTONE+ Solid Coated"面板菜单按钮▤并在其中选择"保持"。

接下来，您将使用"PANTONE+"库创建一种专色，该库中的颜色需要使用专色油墨进行打印。然后，您将此颜色应用于图稿。在 Illustrator 中定义的颜色在后期被打印时，颜色外观可能会有所不同。因此，大多数打印机和设计人员使用如 PANTONE 系统这样的颜色匹配系统，来保持颜色的一致性，并在某些情况下为专色提供更多种颜色。

8.3.9 添加专色

在本节中，您将学习如何打开颜色库（如 PANTONE 颜色系统），以及如何将 PANTONE 配色系统（PANTONE MATCHING SYSTEM，PMS）颜色添加到"色板"面板中。

1 选择"窗口">"色板库">"色标簿">"PANTONE+ Solid Coated"，如图 8-28 所示。"PANTONE + Solid Coated"库出现在独立面板中。

2 在查找字段中输入"137"。随着输入，Illustrator 会对列表进行筛选，显示越来越少的色板。

3 单击"查找"字段下方的色板"PANTONE 137 C"，将其添加到此文档的"色板"面板中，如图 8-29 所示。单击"查找"字段右侧的"×"按钮停止筛选。

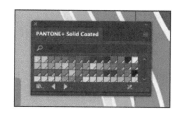

图8-28

图8-29

 注意 保存时，您可能会看到一个关于点颜色和透明度的警告对话框。

4 关闭"PANTONE+ Solid Coated"面板。

5 从文档窗口左下角的"画板导航"菜单中选择"2 Pantone"画板。
画板将适合文档窗口大小，如果没有，您可以选择"窗口">"视图">"画板适合窗口大小"。

6 选中"选择工具"▶，单击选中小吉他上的浅灰色形状。

7 单击"属性"面板中的"填色"框▢，显示色板，然后选择"PANTONE 137 C"色板并填色到所选形状，如图 8-30 所示。

8 选择"选择">"取消选择"，然后选择"文件">"存储"。

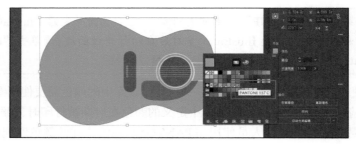

图8-30

8.3.10　创建和保存淡色

　　淡色是一种颜色与白色的混合，颜色更浅。您可以用全局印刷色（如CMYK）或专色创建淡色。接下来，您将创建添加到文档中的PANTONE 色板的一种淡色。

1 选中"选择工具"▶，按住 Shift 键，然后单击小吉他形状上两个深灰色形状，将它们都选中。

2 单击右侧"属性"面板中的"填色"框▇，在弹出的面板中选择"PANTONE 137 C"色板填色到这两个形状，如图 8-31 所示。

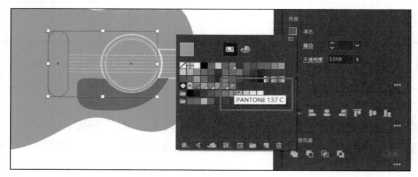

图8-31

3 选择面板顶部的"颜色混合器"选项▣。

　　在 8.3.2 节中，您使用"颜色混合器"中的"CMYK"滑块创建了一种自定义颜色。现在，您会看到一个标记为"T"的单色滑块，用于调整淡色。

使用"颜色混合器"设置全局色板时，您将创建一个淡色，而不是混合"CMYK"值的颜色。

4　向左拖动色调滑块，将"T"值更改为"70%"，如图 8-32 所示。

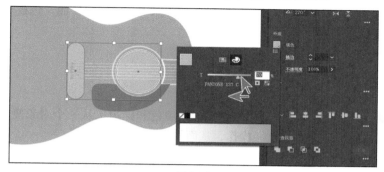

图8-32

5　单击面板顶部的"色板"按钮，显示"色板"面板。单击面板底部的"新建色板"按钮，保存该淡色，如图 8-33 左图所示。

6　将鼠标指针移动到色板图标上，将显示其名称，即"PANTONE 137 C 70%"，如图 8-33 右图所示。

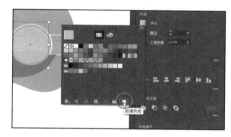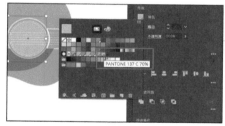

图8-33

7　选择"选择">"取消选择"，然后选择"文件">"存储"。

8.3.11　转换颜色

Illustrator 提供了"编辑颜色"命令（"编辑">"编辑颜色"），您可以通过该命令为所选图稿转换颜色模式、混合颜色、反相颜色。接下来，您将使用 CMYK 颜色（而不是 PANTONE 颜色）来转换应用了"PANTONE 137 C"色板的吉他形状的颜色。

 注意　当前"编辑颜色"菜单中的"转换为 RGB"是灰色的（您无法选择它）。这是因为文档的颜色模式是"CMYK 颜色"。若要使用此方法将所选内容的颜色转换为 RGB 模式，请先选择"文件">"文档颜色模式">"RGB 颜色"。

1　选择"选择">"现用画板上的全部对象"，选择画板上的所有图稿，包括应用了 PANTONE 颜色和淡色的形状。

2 选择 "编辑" > "编辑颜色" > "转换为 CMYK"。

选定形状中应用的 PANTONE 颜色现在都是 CMYK 颜色了。使用这种方式将颜色转换为 CMYK 颜色并不会影响 "色板" 面板中的 PANTONE 颜色（本例中为 PANTONE 137 C 和其淡色），因为它只是将选定的图稿颜色转换为 CMYK 颜色，而 "色板" 面板中的色板不再应用于图稿。

3 选择 "选择" > "取消选择"。

8.3.12 复制外观属性

有时，您可能只需将外观属性（如文本格式、填色和描边）从一个对象复制到另一个对象。您可以使用 "吸管工具" 来完成这一操作，从而加快您的创作过程。

1 选中 "选择工具" ，选中小吉他上粉红色的形状。

2 在左侧的工具栏中选中 "吸管工具"，单击应用了淡色的圆形，如图 8-34 所示。

> **Ai** | **提示** 在取样之前，您可以双击工具栏中的 "吸管工具"，更改吸管拾色和应用的属性。

粉红色的形状现在具有圆形形状的属性了，还拥有了一个 2 pt 的白色描边。

3 单击 "属性" 面板中的 "描边颜色" ，并将颜色更改为 "无" ，如图 8-35 所示。

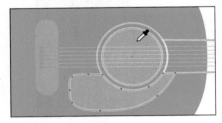

图8-34

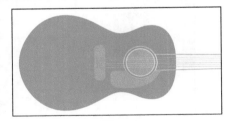

图8-35

4 在工具栏中选择 "选择工具"。

5 选择 "选择" > "取消选择"，然后选择 "文件" > "存储"。

8.3.13 创建颜色组

在 Illustrator 中，您可以把颜色存储到颜色组中，颜色组由 "色板" 面板中的一系列相关色板组成。根据用途（如编组徽标的所有颜色）来组织颜色，有助于组织和管理文档。颜色组不能包含图案、渐变、"无" 颜色或 "注册" 颜色。接下来，您将为您已经创建的色板创建一个颜色组，使它们具有条理性。

1 选择 "窗口" > "色板"，打开 "色板" 面板。按住鼠标左键向下拖动 "色板" 面板底边，以查看更多内容。

2 在 "色板" 面板中，单击选择名为 "Guitar Orange" 的色板，按住 Shift 键，单击名为 "PANTONE 137 C" 的色板，这将选择 5 种色板，如图 8-36 所示。

3 单击"色板"面板底部的"新建颜色组"按钮，如图 8-37 所示。在"新建颜色组"对话框中将"名称"更改为"Guitar colors"，然后单击"确定"按钮，保存颜色组。

> **Ai** **注意**　如果在单击"新建颜色组"按钮时还选中了图稿中的对象，则会出现一个扩展的"新建颜色组"对话框。在此对话框中，您可以根据图稿中的颜色创建颜色组，并将颜色转换为全局色。

4 选中"选择工具"▶后，单击"色板"面板的空白区域，取消选择面板中的所有内容，如图 8-38 所示。

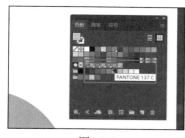

图8-36

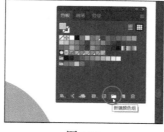

图8-37

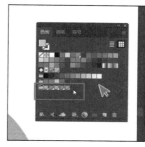

图8-38

通过双击颜色组中的色板并编辑"色板选项"对话框中的值，您仍然可以单独编辑颜色组中的每个色板。

5 按住鼠标左键，将颜色组中名为"PANTONE 137 C"的色板拖到"PANTONE 137 C 70%"色板的右侧，如图 8-39 所示。使"色板"面板保持打开。

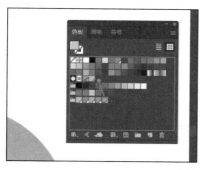

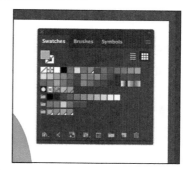

图8-39

您可以按住鼠标左键将颜色拖入或拖出颜色组。将颜色拖入颜色组时，请确保在该组中的色板右侧出现了一条短粗线。否则，您可能会将色板拖到错误的位置。您可以随时选择"编辑">"还原移动色板"，然后重试。

> **Ai** **提示**　除了将颜色拖入或拖出颜色组外，您还可以重命名颜色组、重新排序组内的颜色等。

8.3.14 使用颜色参考面板激发创作灵感

"颜色参考"面板可以在您创作图稿时为您提供色彩灵感。您可以使用该面板来选取颜色淡色、近似色等，然后将这些颜色直接应用于图稿，再使用多种方法对这些颜色进行编辑，或将它们保存为"色板"面板中的一个颜色组。

接下来，您将使用"颜色参考"面板从图稿中选择不同的颜色，然后将这些颜色存储为"色板"面板中的颜色组。

1   从文档窗口左下角的"画板导航"菜单中选择"3 Cassette"画板，如图 8-40 所示。
2   选中"选择工具" ▶，单击深绿色圆角矩形。确保在工具栏的底部选中了"填色"框。
3   选择"窗口">"颜色参考"，打开"颜色参考"面板。
4   单击"将基色设置为当前颜色"按钮▤，如图 8-41 所示。
    这会让"颜色参考"面板根据"将基色设置为当前颜色"按钮的颜色来推荐颜色。您在"颜色参考"面板中看到的颜色可能与您在图 8-41 中看到的有一定差异，这没有关系。
    接下来，您将使用"协调规则"来创建颜色。

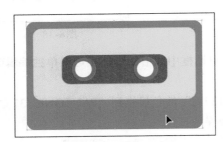

图8-40

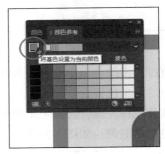

图8-41

5   从"颜色参考"面板中的"协调规则"菜单中选择"近似色"，如图 8-42 所示。
    这在基色（此处为深绿色）的右侧创建了一组颜色，并在面板中显示了这组基色的一系列暗色和淡色，如图 8-43 所示。这里有很多协调规则可供选择，每种规则都会根据您需要的颜色生成配色方案。设置基色（此处为深绿色）是生成配色方案的基础。

 提示　您还可以通过单击"颜色参考"面板菜单按钮▤，选择不同的颜色变体（不同于默认的"显示淡色/暗色"），例如"显示冷色/暖色"。

---

6   单击"颜色参考"面板底部的"将颜色保存到'色板'面板"按钮▦，将"色板"面板中的这些基色（顶部的 5 种颜色）存储为一个颜色组，如图 8-44 所示。使面板保持打开。
7   单击"颜色参考"面板顶部的"×"按针关闭该面板。
    此时在"色板"面板中，您应该会看到添加了一个新组，如图 8-45 所示。您可能需要在面板中向下滚动进度条来查看您新创建的颜色组。

图8-42

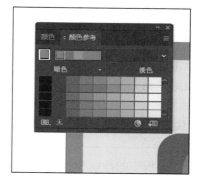

图8-43

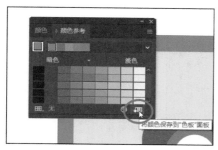

图8-44

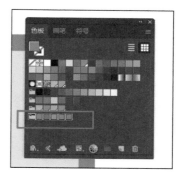

图8-45

8 选择"选择">"取消选择"。

   接下来，您将使用第 6 步创建的颜色组来创建另外的颜色组。

9 关闭"色板"面板组。

使用Adobe颜色主题

　　Adobe"颜色主题"面板（"窗口">"颜色主题"）将显示您创建的颜色主题，并将其同步到Adobe Color CC网站上。您在Illustrator中使用的Adobe ID将自动登录到Adobe Color CC网站，并且"Adobe 颜色主题"面板将显示最新的Adobe颜色主题。

Ai | **注意**　关于使用"颜色主题"面板的更多详细信息，请在"Illustrator 帮助"（"帮助">"Illustrator 帮助"）中搜索"颜色主题"。

8.3.15　从颜色参考面板应用颜色

在"颜色参考"面板中创建颜色之后，您可以单击应用"颜色参考"面板中的某种颜色，也可以应用以颜色组形式保存在"色板"面板中的颜色。接下来，您将从颜色组应用颜色到磁带图稿，并编辑该颜色。

1　单击选中磁带上的黄色形状。

2　单击"属性"面板中的"填色"框□，在您上一节保存的颜色组中单击应用浅绿色色板，如图 8-46 所示。

Ai | **注意**　您看到的颜色可能有一点差异，但没关系。

3　双击面板中的浅绿色色板，以编辑该色板。在"色板选项"对话框中，选中"全局色"复选框。如果您在此处更改色板属性，图稿就会自动更新。将"C"（青色）值改为"0"，如图 8-47 所示。

4　单击"确定"按钮，接受修改。

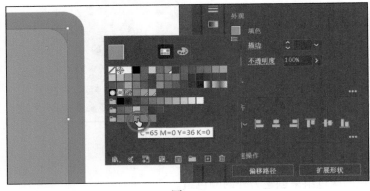

图8-46　　　　　　　　　　　　　　图8-47

8.3.16　使用重新着色图稿编辑图稿颜色

您可以使用"重新着色图稿"⊙编辑所选图稿的颜色。这个工具在图稿不能使用全局色板的时候特别有用。如果不在图稿中使用全局色，更新一系列颜色可能需要很多时间。而使用"重新着色图稿"，您可以使用编辑颜色、改变颜色数量、将已有颜色匹配为新颜色，以及其他更多功能。

接下来，您将编辑由非全局色构成的磁带图稿的颜色。

1　选择"选择" > "现用画板上的全部对象"，选中所有的图稿。

2　单击"属性"面板中的"重新着色"按钮，如图 8-48 所示，打开"重新着色图稿"对话框。

Ai | **提示**　您也可以选择"编辑" > "编辑颜色" > "重新着色图稿"。

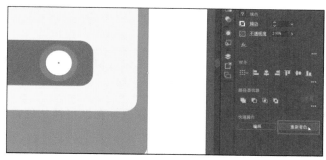

图8-48

在"重新着色图稿"对话框中，您可以编辑、重新指定颜色或减少所选图稿中的颜色种类，还可以创建和编辑颜色组。

"色板"面板中的所有颜色组都显示在"重新着色图稿"对话框的右侧（在"颜色组"存储区域中）。在"重新着色图稿"对话框中，您可以将这些颜色组中的颜色应用于所选图稿。在本节中，您只需要编辑所选图稿中的颜色。

3 在"重新着色图稿"对话框中，单击对话框右侧的"隐藏颜色组存储区"按钮◀，如图 8-49 所示，暂时隐藏颜色组。

4 单击"编辑"选项卡，使用色轮编辑图稿中的颜色。

您将在对话框中间看到色轮，选中的磁带图稿中所用的颜色都在色轮中以小圆圈进行了标识，这些小圆圈称为"色标"，如图 8-49 所示。您可以单独或一起编辑这些颜色，编辑的方式可以是拖动色标或输入精确的颜色值（在对话框底部）。

5 确保禁用"链接协调颜色"选项，以便您可以独立编辑各个颜色。此时"链接协调颜色"图标应该是 🔓，而不是 🔒，色标（圆）与色轮中心之间的直线应该是虚线，如图 8-50 所示。

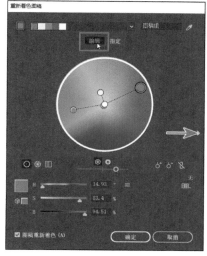

图8-49

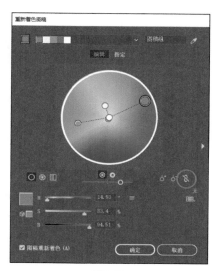

图8-50

如果"链接协调颜色"启用，您在编辑某个颜色的时候，其他颜色也会相对您编辑的颜色而变化。

6 单击选中黄色色标（色轮中的小圆圈），按住鼠标左键将其从色轮中心拖到浅橙色区域，以改变颜色，如图 8-51 所示。

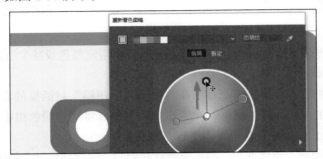

图8-51

如果编辑颜色的时候出错，您需要重新开始。您可以单击"重新着色图稿"对话框右上角的"从所选图稿获取颜色"按钮，将色标重设为图稿的初始颜色。

7 单击选中色轮左边（图 8-52 红圈所示）的绿色色标（小圆圈），这一次您将通过编辑实际颜色值来改变颜色。

8 单击色轮下方"H""S""B"值右边的"颜色模式"按钮▤，从菜单中选择"CMYK"，如图 8-52 所示。

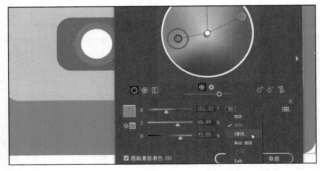

图8-52

9 将"Y"（黄色）值改为"15"，如图 8-53 所示。

注意，此时绿色色标在色轮中发生了移动，并且是唯一移动的色标。这是因为禁用了"链接协调颜色"▨。

10 在"重新着色图稿"对话框中单击"确定"按钮。

11 选择"选择">"取消选择"，然后选择"文件">"存储"。

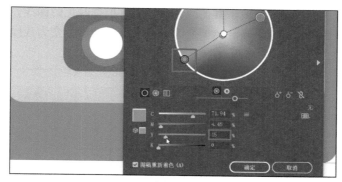

图8-53

8.3.17 改变图稿颜色数量

在上一节中，您学习了在"重新着色图稿"对话框中编辑选中的图稿的颜色。您也可以减少图稿如 logo 的颜色数量，比如采用带淡色的 CMYK 单色或 PANTONE 色来替代图稿的 CMYK 色。您还可以在"重新着色图稿"对话框中，从现有颜色组"指定"颜色到您的图稿。接下来，您将为太阳镜图稿重新着色。

1 从文档窗口左下角的"画板导航"菜单中选择"4 Sunglasses"画板。

2 选中"选择工具"▶后，单击选中绿色太阳镜，如图 8-54 所示。

图8-54

3 单击"属性"面板中的"重新着色"按钮，打开"重新着色图稿"对话框。确保在"重新着色图稿"对话框的顶部选中了"指定"选项。

> **Ai** | **注意**　在指定颜色数时，白色、黑色和灰色通常会被保留，或保持不变。

所选太阳镜图稿中的颜色列在"当前颜色（4）"列中，而且是按"色相-正向"排序。这意味着它们是按照色轮的顺序从上到下排列的：红色、橙色、黄色、绿色、蓝色、靛蓝和紫色。"当前颜色（4）"列显示了太阳镜图稿的原始颜色，而每一种颜色右边的箭头指向"新建"列，"新建"列中显示的是现在太阳镜图稿的颜色。

4 在"颜色数"菜单中选择"1"，使颜色数强制匹配主要颜色绿色，如图 8-55 所示。

图8-55

在本例这种情况下，绿色变成了其他颜色的源色。根据颜色的深浅，其他每种颜色都将变成绿色。最暗的颜色（原来是红色）变为绿色，而其他颜色变为浅绿色或绿色的淡色。如图 8-56 所示。

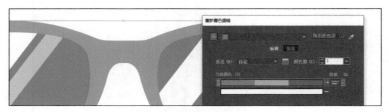

图8-56

您还可以使用对话框底部的 CMYK 滑块来编辑颜色，将绿色变成的其他颜色做进一步修改。在这种情况下，您将选择一个已经创建好的色板。

5　双击"新建"列中的绿色，打开"拾色器"对话框，如图 8-57 所示。

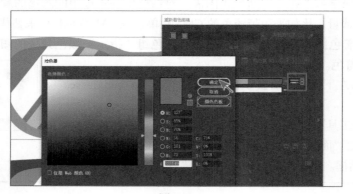

图8-57

6　在"拾色器"对话框中，单击"颜色色板"按钮，查看"色板"面板中创建的颜色色板。按住鼠标左键向下拉动进度条，找到"Burnt Orange"颜色并选中它。单击"确定"按钮，应用所选颜色。如图 8-58 所示。

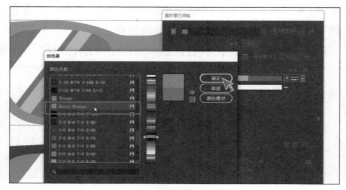

图8-58

7　单击"确定"按钮，关闭"重新着色图稿"对话框。此时太阳镜的颜色如图 8-59 所示。

8　选择"选择">"取消选择"，然后选择"文件">"存储"。

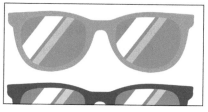

图8-59

在"重新着色图稿"对话框中，可以对选定的图稿颜色进行编辑，包括减少颜色数量、应用其他颜色（如 PANTONE 颜色）等。如果"颜色参考"面板组和"色板"面板组仍处于打开状态，则您现在可以关闭它们。

9　选择"文件">"关闭"。

8.4　使用实时上色工具

"实时上色工具"能够自动检测和纠正可能影响填色和描边应用的间隙，直观地给矢量图形上色。"实时上色工具"中的路径将图稿表面划分为可以上色的不同区域，而且无论该区域是由一条路径构成的，还是由多条路径段构成的，都可以上色。使用"实时上色工具"给对象上色，就像填充色标簿或使用水彩给草图上色一样，并不会编辑基础形状。

 注意　要了解更多关于"实时上色工具"及其功能的信息，可以在"Illustrator 帮助"（"帮助">"Illustrator 帮助"）中搜索"实时上色"。

在本节中，您将绘制一些图稿，然后使用"实时上色工具"进行上色。

1　选择"文件">"打开"，然后打开"Lessons">"Lesson08"文件夹中的"L8_start2.ai"文件。

2　选择"文件">"存储为"，在"存储为"对话框中，定位到"Lexon08"文件夹，并将文档命名为"GeoDesign.ai"。从"格式"菜单中选择"Adobe Illustrator（ai）"（macOS）或从"保存类型"菜单中选择"Adobe Illustrator（*.AI）"（Windows），然后单击"保存"按钮。

3　在"Illustrator 选项"对话框中，保持选项为默认设置，然后单击"确定"按钮。

4　选择"视图">"全部适合窗口大小"。

5　单击选择左侧画板顶部的白色圆角正方形，如图 8-60所示。

6　按"Command++"（macOS）或"Ctrl++"（Windows）组合键，重复几次，放大视图。

7　选择"选择">"取消选择"。
您将绘制几条直线，方便使用"实时上色工具"以不同的颜色对标志进行上色。

8　从工具栏中的"矩形工具" ▢ 组中选中"直线段工具" ╱。

图8-60

9 按下 D 键，为您要绘制的线条设置默认的白色填色和黑色描边。

10 将鼠标指针移动到较小的黑色正方形的角上。按住鼠标左键向上拖动，将线条拉到较大的白色圆角正方形的角，如图 8-61 左图和中图所示。

11 对较小的黑色正方形的其他 3 个角重复此操作，如图 8-61 右图所示。

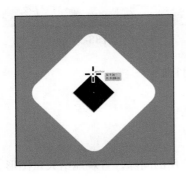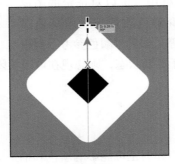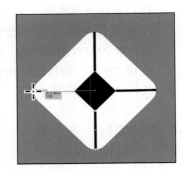

图8-61

8.4.1 创建实时上色组

接下来，您将把上一节创建的徽标图稿（白色圆角正方形加黑色正方形）转换为"实时上色组"。

1 选择"视图">"轮廓"，查看轮廓模式下的图稿。

2 选中"选择工具" ▶，并按住鼠标左键拖框选中徽标图稿，如图 8-62 所示。

3 选择"视图">"预览"（或者"GPU 预览"），查看所选中的图稿。

4 单击工具栏底部的"编辑工具栏"按钮 。在弹出的菜单中滚动下拉菜单，找到并按住鼠标左键拖动"实时上色工具" 到左边的工具栏中，如图 8-63 所示，将其添加到工具栏中。确保它在工具栏中被选中。

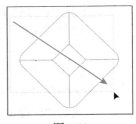

图8-62

Ai | **注意** 您可以按 Esc 键隐藏多余的工具菜单。

---

5 单击右侧"属性"面板中的"填色"框以弹出面板。选择面板顶部的"色板"选项 以查看色板。单击选中名为"Purple 1"的紫色色板。

6 选中"实时上色工具"后，将鼠标指针移到所选图稿中心较小的黑色正方形上 ，如图 8-64 所示，单击将所选形状转换为"实时上色组"，并用紫色填色此形状。

Ai | **提示** 您也可以通过选择"对象">"实时上色">"建立"将选定的图稿转换为一个"实时上色组"。

图8-63

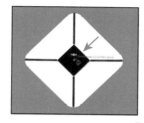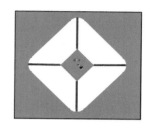

图8-64

您可以单击任何形状将其转换为"实时上色组"。您单击选中的形状将被填充当前所选的紫色。使用"实时上色工具"单击所选形状后，将创建一个"实时上色组"，您可以使用该工具对其上色。创建"实时上色组"后，路径被当作对象组，仍是可编辑的。移动路径或调整其形状后，颜色将自动重新应用到编辑后形成的新区域中。

8.4.2 使用实时上色工具进行绘制

把对象转换为"实时上色组"后，您可以使用多种方法对其上色，这是您接下来要执行的操作。

1 将鼠标指针移动到图 8-65 左图所示区域上。

将被上色的区域周围会出现一个红色高亮的边框，指针上方会出现 3 个色板标志。所选颜色"Purple 1"位于中间，"色板"面板中的两个相邻颜色则位于两侧。

2 按一次向右箭头键选中"Purple 2"色板（指针上方的 3 个色板标志会有所显示）。单击可将该颜色应用于该区域，如图 8-65 右图所示。

 注意 当您按箭头键更改颜色时，颜色将在"色板"面板中突出显示。您可以按向上或向下箭头键以及向右或向左箭头键，来选择要上色的新色板。

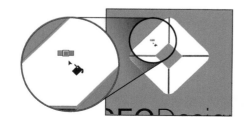

图8-65

3　按一次向右箭头键选中"Purple 3"色板（指针上方的 3 个色板标志会有所显示）。单击将
　　颜色应用于圆角正方形右上方区域，如 8-66 左图所示。

4　单击右侧"属性"面板中的"填色"框，单击选中名为"Purple 2"的色板。在圆角正方
　　形右下方的区域中单击，如图 8-66 中图所示。

图8-66

5　单击右侧"属性"面板中的"填色"框，然后单击选中名为"Purple 4"的色板。在圆角
　　正方形左下方区域单击，如图 8-66 右图所示。

　　默认情况下，您只能使用"实时上色工具" 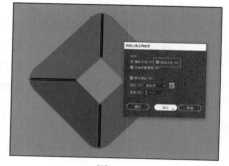 进行
　　填色。接下来，您将学习如何使用"实时上色工具"
　　绘制描边。

6　双击工具栏中的"实时上色工具"。这将打开"实
　　时上色工具选项"对话框。选中"描边上色"复选
　　框，然后单击"确定"按钮，如图 8-67 所示。

7　单击右侧"属性"面板中的"描边"框▣，如果尚
　　未选择描边颜色的话，请在弹出面板中选择"无"
　　▢。按 Esc 键隐藏面板。

图8-67

> **Ai** | **提示**　在工具栏中选择"实时上色工具"后，还可以单击"属性"面板顶部的
> "工具选项"按钮，打开"实时上色工具选项"对话框。

8　将鼠标指针移动到徽标图稿中间的任何黑色描边上，如图 8-68 左图所示。当指针变为 ↘
　　时，单击描边，删除描边颜色（通过应用"无"色板），如图 8-68 中图所示。对其他 3 个
　　描边执行相同的操作，如图 8-68 右图所示。

图8-68

9　选择"选择">"取消选择"，然后选择"文件">"存储"。

10　选择"视图">"画板适合窗口大小"。

8.4.3　修改实时上色组

当您建立"实时上色组"后，每个路径都处于可编辑状态。当您移动或调整路径时，以前应用的颜色并不像在自然媒介绘画或图像编辑软件中那样停留在原来的区域。相反，颜色会自动重新应用于由编辑后的路径形成的新区域。接下来，您将在"实时上色组"中编辑路径。

1　选中"选择工具" ▶。单击左侧画板背景中的浅紫色矩形形状。

2　选择"对象">"实时上色">"建立"。

3　选中"选择工具"，按住 Shift 键，单击穿过背景的紫色路径，同时选中这两个对象。

| Ai | **注意**　紫色路径是一条画得很大的线条。要选中它，您需要单击路径中央，而不仅是紫色区域的任何地方。 |

4　选择"对象">"实时上色">"合并"，将新的紫色路径添加到"实时上色组"，如图 8-69 所示。

5　在工具栏中选中"实时上色工具" 🖌。单击"属性"面板中的"填色"框，然后选择"白色"。将鼠标指针移动到紫色路径下方的浅紫色背景上，当您看到红色轮廓线时，单击将其上色，上色后颜色为白色，如图 8-70 所示。

图8-69

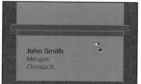

图8-70

6　选中"选择工具"，并在选中实时上色对象后，双击实时上色对象，进入隔离模式。

7　选中"直接选择工具"。将指针移动到紫色路径左边的锚点上，单击选中并按住鼠标左键向上拖动该锚点，重新调整该路径，如图 8-71 所示。
请注意，每次松开鼠标左键时，实时填色和描边都会发生改变。

8　选择"选择">"取消选择"，按 Esc 键退出隔离模式。

9　选择"文件">"存储"，然后选择"文件">"关闭"，如图 8-72 所示。

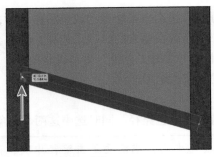

图8-71

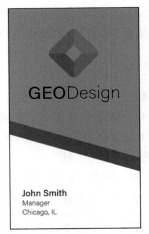

图8-72

8.5　复习题

1　描述什么是全局色。
2　如何保存颜色？
3　描述什么是淡色。
4　如何使用"颜色参考"激发配色灵感？
5　指出"重新着色图稿"对话框允许的两项操作。
6　解释"实时上色工具"能够做什么。

8.6　复习题答案

1　全局色是一种颜色色板，当您编辑全局色时，会自动更新应用了它的所有图稿
　的颜色。所有专色都是全局色，作为色板保存的印刷色默认是全局色，但它们
　也可以是非全局色。
2　可以将颜色添加到"色板"面板来保存它，以便使用它给图稿中的其他对象上
　色。选择要保存的颜色，并执行以下操作之一。
　•　将颜色从"填色"框中拖动到"色板"面板中。
　•　单击"色板"面板底部的"新建色板"按钮■。
　•　从"色板"面板菜单■中选择"新建色板"。
　•　从"颜色"面板菜单■中选择"创建新色板"。
3　淡色是混合了白色的较淡的颜色。您可以用全局印刷色（如"CMYK"）或专
　色创建淡色。
4　可以从"颜色参考"面板中选择颜色"协调规则"。颜色"协调规则"可根据
　选择的基色生成配色方案。
5　可以使用"重新着色图稿"对话框更改选中图稿中使用的颜色、创建和编辑颜
　色组、重新指定或减少图稿中的颜色数等。
6　"实时上色工具"能够自动检测和纠正可能影响填色和描边应用的间隙，直观
　地给矢量图形上色。路径将图稿表面划分为多个区域，不管区域是由一条路径
　还是由多条路径所构成，任何一个区域都可以上色。

第9课 为海报添加文字

本课概览

在本课程中，您将学习如何执行以下操作。

- 创建和编辑点文字和区域文字。
- 置入文本。
- 更改文本格式。
- 使用"修饰文字工具"修改文本。
- 创建列文本。
- 创建和应用段落样式及字符样式。
- 使文本绕排对象。
- 使用变形调整文本形状。
- 在路径上创建文本。
- 创建文本轮廓。

 本课内容大约需要 75 分钟完成。

FRESH

STRAWBERRY LEMONADE

SERVES: 6-8　　　TIME: 15 min　　　● ● ●

INGREDIENTS:

1 cup freshly squeezed lemons (6-7 lemons)　　4 cups fresh strawberries
lemon slices (1 lemon)　　1/2 cup honey
　　5 cups water
　　1 cup ice

DIRECTIONS:

Lorem ipsum dolor sit amet, consectetuer adipiscing elit, sed diam nonummy nibh euismod tincidunt ut laoreet dolore magna aliquam erat vo. Lorem ipsum dolor sit amet, tincidunt ut laoreet dolore magna aliquam erat volutpat.

Ut wisi enim ad minim veniam, quis nostrud exerci tation ullamcorper suscipit lobortis nisl ut aliquip ex ea commodo consequat.

Duis autem vel eum iriure dolor in hendrerit in vulputate velit esse molestie consequat, vel illum dolore eu blandit praesent luptatum zzril delenit augue duis dolore te feugait nulla

SERVES: 6-8　　　● ●　　　TIME: 15 min

GRILLED RAINBOW TROUT

GOOD FOR YOU!

GOOD SOURCE
OMEGA 3
FATTY ACIDS

INGREDIENTS:

4 2 lb. rainbow trout
2 tbs. roughly chopped rosemary
12 sprigs fresh rosemary
2 tbs. roughly chopped thyme
12 sprigs fresh thyme
3 garlic cloves
2 lemons sliced into rounds
1/2 cup olive oil
salt & pepper

DIRECTIONS:

Lorem ipsum dolor sit amet, consectetuer adipiscing elit, sed diam nonummy nibh euismod tincidunt ut laoreet dolore magna aliquam erat vo. Lorem ipsum dolor sit amet, tincidunt ut laoreet dolore magna aliquam erat volutpat.

Ut wisi enim ad minim veniam, quis nostrud exerci tation ullamcorper suscipit lobortis nisl ut aliquip ex ea commodo consequat.

Duis autem vel eum iriure dolor in hendrerit in vulputate velit esse molestie consequat, vel illum dolore eu blandit praesent luptatum zzril delenit augue duis dolore te feugait nulla facilisi.

文字是插图中的重要设计元素。像其他对象一样，您可以对文字进行上色、缩放、旋转等操作。在本课中，您将学习创建基本文本并添加有趣的文本效果。

9.1 开始本课

在本课程中,您将为食谱卡添加文字。但是在开始之前,请还原 Adobe Illustrator 的默认首选项。然后打开此课程已完成的图稿文件,以查看最终插图效果。

> **Ai** | **注意** 如果您还没有从您的账户页面下载本课的课程文件到您的计算机中,请立即下载。具体操作请参阅本书"前言"部分。

1. 为了确保工具的功能和默认值完全如本课所述,请删除或停用(通过重命名)Adobe Illustrator 首选项文件。具体操作请参阅本书"前言"部分中的"还原默认首选项"。
2. 启动 Adobe Illustrator。
3. 选择"文件">"打开"。在"Lesson">"Lesson09"文件夹中找到名为"L9_end.ai"的文件。单击"打开"按钮,如图 9-1 所示。
   由于文件使用了特定的 Adobe 字体,因此您很可能会看到"缺少字体"对话框。您只需在"缺少字体"对话框中单击"关闭"按钮即可。
   在本课的后面部分,您将学到关于 Adobe 字体的内容。
   如果需要,可使该文件保持打开,以便您在学习本课程时参考。
4. 选择"文件">"打开"。在"打开"对话框中,定位到"Lessons">"Lesson09"文件夹,然后在硬盘上选择"L9_start.ai"文件。单击"打开"按钮以打开该文件,如图 9-2 所示。该文件中已经包含非文本内容。您将在本课中添加所有文本元素以完成卡片。

图9-1

图9-2

5. 选择"文件">"存储为"。在"存储为"对话框中,定位到"Lesson09"文件夹,并将文件命名为"Recipes.ai"。从"格式"菜单中选择"Adobe Illustrator(ai)"(macOS)或从"保存类型"菜单中选择"Adobe Illustrator(*.AI)"(Windows),然后单击"保存"按钮。
6. 在"Illustrator 选项"对话框中,保持选项为默认设置,然后单击"确定"按钮。
7. 选择"窗口">"工作区">"重置基本功能"。

> **Ai** | **注意** 如果在"工作区"菜单中看不到"重置基本功能",请在选择"窗口">"工作区">"重置基本功能"之前,先选择"窗口">"工作区">"基本功能"。

9.2 添加文字

"文字工具" **T** 是 Illustrator 中的强大工具之一。与 Adobe InDesign 一样，您可以利用它创建文本列和行、置入文本、随形状或沿路径排列文本、将字母用作图形对象等。在 Illustrator 中，您可以通过 3 种方式创建文本：点文字、区域文字和路径文字。

9.2.1 添加点文字

点文字是从单击处开始，并在输入字符时展开的一行或一列文字。每一行（列）文字都是独立的——当您编辑它时，行（列）会扩展或缩小，除非手动添加段落标记或换行符，否则不会切换到下一行（列）。您在作品中添加标题或为数不多的几个单词时，可以使用这种方式创建文本。接下来，您将为食谱卡添加一些点文字。

1　确保在文档窗口左下角的"画板导航"菜单中选择了"Artborad 1"。选择"视图">"画板适合窗口大小"。

2　按"Command++"（macOS）或"Ctrl++"（Windows）组合键进行放大。

3　在左侧的工具栏中选中"文字工具"。如图 9-3 所示，在虚线之间单击（不要拖动）。画板上将出现占位符文本"滚滚长江东逝水"，并且会自动选中，输入"SERVES：6-8"。

图9-3

4　在工具栏中选中"选择工具" ▶，然后按住鼠标左键将文本的右下定界点向左下方拖动，如图 9-4 所示。

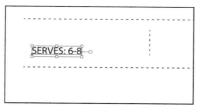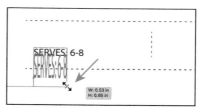

图9-4

如果您拖动任何定界点，会拉伸文字。这可能会导致字体大小不是整数（例如 12.93 pt）。

5　选择"编辑">"缩放比例"，然后将文本拖到图 9-5 所示的位置。

6　为了练习添加文字，请选择"文字工具"，然后单击右侧的区域添加更多文字。文字为"TIME：15min"，如图 9-6 所示。

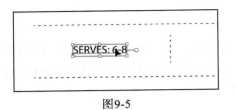

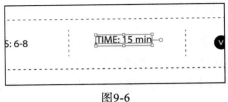

图9-5   图9-6

9.2.2　添加区域文字

区域文字使用对象（如矩形）的边界来控制字符的流动，文本可以是水平方向的，也可以是垂直方向的。当文本到达边界时，它会自动换行以适应定义的区域。当您想要创建一个或多个段落的文本（例如海报或小册子）时，可以使用这种方式输入文本。

要创建区域文字，可以使用"文字工具" **T** 单击需要添加文本的位置，然后拖动创建区域文字对象（也称为文字区域、文字对象或文本对象）。还可以通过单击对象的边缘（或内部），将现有形状或对象转换为文本对象。接下来，您将创建一个文本对象并输入更多文本。

1　选中"文字工具"，然后将鼠标指针移到画板上部的空白区域。单击鼠标左键并按住向右拖动，以创建一个大约 1 in 宽的文本对象，高度大致如图 9-7 所示。

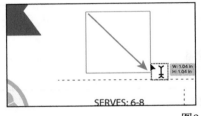

图9-7

默认情况下，文本对象会填充选定的占位符文本，您也可以将其替换。

Ai　**提示**　使用占位符文本填充文本对象是可以改变的首选项。选择"Illustrator" >"首选项"（macOS）或"编辑" > "首选项"（Windows），选择"文字"，然后取消勾选"使用占位符文本来填充新文字对象"来关闭该选项。

2　选中占位符文本后，输入文字"STRAWBERRY LEMONADE"，如图 9-8 所示。
请注意文字是如何水平换行以适合文本框的。

3　选中"选择工具"，按住鼠标左键将文本框右下角的定界点向左拖动，然后向右拖动，以查看文字在其中换行的方式。

图9-8

您可以拖动文本框 8 个定界点中的任意一个来调整其大小，而不仅仅是右下角。如图 9-9 所示。

4 按住鼠标左键拖动同一定界点调整文本对象的大小，您仍然可以看到所有文字，并且如图 9-10 所示，它会自动换行。

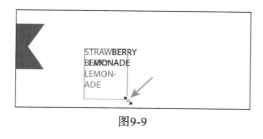

图9-9

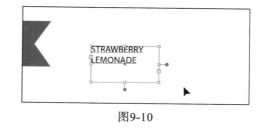

图9-10

9.2.3 使用自动调整大小功能

默认情况下，当您通过拖动"文字工具" **T** 来创建区域文字时，文本框不会自动调整大小以适应其中的文本（类似于 InDesign 在默认情况下处理文本框的方式）。如果文字过多，则任何不适合文本框的文字都将被视为溢出文本，并且不可见。对于每个文本框，您可以启用名为"自动调整大小"的功能，使文本框能自动调整大小以适应其中的文本，这也是您接下来要执行的操作。

1 选中文本框之后，查看底部中间的定界点，您将看到一个小部件，这表示文本框未设置为自动调整大小，如图 9-11 所示。

2 将鼠标指针移到小部件末尾的框上（指针将变为），然后双击，如图 9-12 所示。

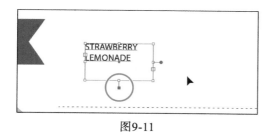

图9-11

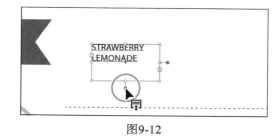

图9-12

Ai | **注意** 该图显示双击之前的文本对象。

通过双击小部件，将开启文本框"自动调整大小"，文本框的边界现在会紧贴其中的文本。

Ai | **提示** 如果自动调整大小 已为选定的功能文本对象启用，向下拖动文本对象底部的一个定界点会禁用输入对象。

3 选中"文字工具"，然后移动鼠标指针紧贴单词"LEMONADE"之后。确保您看到的是指针 I，而不是指针 I。请单击插入光标，按回车键换行，然后输入"WITH MINT"，如图 9-13 所示。

在编辑文本时，文本框会缩小和（仅）纵向变长，以适应不断增加的文本，这样可以在无须手动调整文本框大小的情况下消除溢出文本（超出文本框的内容）。

图9-13

注意 在这个实例中，如果您在看到该指针（I）时单击，将创建一个新的点文字对象。

4 在文本内单击以插入光标，然后单击 3 下以选中"WITH MINT"行。按 Delete 或 Backspace 键将其删除，如图 9-14 所示。

图9-14

文本框将纵向缩小以适应新文本。如果此时双击"自动调整大小"小部件，则对象文本的"自动调整大小"功能将被关闭。然后，无论添加了多少文字，文本框都将保持当前大小。

5 选择"选择">"取消选择"，然后选择"文件">"存储"。

9.2.4 在区域文字和点文字之间转换

您可以轻松地将对象在区域文字对象和点文字对象之间进行转换。如果您通过单击（创建点文字）输入文本，但稍后希望在不拉伸其中文本的情况下调整文本大小和添加更多文本，这将非常有用。如果您将 InDesign 中的文本粘贴到 Illustrator 中，此方法也很有用，因为从 InDesign 粘贴到 Illustrator 中的文本（未选择任何内容）都将粘贴为点文字。但是大多数情况下，使用区域文字对象会更好，因为区域文字会随着文本框换行。接下来，您将把文字对象从区域文字转换为点文字。

1 选择"视图">"画板适合窗口大小"。

2 在工具栏中选中"文字工具" **T**，在左侧红色横幅上方，按住鼠标左键并拖动以创建区域文字对象，输入"fresh"，如图 9-15 所示。该文字将被放置在红色横幅上。

您将调整文本的大小以适合横幅，如果您只需要拖动一个角来调整文本的大小，这将变得更加方便，因此将区域文字转换为点文字。

图9-15

3 按 Esc 键，然后选中"选择工具" ▶。

4 将指针移到文本对象右边缘的注释器—● 上。注释器上的填充端表示它是区域文字。当指针变为 时，单击注释器会看到提示消息"双击以转换为点文字"，双击注释器可将区域文字转换为点文字。双击注释器，如图 9-16 所示。

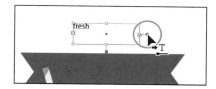

图9-16

注释器上的填充端现在应该是空心的 ⚬，这表示它是点文字对象，如果调整定界框的大小，文本也会相应缩放。您还可以在选中文字对象后根据选定的文字对象选择"文字" > "转换为点文字"或"转换为区域文字"进行转换。

5 将文本拖动到红色横幅上。

6 按住 Shift 键，然后按住鼠标左键将文本的右下定界点
向右下方拖动，直到文本恰好位于横幅上下边线之间。
松开鼠标左键，然后松开 Shift 键，如图 9-17 所示。
因为现在文本是点文字，所以当调整文本区域大小

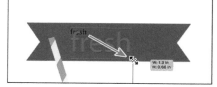

图9-17

时，它会随之被拉伸。按住 Shift 键非常重要，否则文本可能会失真。

9.2.5 导入纯文本文件

您可以将在其他软件中创建的文本导入图稿中。在编写本书时，Illustrator 支持 DOC、DOCX、RTF、含 ANSI 的纯文本（ASCII）、Unicode、Shift jis、GB2312、Chinese Big 5、Cyrillic、GB18030、Greek、Turkish、Baltic 和中欧编码。和复制和粘贴文本相比，从文件导入文本的优点之一是导入的文本会保留其字符和段落格式（默认情况下）。例如，在 Illustrator 中，除非您在导入文本时选择删除格式，否则来自 RTF 文件的文本将保留其字体和样式规范。在本节中，您将在设计图稿中导入纯文本文件中的文本。

1 在文档窗口左下角的"画板导航"菜单中选中"Artboard 2"，以切换到另一个画板。

2 选择"选择 > 取消选择"。

 提示 当您向 Illustrator 导入（"文件" > "置入"）RTF（富文本格式）或 Word 文档（DOC 或 DOCX）时，会出现"Microsoft Word 选项"对话框。在"Microsoft Word 选项"对话框中，您可以选择保留生成的内容列表、脚注和尾注以及索引文本，您甚至可以选择在置入文本之前删除文本的格式（默认情况下，会从 Word 中导入文本的样式和格式）。

---

3 选择"文件" > "置入"。找到"Lessons" > "Lesson09"文件夹，选择"L9_text.txt"文档。
如有必要，在 macOS 上的"置入"对话框中，单击"选项"按钮以查看导入选项。选择
"显示导入选项"，然后单击"置入"按钮。
在弹出的"文本导入选项"对话框中，您可以在导入文本之前设置一些选项，如图 9-18 所示。

4 保持默认设置，然后单击"确定"按钮。

5 将加载文本图标移动到画板左上角的虚线下方，按住鼠标左键并向右下方拖动，然后松开鼠标左键，如图 9-19 所示。

图9-18

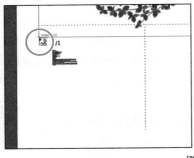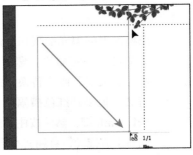

图9-19

> **Ai** | **提示** 您也可以将文本导入现有文本框中。

如果您仅用加载文本的指针单击，则将创建一个比画板小的区域文字对象。

6 选择"文件">"存储"。

9.2.6 串接文本

当使用区域文字（不是点文字）时，每个区域文字对象都包含一个输入端口和一个输出端口。您可以通过端口链接区域文本并在端口之间使文本流动。如图 9-20 所示。

图9-20

空输出端口表示所有文本都是可见的，且区域文字对象尚未链接。端口中的箭头表示将区域文字对象链接到另一个区域文字对象。输出端口中出现红色加号⊞表示区域文字对象包含额外的文本，称为溢出文本。要显示所有溢出文本，您可以将文本串接到另一个文本对象、调整文本对象的大小或调整文本。若要将文本串接到另一个对象，您必须链接这些对象。链接的文本对象可以是任意形状，但文本必须输入对象或路径中，而不能是点文字（仅用鼠标单击而创建的文本）。

接下来，您将在两个区域文字对象之间串接文本。

> **Ai** | **注意** 如果双击输出端口，则会出现一个新文本对象。如果发生这种情况，您可以按住鼠标左键拖动新文本对象到您希望放置的地方，或者选择"编辑">"还原链接串接文本"，加载文本图标将重新出现。

1　选中"选择工具" ▶，单击您在上一节创建的文本对象右下角的输出端口⊞。松开鼠标左键后，将鼠标指针移开。

当鼠标指针从原始文本框移开时，指针变为"已加载文本"图标▦，如图 9-21 所示。

2　将鼠标指针向右上方移动到您在上一节创建的文本对象的顶部边缘。当指针与文本对象的顶部边缘对齐时，将显示水平的智能参考线。单击以创建与原始文本框大小相同的区域文字对象，如图 9-22 所示。

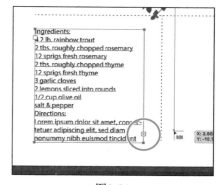

图9-21

在仍选择第二个文本对象的情况下，请注意连接这两个文本对象的线条。此线条（不会打印）会告诉您这两个对象是相连的串接文本。如果看不到此串接（线），请选择"视图">"显示文本串接"。如图 9-22 右图所示。

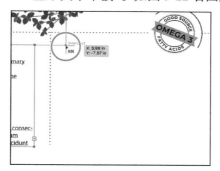
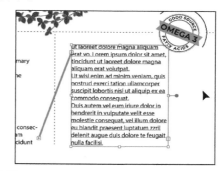

图9-22

画板顶部区域文字对象的输出端口▶和底部的区域文字对象的输入端口▶中有小箭头，该小箭头指示文本如何从一个对象流向另一个对象。

Ai ┃ **提示**　在对象之间对文本进行串接处理的另一种方法是选择区域文字对象，选择要链接到的一个或多个对象，然后选择"文字">"串接文本">"创建"。

3　在第二个文本对象仍处于选中状态的情况下，按住鼠标左键将右边缘中间点向右拖动以使其如图 9-23 所示一样宽。保持文本对象处于选中状态。

文本将在文本对象之间流动。如果删除第二个文本对象，则文本将作为溢出文本被拉回到原始文字对象中。尽管不可见，但溢出文本并不会被删除。

图9-23

9.3 格式化文本

您可以使用字符和段落格式设置文本格式,对其应用"填色"和"描边"属性,并更改其透明度。您可以将这些更改应用于您选中的区域文字对象中的单个字符、系列字符或所有字符。其中,选中区域文字对象而不是选中内部的文本,可以将格式选项应用到对象中的所有文本,包括"字符"和"段落"面板中的选项、"填色"和"描边"属性以及透明度设置。

在本节中,您将了解如何更改文本属性(如大小和字体),随后将了解如何将该格式存储为文本样式。

9.3.1 更改字体系列和字体样式

在本节中,您将对文本应用字体。除了应用本地字体之外,Creative Cloud会员还可以访问用于桌面应用程序(如 InDesign 或 Microsoft Word)的字体库和网站。Creative Cloud 试用会员可以从 Adobe 中获得一些字体,供 Web 和桌面使用。您选择的字体将被激活,并与其他安装在本地的字体一起出现在 Illustrator 中的字体列表中。默认情况下,Adobe 字体已经在 Creative Cloud 桌面应用程序中打开,以便您可以激活字体并使它们在桌面应用程序中可用。

 注意 您必须在计算机上安装 Creative Cloud 桌面应用程序,并且必须联网才能激活字体。当您安装第一个 Creative Cloud 应用程序(例如 Illustrator)时,将安装 Creative Cloud 桌面应用程序。

9.3.2 激活 Adobe 字体

接下来,您将选择并激活 Adobe 字体,以便可以在项目中使用它们。

1 确保已启动 Creative Cloud 桌面应用程序,并且已使用 Adobe ID 登录(这需要联网),如图 9-24 所示。

图9-24

2　在工具栏中选中"文字工具"**T**，将鼠标指针移动到任一串接文本对象上，然后单击以插入光标。

3　选择"选择"＞"全部"，或者按"Command + A"（macOS）或"Ctrl + A"（Windows）组合键选中两个串接文本对象中的所有文本。

4　在"属性"面板中，单击"设置字体系列"菜单右侧的箭头，然后注意菜单中显示的字体。

　　默认情况下，您看到的字体是在本地安装的字体。在字体菜单中，列表中的字体名称右侧会显示一个图标，指示它是何种字体（ ⌂ 是 Adobe 字体、 𝑂 是 OpenType、 **Tr** 是 TrueType、 **𝒂** 是 AdobePostScript），如图 9-25 所示。

5　单击"查找更多"查看可供选择的 Adobe 字体列表，如图 9-26 所示。

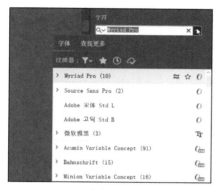

图9-25

图9-26

由于 Adobe 会不断更新可用字体，菜单内容可能需要一点时间来初始化。

6　点击过滤字体图标打开菜单。您可以通过选择"分类"和"属性"选项来过滤字体列表。单击"分类"下的"无衬线字体"选项对字体进行排序，如图 9-27 所示。

7　在字体列表中向下滚动找到"Montserrat Light"字体。如有必要，请单击"Montserrat"左侧的箭头以查看字体样式。

 提示　除了在字体列表中滚动查找，您也可以在"设置字体系列"字段中输入"Mont ..."以查看所有样式。

8　单击位于"Montserrat Light"名称最右侧的激活按钮 ⌂，如图 9-28 所示。

　　如果您在最右侧看到图标 ⌂，或者将鼠标指针放在

图9-27

列表中的字体名称上时看到图标 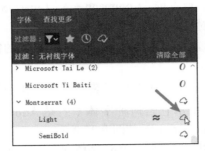，则表示该字体已被激活，因此在此步骤中无须执行任何操作。

图9-28

> **Ai** **提示**　若字体在已安装 Creative Cloud 桌面应用程序的所有计算机上激活并登录，要查看已激活的字体，请打开 Creative Cloud 桌面应用程序，然后单击"字体"图标 *f*。

9　在弹出的对话框中单击"确定"按钮，如图 9-29 所示。

10　在名称"Montserrat Medium"右侧单击激活按钮 ☁。在弹出的对话框中单击"确定"按钮。

11　接下来，在字体列表中找到"Oswald Regular"字体，在字体名称右侧单击激活按钮 ☁，如图 9-30 所示。在弹出的警告对话框中单击"确定"按钮。

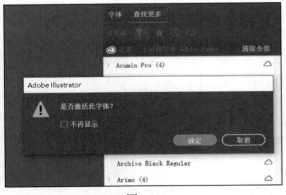

图9-29

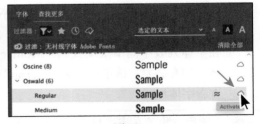

图9-30

12　在名称"Oswald Light"右侧单击激活按钮 ☁。在弹出的对话框中单击"确定"按钮。激活字体后（请耐心等待，可能需要一些时间），您就可以开始使用它们。

13　激活字体后，单击菜单顶部的"清除全部"按钮以删除"无衬线字体"过滤，然后再次查看所有字体，如图 9-31 所示。

图9-31

9.3.3 在 Illustrator 中对文本应用字体

现在，Adobe 字体已被激活，您可以在任何应用程序中使用它们，这就是您接下来要做的。

1. 在仍然选中串接文本且仍显示"字体系列"菜单的情况下，单击"显示已激活的字体"按钮 过滤字体列表，仅显示已激活的 Adobe 字体，如图 9-32 所示。

   图中的列表可能与您实际操作时看到的不同，但只要能看到"Montserrat"和"Oswald"字体即可。

> **Ai** | **提示** 您还可以使用向上箭头键和向下箭头键来查看字体列表。选择所需字体后，您可以按回车键将其应用，如果它是 Adobe 字体，请将其激活。

2. 将鼠标指针移动到列表中的字体上，您会在所选文本上看到指针所在字体的预览。单击列表中"Montserrat"左侧的箭头，然后选择"Light"（或"Montserrat Light"），如图 9-33 所示。

图9-32

图9-33

3. 从文档窗口左下角的"画板导航"菜单中选择"Artboard 1"。

4. 选中"选择 工具" ▶ 后，在画板顶部单击文字"STRAWBERRY LEMONADE"以选中文本对象。

   如果要将相同的字体应用于点文字或区域文字对象中的所有文本，只需选择对象（而不是文本），然后应用该字体。

> **Ai** | **提示** 将光标放在字体名称字段中，还可以单击"设置字体系列"右侧的"×"按钮，来清除搜索字段。

5 选择文本对象后，单击"属性"面板中的字体名称（如我看到的是"Myriad Pro"）。开始输入字母"monts"如图 9-34 所示。

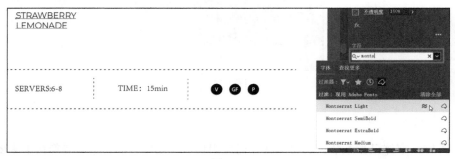

图9-34

您输入位置的下方会出现一个菜单。Illustrator 在字体列表中筛选并显示包含"monts"的字体名称，而不考虑"monts"在字体名称中何处和是否大写。"显示已激活的字体" 过滤器当前仍处于打开状态，因此您要在下一步将其关闭。

6 在弹出的菜单中单击"清除过滤器" 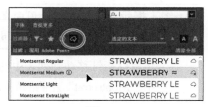，查看所有可用字体，而不仅仅是 Adobe 字体。在您输入位置下方出现的菜单中，将鼠标指针移动到列表中的字体上，如图 9-35 所示（您看到的页面可能与图 9-35 不同，因为激活的字体可能不一样）。Illustrator 将实时显示所选文本的字体预览。

图9-35

> **Ai** 提示 您可以单击字体名称字段左侧的"放大镜"图标 Q，然后选择"仅搜索第一个词"。您还可以打开"字符"面板（"窗口 > 文字" > "字符"），并输入字体名称在系统上进行搜索。

7 单击选中"Montserrat Medium"以应用字体。此时您可能需要调整文本框的大小，才能看到每个单词。

8 单击"fresh"文本，然后按住 Shift 键，单击"SERVES：6-8"文本和"TIME：15 min"文本，以选中其他文本对象，如图 9-36 所示。

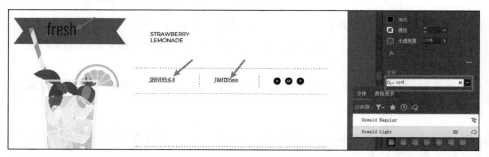

图9-36

9   选中文本对象后，在"属性"面板中单击字体名称，然后输入字母"osw"（查找 Oswald）。选择"Oswald Light"字体并应用它，如图 9-36 所示。

9.3.4 更改字体大小

默认情况下，字体大小以 pt 为单位（1 pt 等于 1/72 in）。在本节中，您将更改文本的字体大小，并查看缩放点文字会出现什么情况。

1   单击选中含有文字"STRAWBERRY LEMONADE"的文本对象。

2   从"属性"面板的"设置字体大小"菜单中选择"48 pt"。

> **Ai** **注意** 调整大小后，您的文字看起来可能与您在图中看到的有所不同。您可能需要拖动文本框右下边界调整文本框的大小以查看所有文本。

3   按住鼠标左键将文本框右侧的中间边界点往右侧拖动，使文本框更好地匹配文本，如图 9-37 所示。

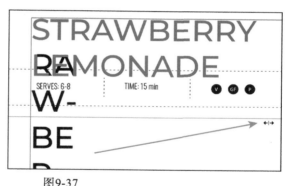

图9-37

4   多次单击"属性"面板中"设置字体大小"位置的向上箭头，使字体大小变为"52 pt"，如图 9-38 所示。

> **Ai** **提示** 您也可以使用键盘快捷键动态更改所选文本的字体大小。若要以 2pt 为增量增大字体，请按"Command + Shift +>"（macOS）或"Ctrl + Shift +>"（Windows）组合键；而要减小字体，请按"Command + Shift +<"（macOS）或"Ctrl + Shift + <"（Windows）组合键。

如果文本框大小不合适，请再次拖动文本框的右边缘使其变大，确保上一行呈现"STRAWBERRY"，下一行呈现"LEMONADE"。

5 单击"fresh"文本以选中文本对象。

在"属性"面板的"字符"部分中，您会看到字体大小不是整数（见图 9-39 左图），这是因为您之前曾使用拖动来缩放点文字。

6 在"设置字体大小"菜单中选择"48 pt"，如图 9-39 中图所示。保持选中"fresh"文本，如图 9-39 右图所示。

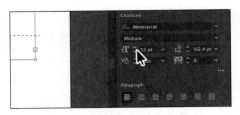

图9-38

图9-39

9.3.5 更改字体颜色

您可以通过应用填色、描边等来更改文本的外观。在本节中，您只需通过选中文本对象来更改所选文本的填色。您还可以使用"文字工具" **T** 选中文本，以便将不同颜色的填色和描边应用于文本。

1 在文本对象仍处于选中状态的情况下，单击"属性"面板中的"填色"框。确保在弹出的面板中选择了"色板"选项，然后在面板中选择白色色板，如图 9-40 所示。

图9-40

2 单击选中"STRAWBERRY LEMONADE"文本对象。

3 单击"属性"面板中的"填色"框，在弹出的面板中选择"色板"选项，然后选择名为"Strawberry"的红色色板。

4 选择"选择">"取消选择"，然后选择"文件">"存储"。

9.3.6 更改其他字符格式

在 Illustrator 中，除了字体、字体大小和颜色外，您还可以改变很多文本属性。在 Illustrator 中，文本属性分为字符格式和段落格式，主要位于"属性"面板、"控制"面板和两个主要面板（"字符"面板和"段落"面板）。您可以通过单击"属性"面板中"字符"部分的"更多选项"按钮 ▦▦▦ 或选择"窗口">"文字">"字符"来访问"字符"面板，该面板包含所选文本的格式，如字体、字体大小、字距等。在本节中，您将应用其中一些属性来尝试各种不同的设置文本格式的方法。

1 选中"选择工具" ▶ 后，单击选中"STRAWBERRY LEMONADE"文本对象。

2 在"属性"面板中，选中 ▦ 旁的输入框并输入"52"将行距更改为"52 pt"。按回车键确认该值，如图 9-41 所示。

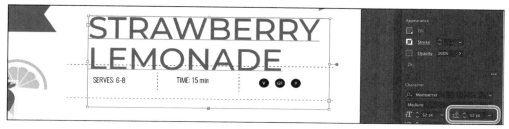

图9-41

> **提示** 默认情况下，文字行距会设置为自动行距。在"属性"面板中查看"行距"值时，可以看到该值带有括号（），这就是自动行距。要将行距恢复为默认的自动值，请从行距菜单中选择"自动"。

行距是文本行与行之间的垂直距离，调整行距有助于使文本匹配文本区域。

3 单击"fresh"文本以选中该文本对象。

> **注意** 如果文本在文本对象中换行方式不同，请选择"选择工具"并向左或向右拖动右侧中间点以匹配形状。

4 选中文本对象后，在"属性"面板的"字符"部分单击"更多选项"按钮 ▦▦▦ 显示"字符"面板。单击"全部大写字母"按钮 ▦▦，将文本设置为大写字母，如图 9-42 所示。

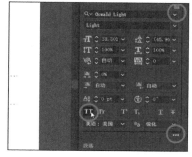 

图9-42

接下来，将"FRESH"文本与红色横幅对齐，然后将它们同时旋转。

5 将文本对象拖到横幅的中心，将文本与横幅对齐，如图 9-43 所示。

6 按住 Shift 并单击红色横幅以将其选中。

7 将鼠标指针移到横幅的某个角上，在看到旋转箭头时按住鼠标左键拖动旋转横幅，如图 9-44 所示。

图9-43

图9-44

9.3.7 更改段落格式

与字符格式一样，您可以在输入新文本或更改现有文本的外观之前就设置段落格式，如对齐文本或缩进。段落格式适用于整个段落，而不是选定的内容。大多数的段落格式设置可以在"属性"面板、"控制"面板或"段落"面板中完成。您可以通过单击"属性"面板"段落"部分中的"更多选项"按钮 或选择"窗口">"文字">"段落"来访问"段落"面板中的选项。

1 在文档窗口左下角的"画板导航"菜单中选择"Artboard 2"。

2 选中"文字工具" **T** 后，在串接文本中单击插入光标。按"Command + A"（macOS）或"Ctrl + A"（Windows）组合键，选中两个文本对象之间的所有文字，如图 9-45 所示。

3 选中文本后，单击"属性"面板的"段落"部分中的"更多选项"按钮 以显示"段落"面板。

4 将"段落"面板中的"段后间距" 更改为"6pt"，如图 9-46 所示。

图9-45

图9-46

设置段后间距，而不是按回车键换行，有助于保持文本的一致性，方便以后进行编辑。

5 按 Esc 键隐藏"段落"面板。

6 从"属性"面板的"设置字体大小"菜单中选择"10pt"，如图 9-47 所示。

图9-47

7　选择"选择">"取消选择"，然后选择"文件">"存储"。

如果您在文本对象底部看到了溢出文本图标⊞，那么暂时不要管它，我们稍后再解决。

9.3.8　使用修饰文字工具修改文本

使用"修饰文字工具"🗒，您可以使用鼠标指针或触摸控件修改字符的属性，例如大小、缩放和旋转。这是一种应用字符格式化属性（基线偏移、水平和垂直缩放、旋转和调整字距）的直观（且有趣）的方式。接下来，您将修改"LEMONADE"中的字母。

1　在文档窗口左下方单击"上一项"按钮◀，将返回带有柠檬水的第一个画板。

2　选中"选择工具"▶，单击以选中您先前创建的"STRAWBERRY LEMONADE"文本对象。按住鼠标左键将其拖动到如图 9-48 所示的位置。

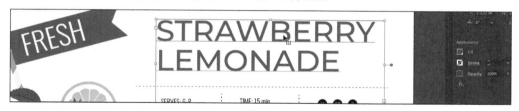

图9-48

3　选择"视图">"放大"，重复几次。

4　单击工具栏底部的"编辑工具栏"按钮∎∎∎。在菜单中滚动进度条直到看到标记为"文本"的部分。将"修饰文字工具"🗒拖到左侧工具栏中的"文字工具"T上，将其添加到工具列表中。如图 9-49 所示。

> **Ai** **注意**　您的工具栏中的工具清单可能与图中有所不同，不用担心，不影响后续操作。

选中"修饰文字工具"后，文档窗口顶部会出现一条消息，告知您要单击一个字符来选择它。

5 单击"LEMONADE"中的字母"M"以将其选中，如图 9-50 所示。

图9-49

图9-50

选中字母后，该字母周围会出现一个边框。边框周围的点可供您以不同方式调整字符，如图 9-51 所示。

 提示 您还可以使用箭头键移动选定的字母，或按 Shift + 箭头键以更大的增量移动字母。

6 按住鼠标左键，向下拖动字母"M"以重新定位。

您在各方向上可以将字符拖动多远是有限制的，这些限制基于字距调整和基线偏移值。

7 单击"LEMONADE"中的"N"以将其选中，将鼠标指针移到旋转手柄上（字母"N"上方的旋转圈）。当鼠标指针变为 时，按住鼠标左键顺时针拖动，直到在测量标签中看到角度大约为 –10°，如图 9-52 所示。

8 按住鼠标左键将字母"N"向下拖动一点以重新定位，如图 9-53 所示。

如果有需要，您可以尝试调整其余的字母，但要知道您的文本会因此与后文的图片不相同。

9 选择"选择">"取消选择"。

图9-51

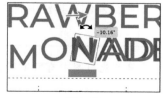

图9-52

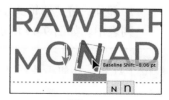

图9-53

9.4 重新调整文本对象的大小和形状

Illustrator 中有各种方法可供您重新调整文本对象的形状和创建独特的文本对象形状，包括使用"直接选择工具"▷给区域文字对象添加列或重新调整文本对象形状。开始操作之前，您将在"Artboard 1"画板上置入一些文本，这样就有更多的文本可以处理。

1 选择"视图" > "画板适合窗口大小"。

2 在工具栏中选中"选择工具"▶（或按 V 键进行选择）。

3 选择"文件" > "置入"，在"Lesson" > "Lesson09"文件夹中，选择"L9_column_text.txt"文件。在 macOS 上的"置入"对话框中，确保未选中"显示导入选项"，然后单击"置入"按钮。

> **Ai** | **注意** 如果弹出"文字导入选项"对话框，请单击"确定"按钮。

4 将加载文本图标移动到图 9-54 所示位置，按住鼠标左键并向右下方拖动，然后松开鼠标左键。以图 9-54 作为参考，保持文本对象处于选中状态。

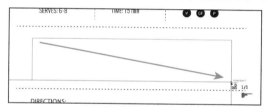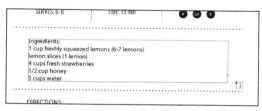

图9-54

5 选择"文件" > "存储"。

9.4.1 创建列文本

使用"文字" > "区域文字选项"命令，您可以轻松地创建列和行文本。对于创建具有多列单文本对象、组织表格或者简单图的文本来说，该命令非常有用。接下来，您将给文本对象添加列。

> **Ai** | **提示** 若要了解"区域文字选项"对话框中大量选项的详细信息，请在"Illustrator 帮助"（"帮助" > "Illustrator 帮助"）搜索"创建文本"。

1 选中"选择工具"▶，并选中本节置入的文本对象，然后选择"文字" > "区域文字选项"。在"区域文字选项"对话框中，将"列"部分中的"数量"更改为"2"，然后选中"预览"复选框。单击"确定"按钮，如图 9-55 所示。
文本现在在两列之间流动。

2 上下拖动文本框底部中间的定界点，可以查看文本在两列和下方的串接文本之间的流动。拖动定界点使文本在两列之间平均分配，如图 9-56 所示。

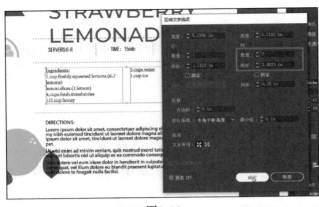

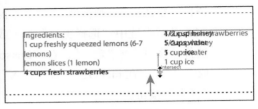

图9-55 　　　　　　　　　　　　　　　　　　　　　　图9-56

9.4.2　调整文本对象形状

在本节中，您将调整文本对象的形状和大小，使其更好地容纳文本。

1. 选中"选择工具" ▶，单击带有文字"Directions ..."的文本对象。

2. 按"Command++"（macOS）或"Ctrl++"（Windows）组合键，重复几次，放大选定的文本对象。

3. 选中"直接选择工具" ▶，单击文字对象的左下角以选中定界点。

4. 按住鼠标左键将该点向右拖动以调整路径的形状，使文本围绕柠檬图稿排列，拖动时按住 Shift 键，如图 9-57 所示。完成后，松开鼠标左键，然后松开 Shift 键。

图9-57

9.4.3　吸取文本格式

使用吸管工具 ✐，您可以快速采集文本属性并将其复制到其他文本中，而无须创建文本样式。

1. 选择"视图">"全部适合窗口大小"，查看所有内容。

2. 在工具栏中，单击鼠标左键并长按"修饰文字工具" 🔠，选中"文字工具" T，单击右侧画板中鱼上方的空白区域，输入"GRILLED"，如图 9-58 所示。

3 按 Esc 键退出文字输入模式，并选中文本对象和"选择工具"。

4 选中"吸管工具"，然后在左侧画板上的"STRAWBERRY"文本中单击其中一个字母，这将吸取其格式并应用于所选文本，如图 9-59 所示。

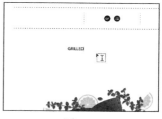

图9-58

图9-59

注意不要单击使用"修饰文字工具"调整过的单词"LEMONADE"中的字母，否则，这些调整的格式也会被吸取。

5 在"属性"面板中，单击"填色"框，然后选择名为"Brown"的色板并将其应用到所选文本对象，如图 9-60 所示。

6 选择"选择">"取消选择"，然后选择"文件">"存储"。

图9-60

9.5 创建和应用文本样式

注意 如果您置入 Microsoft Word 文档，并选择保留格式，Word 文档中文本使用的样式可能会被带进 Illustrator 文档中，并显示在"段落样式"面板中。

样式可以确保文本格式具有一致性，它在您需要全局更新文本属性时非常有用。创建样式后，您只需要编辑保存的样式，然后应用了该样式的所有文本都会自动更新。Illustrator 有如下两种文本样式。

- 段落样式：包含了字符和段落属性，并将其应用于整个段落。
- 字符样式：只有字符属性，并将其应用于所选文本。

9.5.1 创建和应用段落样式

首先，您将为正文创建段落样式。

1 选中"选择工具" ▶，在鱼图稿下方的右侧画板上，双击以"Lorem ipsum dolor ..."开头的文本，切换到"文字工具" T 并插入光标。

2 选择"窗口">"文字">"段落样式"，然后在"段落样式"面板的底部单击"创建新样式"按钮 ，如图 9-61 所示。

这将在面板中创建一个新的段落样式，名为"段落样式 1"。光标所在段落的字符样式和段落样式已被"捕获"，并保存在新建样式中。从文本创建段落样式，不必先选中文本，您可以简单地将光标插入文本，新建段落样式，就可以保存光标所在段落的格式属性。

3　直接在样式列表中双击样式名称"段落样式 1"，然后将样式名称更改为"Body"，按回车键确认名称修改，如图 9-62 所示。

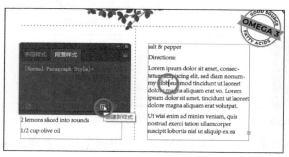

图9-61

图9-62

通过双击样式来编辑样式名称，还可以将新样式应用到段落（光标所在的段落）。这意味着，如果您编辑"Body"段落样式，这一段样式也将更新。

4　选中"选择工具" ▶，并选中文本对象，然后按住 Shift 键，单击鱼图稿下方的另一列文本（如果未选中的话），以及左侧画板中以"Ingrediens"和"Direction"开头的文本，如图 9-63 所示。

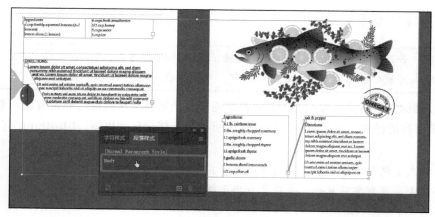

图9-63

5　在"段落样式"面板中单击"Body"样式以应用段落样式，如图 9-63 所示。

9.5.2　段落样式练习

在 9.5.1 节中一个段落样式后，您将通过在同一所选文本中为标题创建另一个段落样式来进行练习。

1 选择"选择 > 取消选择"。

2 单击左侧画板中间以"Ingrediens"开头的文本。选择"视图">"画板适合窗口大小"。

> **注意** 如果您发现在文本对象的输出端口中出现插入文本图标（⊞），您可以选择"选择工具" ▶，拖动文本框的角使其变大，以便可以看到所有文本。

3 选中"文字工具"，然后双击"Ingrediens:"文本对象中的标题文本以选择整个段落，如图 9-64 所示。

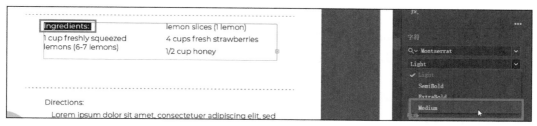

图9-64

4 将"属性"面板中的"设置字体样式"更改为"Medium"，使字体更粗，如图 9-64 所示。

5 在"段落样式"面板的底部单击"创建新样式"按钮 ⬚，创建新的段落样式。在样式列表中直接双击新样式名称"段落样式 2"（或"其他样式"），将样式名称更改为"Heading"，如图 9-65 所示，然后按回车键确认名称修改。

6 将光标插入"Directions"文本并选中该行，然后在"段落样式"面板中单击"Heading"以将该样式应用于所选文本，如图 9-66 所示。

图9-65

图9-66

7 在文档窗口左下方单击"下一项"按钮 ▣，查看下一个画板。

8 将光标插入"Ingrediens:"文本并选中该行，然后在"段落样式"面板中单击"Heading"以将标题样式应用于文本，如图 9-67 所示。

9 将光标插入"Direction:"文本并选中该行，然后在"段落样式"面板中单击"Heading"以将该标题样式应用于文本，如图 9-68 所示。

10 如果"Direction:"文本不在第二列的顶部，请选中"选择工具"，然后上下拖动所选文本框下边缘中间的锚点，使文本在文本框之间流动，如图 9-69 所示。

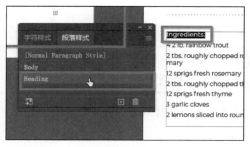

图9-67

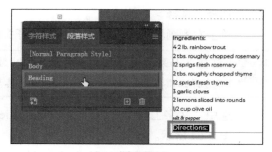

图9-68

您可能会在"Directions:"文本对象中看到一个红色的加号。通常，您可以通过更改外观属性（如字体大小和标题）或通过编辑文本来"组排"文本。但是在本例中您将保留该加号。

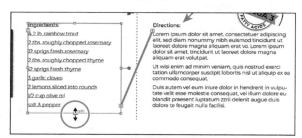

图9-69

9.5.3 编辑段落样式

创建段落样式后，您仍可以轻松地编辑段落样式。而在应用了段落样式的任何位置，其段落样式都将自动更新。接下来，您将编辑"Body"样式，以体验段落样式为什么可以节省创作时间并使图稿保持一致。

 提示 段落样式选项还有很多，其中大部分都可以在"段落样式"面板菜单中找到，包括复制、删除和编辑段落样式。若要了解有关这些选项的详细信息，请在"Illustrator 帮助"（"帮助" > "Illustrator 帮助"）中搜索"段落样式"。

1 双击上一节调整完大小的文本列，以插入光标并切换到"文字工具" ▶。
2 单击并选中鱼图稿下方的"Ingrediens ："文本。
3 要编辑标题样式，请在"段落样式"面板列表中双击样式名称"Heading"的右侧，以打开"段落样式选项"对话框。选择对话框左侧的"基本字符格式"类别，然后更改以下内容，如图 9-70 所示。
- 字体系列：Oswald Regular。
- 字体样式：Regular。
- 字体大小：12 pt。
- 大小写：全部大写字母。
- 字距调整：25。
  由于默认情况下已选中"预览"复选框，因此您可以将对话框移开，实时查看应用"Heading"段落样式后的文本变化。
4 单击"确定"按钮。
5 选择"视图" > "全部适合窗口大小"，以查看右侧画板上的标题。

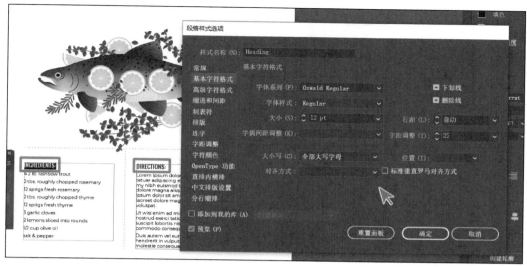

图9-70

9.5.4　创建和应用字符样式

与段落样式不同，字符样式只能应用于选定的文本，并且只包含字符格式。接下来，您将通过文本样式创建字符样式。

1　选中"选择工具" ▶，然后单击选中左侧画板上的"SERVES：6-8"文本。选择"视图" > "放大"，重复操作几次，以放大选定的文本。

2　双击文本对象以选中"文字工具" **T**，然后按住鼠标左键拖动选中"SERVES："文本，如图 9-71 所示。

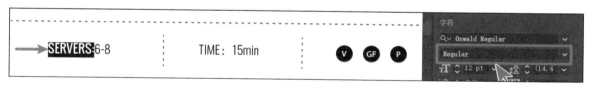

图9-71

3　在"属性"面板中，从"设置字体样式"菜单中选择"Regular"将字体更改为"Oswald Regular"。

4　单击"属性"面板中的"填色"框，然后选择红色的"Strawberry"色板，如图 9-72 所示。

5　在"段落样式"面板组中，单击"字符样式"面板选项卡。

6　在"字符样式"面板中，按住 Option 键（macOS）或按住 Alt 键（Windows），然后单击面板底部的"创建新样式"按钮，如图 9-73 所示。

按住 Option 键（macOS）或 Alt 键（Windows）单击"字符样式"面板中的"创建新样式"按钮，可以在将样式添加到"字符样式"面板之前编辑此样式。

图9-72 · · · · · · · · · · · · · · · · · · 图9-73

7 在打开的对话框中，更改以下选项。

* 样式名称：BoldText。
* "添加到我的库"复选框：取消选中。

8 单击"确定"按钮，样式已记录应用于所选文本的属性。

> **注意** 如果应用字符样式时有"+"号显示在样式名称旁边，表明应用到文本的格式与系统格式不同，您可以通过按住 Option 键（macOS）或 Alt 键（Windows）的同时单击样式名称的方式来应用它。

9 在仍选中文本的情况下，在"字符样式"面板中单击名为"BoldText"的字符样式，将该字符样式应用给选中文本，如图 9-74 所示。如果修改字符样式，则该文本样式也将随之改变。

10 在右边的"TIME：15 min"文本中选中"TIME："文本，然后在"字符样式"面板中单击并应用"BoldText"样式，如图 9-75 所示。

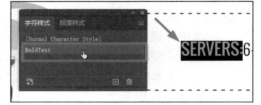

图9-74

图9-75

11 选择"选择">"取消选择"。

9.5.5 编辑字符样式

创建字符样式后，您可以轻松地编辑字符样式，并且在应用该样式的任何文本的样式都会自动更新。

1 在"字符样式"面板中双击"BoldText"样式名称的右侧（不是名称本身）。在"字符样式选项"对话框中，单击对话框左侧的"字符颜色"类别，然后更改以下内容，如图 9-76 所示。

- 字符颜色：黑色（在颜色列表中显示为"R=0 G=0 B=0"）。
- "添加到我的库"复选框：取消选中。
- "预览"复选框：选中。

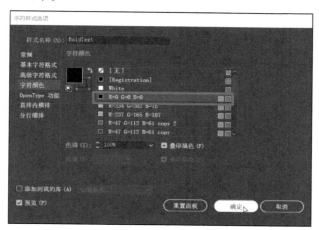

图9-76

2 单击"确定"按钮。编辑字符样式后如图 9-77 所示。

图9-77

3 关闭"字符样式"面板组。

9.6 文本绕排

在 Illustrator 中，您可以轻松地使文本环绕在对象（如文本对象、导入的图像和矢量图稿）周围，以避免文本与这些对象重叠，或创建有趣的设计效果。接下来，您将围绕部分图稿绕排文本。

1 从文档窗口左下角的"画板导航"菜单中选择"Artboard 2"。

2 选中"选择工具" ▶，然后单击"OMEGA 3"徽标，如图 9-78 所示。

3 选择"对象">"文本绕排">"建立"。如果出现对话框，请单击"确定"按钮。

若要将文本环绕在对象周围，则该对象必须与环绕对象的

图9-78

文本位于同一图层，且在图层层次结构中该对象必须位于文本之上。

4 选择徽标后，单击"属性"面板中的"排列"按钮，然后选择"置于顶层"，如图 9-79 所示。

图9-79

现在，徽标图稿按堆叠顺序位于文本的上层，并且文本环绕徽标图稿排列。

5 选择"对象">"文本绕排">"文本绕排选项"。在"文字绕排选项"对话框中，将"位移"更改为"20 pt"，然后选中"预览"复选框以查看更改，单击"确定"按钮，如图 9-80 所示。

6 将"OMEGA 3"徽标向右拖动，使文本流动到如图 9-81 所示位置。单击空白区域以取消选中徽章。

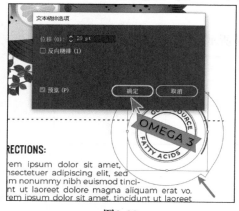

图9-80　　　　　　　　　　　　　　　图9-81

您现在可以在底部文本对象中看到一个红色加号。文字在徽标图稿周围流动，所以其中一部分文字被推到底部文本对象中。通常，您需要通过更改文本对象的外观属性（如字体大小）或通过编辑文本来"组排"文本。

9.7 文本变形

通过封套将文本变成不同的形状，您可以创建一些出色的设计效果。您可以用画板上的对象制作封套，也可以使用预设的变形形状或网格作为封套。当您探索如何使用封套时，您还会发现除了图形、参考线或链接对象之外，您可以在任何对象上使用封套。

9.7.1 使用预设封套扭曲文本形状

Illustrator 附带一系列预设的变形形状，您可以利用这些形状使文本变形。接下来，您将应用 Illustrator 提供的一个预设变形形状。

> **注意** 有关封套的详细信息，请在"Illustrator 帮助"（"帮助" > "Illustrator 帮助"）中搜索"使用封套进行重塑"。

1. 选中"选择工具" ▶，单击"GRILLED"文本对象将其选中。按住 Option 键（macOS）或 Alt（Windows）键，然后按住鼠标左键将文本对象向下拖动到原始文本下方，松开鼠标左键，然后松开 Option 键（macOS）和 Alt 键（Windows），来复制"GRILLED"文本对象。
2. 选中"文字工具" **T**，然后双击复制出的"GRILLED"文本以将其选中。在"属性"面板中，将字体系列更改为"Oswald Light"，将字体大小更改为"84 pt"。
3. 选中文本后，输入"RAINBOW TROUTS"替换原文本，如图 9-82 所示。

图9-82

4. 按 Esc 键退出文本输入模式，将自动选中文本对象。选择"对象" > "封套扭曲" > "用变形建立"。
5. 在弹出的"变形选项"对话框中，选中"预览"复选框。默认情况下，文本显示为弧形。确保从"样式"菜单中选择了"上弧形"，拖动"弯曲"、"水平"和"垂直"滑块，查看文本变形效果。

   完成尝试后，将两个"扭曲"滑块（"水平"与"垂直"）拖至 0%，确保"弯曲"为"-15%"，然后单击"确定"按钮，如图 9-83 所示。

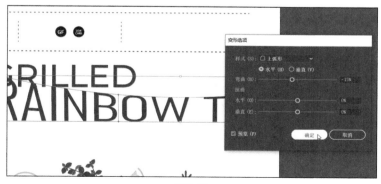

图9-83

9.7.2 编辑封套扭曲

如果要进行任何更改，您可以分别编辑组成封套扭曲对象的文本和形状。接下来，您将先编辑文本，然后编辑扭曲形状。

1 在仍然选中封套对象的情况下，单击"属性"面板顶部的"编辑内容"按钮 ，如图 9-84 所示。

2 选中"文本工具" **T**，并将指针移到变形的文本上。请注意，文本未变形时显示为蓝色。双击"RAINBOW TROUTS"一词将其选中，删除"S"字母，如图 9-85所示。

您还可以编辑预设形状，这是下一步要做的。

图9-84

3 选中"选择工具" ▶，并确保仍选中封套对象，在"属性"面板顶部单击"编辑封套"按钮 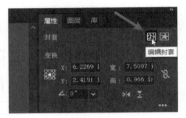，如图 9-86 所示。

图9-85

图9-86

> **Ai** **提示** 如果使用"选择工具"而不是"文本工具"双击，则会进入隔离模式。这是编辑封套变形对象中的文本的另一种方法。如果是这种情况，请按 Esc 键退出隔离模式。

---

4 单击"属性"面板中的"变形选项"按钮，弹出与首次应用变形时相同的"变形选项"对话框。将"样式"更改为"下弧形"，并将"弯曲"更改为"−12%"，然后单击"确定"按钮，如图 9-87 所示。

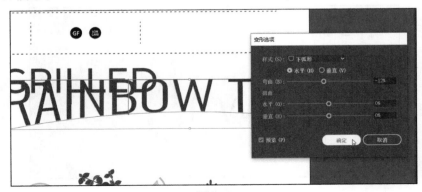

图9-87

5　选中"选择工具"，按住鼠标左键将文本拖动到近似画板中心的位置，如图 9-88 中所示。

6　选择"选择">"取消选择"，然后选择"文件">"存储"。

图9-88

9.8　使用路径文字

除在点文字和区域文字中排列文本外，您还可以沿路径排列文本。文本可以沿着开放或闭合的路径排列，形成一些独具创意的形式。在本节中，您将向开放路径添加一些文本。

1　选中"选择工具" ▶，选择"OMEGA 3"徽标。

2　按"Command++"（macOS）或"Ctrl++"（Windows）组合键，重复几次，放大视图。

3　选中"文字工具" **T**，然后将鼠标指针移动到徽标上方黑色路径的左端，直到看到带有交叉波浪形的插入点 ，在此时单击，如图 9-89 左图所示。

单击后，将从您单击的位置沿路径出现占位符文本，如图 9-88 右图所示。您的文本格式可能与图 9-88 右图所示的格式不同，这没关系。

图9-89

4　选择"窗口">"文字">"段落样式"，打开"段落样式"面板。单击"[Normal Paragraph Style]+"以应用样式，如图 9-90 所示。关闭面板组。

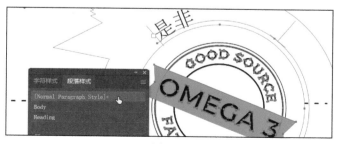

图9-90

5 输入"good for you！"，新文本将沿着路径排列，如图 9-91 所示。

6 按下"Command + A"（macOS）或"Ctrl + A"（Windows）组合键选中所有文本。

7 在文档右侧的"属性"面板中，更改以下格式选项，如图 9-92 所示。

- 填充颜色："Strawberry"色板。
- 字体系列：Oswald。
- 字体样式：Regular。
- 字体大小：16 pt。

图9-91

图9-92

8 选择"文字" > "更改大小写" > "大写"。

9 按"Command++"（macOS）或"Ctrl++"（Windows）组合键，进一步放大。

 提示 对于路径或所选路径上的文本，可以选择"类型" > "在路径上键入" > "在路径上键入"选项设置更多选项。

10 选中"选择工具"，然后将鼠标指针移到文本行的左边缘上方（恰好在"GOOD"中"G"的左侧）。当您看到该鼠标指针变为▸时，请按住鼠标左键向右拖动，以使文本尽可能在路径上居中，以图 9-93 作为参考。

 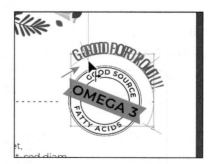

图9-93

文本可以在从单击路径创建的点到路径末尾这个区域中流动。如果将文本左对齐、居中或右对齐，则该文本将在路径上的该区域内对齐。

9.9　创建文本轮廓

将文本转换为轮廓，意味着将文本转换为矢量形状，此时您可以像对待任何其他图形对象一样编辑它和对其执行操作。对于调整较大的显示文本，文本轮廓非常有用，但对于正文文本或其他小号文本，轮廓化用处就不大了。如果将所有文本转换为轮廓，则文件收件人不需要安装相应字体即可正确打开和查看该文件。

将文本转换为轮廓后，该文本将不再可编辑。此外，位图字体和受轮廓保护的字体不能转换为轮廓，且不建议将小于10pt的文本轮廓化。当文本转换为轮廓时，该文本将丢失其控制指令，这些控制指令将融入轮廓文字，以便在不同字体形状大小下以最佳方式显示或打印。另外，必须将所选文本对象中的文字全部转换为轮廓，而不能仅转换文本对象中的单个字母。接下来，您将把主标题转换为轮廓。

1　选择"视图">"所有适合窗口大小"。

2　选中"选择工具" ▶ 后，拖框选中"GRILLED"和"RAINBOW TROUT"两个文本对象。

3　选择"编辑">"复制"，然后选择"对象">"隐藏">"所选对象"。
此时原始文本仍然存在，只是被隐藏起来了。如果需要对其进行更改，您可以选择"对象">"全部显示"以查看原始文本。

4　选择"编辑">"贴在前面"。

5　选择"文字">"创建轮廓"，如图 9-94 所示。
此时文本不再链接到特定字体，相反，它现在是可编辑的图稿。

图9-94

6　单击选中左侧画板的"SERVES：6-8"文本。按住 Option 键（macOS）或 Alt 键（Windows），然后按住鼠标左键将文本拖到右侧的画板上，复制该文本。松开鼠标左键，然后松开 Option 键（macOS）或 Alt 键（Windows）。拖动位置如图 9-95 所示。

图9-95

7　使用相同的方法将文本"TIME：15min"从左侧画板复制到右侧画板。

8　选择"选择>取消选择"。

9　选择"文件">"存储"，然后选择"文件">"关闭"。

9.10　复习题

1 列举几种在 Adobe Illustrator 中创建文本的方法。

2 什么是溢出文本?

3 什么是文本串接?

4 "修饰文字工具"的作用是什么?

5 字符样式和段落样式之间有什么区别?

6 将文本转换为轮廓有什么优点?

9.11　复习题答案

1 在 Adobe Illustrator 中,您可以使用以下方法来创建文本。

- 使用"文字工具" T 在画板中单击,并在光标出现后开始输入。这将创建一个点文字对象以容纳文本。

- 使用"文字工具",按住鼠标左键拖框创建一个文本框。在光标出现时输入文本即可。

- 使用"文字工具",单击一条路径或闭合形状,将其转换为路径文字或在文本框内单击。按住 Option 键(macOS)或 Alt 键(Windows),单击闭合路径的描边,将沿形状路径创建绕排文本。

2 溢出文本是指不匹配区域文本对象或路径的文字。文本框出口端中的红色加号 ⊞ 表示该对象包含额外的文本。

3 文本串接允许您通过链接文本对象,使文本从一个对象流到另一个对象。链接的文本对象可以是任意形状,但文本必须是区域文字或者路径文字(而不是点文字)。

4 "修饰文字工具" 允许您直观地编辑文本中单个字符的某种字符格式。您可以编辑文本的字符旋转、间距、基线偏移以及水平和垂直比例,并且完成后文本仍然是可编辑的。

5 字符样式只能应用于选定的文本,而段落样式可应用于整个段落。段落样式最适合用于调整缩进、边距和行间距。

6 将文本转换为轮廓,就不再需要在与他人共享 Illustrator 文件时一起发送字体,并可添加在编辑(实时)状态时无法添加的文本效果。

第10课 使用图层组织图稿

本课概览

在本课中，您将学习如何执行以下操作。

- 使用"图层"面板。
- 创建、重排和锁定图层、子图层。
- 在图层之间移动对象。
- 在"图层"面板中定位对象。
- 将对象及其图层从一个文件复制粘贴到另一个文件。
- 将外观属性应用于对象和图层。
- 创建图层剪切蒙版。
- 将多图层合并为单个图层。

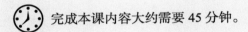 完成本课内容大约需要 45 分钟。

您可以使用图层将图稿组织为不同层级，利用这些层级单独或整体编辑和浏览图稿。每个 Adobe Illustrator 文档至少包含一个图层。通过在文档中创建多个图层，您可以轻松控制文档的打印、显示、选择和编辑方式。

10.1 开始本课

在本课中，您将组织一个 App 设计图稿，以了解在"图层"面板中使用图层的各种方法。

> **Ai** **注意** 如果您还没有从您的账户页面下载本课的课程文件到您的计算机中，请立即下载。具体操作请参阅本书"前言"部分。

1. 为了确保工具的功能和默认值完全如本课所述，请删除或停用（通过重命名）Adobe Illustrator 首选项文件。具体操作请参阅本书"前言"部分中的"还原默认首选项"。
2. 启动 Adobe Illustrator。
3. 选择"文件">"打开"，然后在硬盘上的"Lesson">"Lesson10"文件夹中打开"L10_end.ai"文件。
4. 选择"视图">"全部适合窗口大小"。
5. 选择"窗口">"工作区">"重置基本功能"。

> **Ai** **注意** 如果在"工作区"菜单中没有看到"重置基本功能"，请在选择"窗口">"工作区">"重置基本功能"之前，先选择"窗口">"工作区">"基本功能"。

6. 选择"文件">"打开"。在"打开"对话框中，找到"Lessons">"Lesson10"文件夹，然后选择"L10_start.ai"文件。单击"打开"按钮，如图 10-1 所示。
   可能会出现"缺少字体"对话框，这表明 Illustrator 在计算机上找不到文件中使用的字体。该文件使用的 Adobe 字体很可能是您尚未激活的，因此，您需要在继续进行操作之前修复缺少的字体。
7. 在"缺少字体"对话框中，确保勾选"激活"列中的所有字体，然后单击"激活字体"按钮，如图 10-2 所示。一段时间后，字体将激活，并且您会在"缺少字体"对话框中看到一条提示激活成功的消息。单击"关闭"按钮。

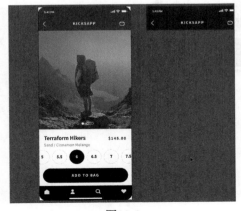

图10-1

图10-2

Ai **注意** 如果在"缺少字体"对话框中看到一条警告消息,或者无法选择"激活字体",则可以单击"查找字体"将字体替换为本地字体。在"查找字体"对话框中,确保在"文档中的字体"部分中选择了缺少的字体,然后从"替换字体来自"菜单中选择"系统"。这将显示 Illustrator 可用的所有本地字体。

从"系统中的字体"部分中选择一种字体,然后单击"全部更改"来替换缺少的字体。对所有丢失的字体执行相同的操作。单击"完成"按钮。

8 选择"文件">"存储为",将文件命名为"TravelApp.ai",然后选择"Lesson10"文件夹。从"格式"菜单中选择"Adobe Illustrator(ai)"(macOS)或从"保存类型"菜单中选择"Adobe Illustrator(*.AI)"(Windows),然后单击"保存"按钮。

在"Illustrator 选项"对话框中,保持选项为默认设置,然后单击"确定"按钮。

9 选择"选择">"取消选择"(如果可用)。

10 选择"视图">"全部适合窗口大小"。

了解图层

图层就像不可见的文件夹,可帮助您保存和管理构成图稿的所有项目(甚至是那些难以选择或跟踪的对象)。如果重排这些"文件夹",则会改变图稿中各项目的堆叠顺序。(您在第 2 课中了解了堆叠顺序)。

文档中图层的结构可以简单,也可以复杂。创建新的 Illustrator 文档时,您创建的所有内容都默认存放在一个图层中。但是,您可以像本课将要学习的那样创建新图层和子图层(类似于子文件夹)来组织您的图稿。

1 单击文档窗口顶部的"L10_end.ai"选项卡,显示该文档。

2 单击工作区右上角的"图层"面板选项卡,或选择"窗口">"图层"。

除了可以组织内容外,在"图层"面板中您还可以方便地选择、隐藏、锁定和更改图稿的外观属性。在图 10-3 中,"图层"面板显示了"L10_end.ai"文件的内容。它与您在文件中看到的内容并不完全一致。在本课学习过程中,您都可以参考图 10-3。

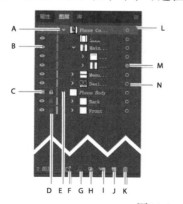

A. 图层颜色
B. 可视性列(眼睛图标)
C. 模板层图标
D. 编辑列(锁定/解除锁定)
E. 显示三角形(展开/折叠)
F. 收集以导出
G. 定位对象
H. 建立/释放剪切蒙版
I. 创建新子图层
J. 建立新图层
K. 删除所选图层
L. 当前图层指示器(三角形)
M. 目标列
N. 选择列

图10-3

3　选择"文件">"关闭"以关闭"L10_end.ai"文件。

10.2　创建图层和子图层

默认情况下，每个文档都以一个名为"图层 1"的图层开始。但在创建图稿时，您可以随时重命名该图层，还可以添加图层和子图层。通过将对象放置在单独的图层中，您可以更轻松地选择和编辑它们。例如，将文字放置在单独的图层上，您可以集中修改文字，而不会影响图稿的其余部分；或者您可以设置多个版本的图标，显示其中一个版本而隐藏其他版本。

10.2.1　创建新图层

接下来，您将更改默认图层名称，然后使用不同的方法创建新图层。这个操作旨在组织图稿，稍后您就可以更轻松地使用图稿。在实际情况中，在 Illustrator 中创建或编辑图稿之前，您要先设置图层。在本课中，您将在创建图稿后使用图层来组织图稿，这可能更具挑战性。除了将所有内容存放在单个图层上之外，您还将创建多个图层以及子图层，以更好地组织内容并使自己以后选择内容更加容易。

1　文档窗口中显示"TravelApp.ai"文档，如果"图层"面板不可见，请单击工作区右侧的"图层"面板选项卡，或选择"窗口">"图层"。

　　在"图层"面板中，"Layer 1"突出显示，表明它是活动的。您在文档中创建或添加的所有内容都会放入活动图层。

2　单击"Layer 1"名称左侧的显示三角形，以显示该图层上的内容，如图 10-4 所示。

　　您创建的每个对象都在该层下列出。Illustrator 将"编组"显示为"<编组>"，"路径"显示为"<路径>"，"图像"显示为"<图像>"，依此类推。这样您可以更轻松地浏览并查看内容。

图10-4

3　单击"Layer 1"名称左侧的显示三角形，隐藏该层上的内容。

4　在"图层"面板中，直接双击图层名称"Layer 1"对其进行编辑，输入"Phone Body"，然后按回车键确认修改，如图 10-5 所示。

5　在"图层"面板的底部，单击"创建新图层"按钮，如图 10-6 所示。

图10-5

图10-6

未命名的图层和子图层按顺序编号。例如，新图层名为"图层 2"，如图 10-7 所示。当"图层"面板中的图层或子图层中包含其他项目时，图层或子图层名称的左侧将显示一个"显示三角形" ▶。您可以单击"显示三角形" ▶显示或隐藏内容。如果没有三角形出现，则表示图层内没有内容。

6 双击图层名称"图层 2"左侧的白色图层缩略图或名称"图层 2"右侧，打开"图层选项"对话框。将名称更改为"Navigation"，并注意所有其他可用选项。单击"确定"按钮，如图 10-7 所示。

图10-7

> **Ai** **注意** "图层选项"对话框中有很多您已经使用过的选项，包括命名图层、设置预览、锁定图层以及显示和隐藏图层。您也可以在"图层选项"对话框中取消选择"打印"选项，那么该图层上的任何内容都不会被打印。

默认情况下，新图层将添加到"图层"面板中当前选定图层（在本例中为"Phone Body"）的上方，并处于活动状态，如图 10-8 所示。请注意，新图层在图层名称的左侧显示出与原图层不同的图层颜色（浅红色）。当您选择图稿的内容时，这将变得十分重要。

接下来，您将使用 Option 键（macOS）或 Alt 键（Windows）创建一个新图层并对其进行命名。

7 在"图层"面板底部，按住 Option 键（macOS）或 Alt 键（Windows）单击"创建新图层"按钮 ◻。在"图层选项"对话框中，将名称更改为"Phone

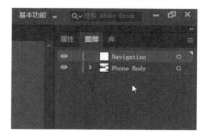

图10-8

Content", 然后单击"确定"按钮。如图10-9所示。

图10-9

10.2.2　创建子图层

从本质上来说，您可以将子图层视为图层内的子文件夹，它们是嵌套在图层内的图层。子图层可用于组织图层中的内容，而无须编组或取消编组内容。接下来，您将创建一个子图层（"Footer"）来放置手机底部图稿内容，以便可以将它和"Phone Content"图层放在一起。

 提示　要创建一个新的子图层，并在某个步骤中命名它，可以按住Option键（macOS）或Alt键（Windows），单击"创建新的子图层"按钮，或从"图层"面板菜单中选择"新建子图层"，以打开"图层选项"对话框。

1　单击名为"Phone Content"的图层将其选中，然后单击"图层"面板底部的"创建新子图层"按钮　，如图10-10所示。

图10-10

这样会在"Phone Content"图层上创建一个新的子图层并将其选中。您可以将这个新的子图层视为名为"Phone Content"的"父图层"的"子图层"。

2　双击新的子图层名称（在本例中为"图层4"），将名称更改为"Footer"，然后按回车键确认修改，如图10-11所示。

创建新子图层时将展开所选图层，显示现有子图层和内容。

3　单击"Phone Content"图层左侧的显示三角形　以隐藏图层的内容，如图10-12所示。

在接下来的几节中，您将添加内容到"Footer"子图层。

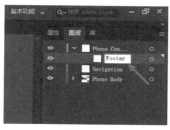

图10-11

图10-12

10.3　编辑图层和内容

通过重新排列"图层"面板中的图层，您可以更改图稿中对象的堆叠顺序。在画板中，"图层"面板列表中顶部图层中的对象在底部图层中的对象的上层；并且在每个图层内部，也有图层中对象的堆叠顺序。图层很有用，比如它能够让您在图层和子图层之间移动对象、组织图稿，并让您更轻松地选择您更编辑的图稿。

10.3.1　在图层面板中查找内容

在处理图稿时，您有时会需要选中画板中的内容，然后在"图层"面板中找到该内容，以确定内容的组织方式。

1　按住鼠标左键将"图层"面板的左边缘向左拖动，使面板变宽，如图 10-13 所示。

当图层和对象的名称足够长时，或者对象彼此之间存在嵌套时，它们的名称可能会被截断——换句话说，您看不到完整的名称。

2　选中"选择工具"▶，在画板上单击选中"Terraform Hikers"文本，如图 10-14 所示。

图10-13

图10-14

3　在"图层"面板底部单击"定位对象"按钮，在"图层"面板中展示选中的内容（文本组），如图 10-15 所示。

单击"定位对象"按钮,会让"图层"面板显示所选文本所在图层的内容。然后,如有必要,您可以在"图层"面板中滚动进度条以查看所选内容。您会在所选内容所在图层（"Phone

Body"）、所在编组（"<编组>"）以及在组中对象的最右侧看到一个选择指示器■。您可以看到所选文本在图层上的编组中，如图 10-16 所示。

图10-15   图10-16

4 按住 Shift 键，在画板上单击选中 "$ 145.00" 文本，如图 10-17 左图所示。
  在 "图层" 面板中，您将在 "$145.00" 文本对象的最右侧看到一个选择指示器■，如图 10-17 右图所示。

5 按 "Command+G"（macOS）或 "Ctrl+G"（Windows）组合键，对所选文本进行编组。
  将内容编组后，将创建一个包含编组内容的编组对象（"<编组>"）。

6 单击所选 "<编组>" 左侧的显示三角形▼，以显示原来的编组和现在与之编组的 "$ 145.00" 文本对象，如图 10-18 所示。

 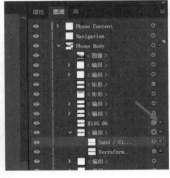 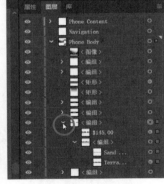

图10-17   图10-18

您可以通过双击 "图层" 面板中的名称来重命名 "<编组>"。重命名编组不会取消编组，但是可以让您在 "图层" 面板中更容易辨识组中的内容。

7 双击主要编组名称 "<编组>"，然后输入 "Description"，按回车键确认修改名称，如图 10-19 所示。

8 单击 "Description" 左侧的显示三角形▼，折叠该编组，以隐藏内容，如图 10-20 所示。

9 单击"Phone Body"图层名称左侧的显示三角形 ✓，折叠该图层并隐藏整个图层的内容，如图 10-21 所示。

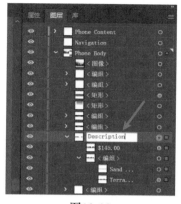
图10-19

图10-20

图10-21

保持图层、子图层和编组折叠是使"图层"面板整齐、有条理的好方法。在图 10-21 中，"Phone Content"图层和"Phone Body"图层是带有显示三角形的图层，因为它们是包含内容的图层。

10 选择"选择">"取消选择"。

10.3.2 在图层间移动内容

接下来，您将利用已创建的图层和子图层，将图稿移动到不同的图层。

1 选中"选择工具" ▶，单击图稿中的文本"Terraform Hikers"以选中该组内容，如图 10-22 左图所示。

注意，在"图层"面板中，"Phone Body"图层名称右侧出现了选择指示器（蓝色小框），如图 10-22 右图所示。

图10-22

还要注意，所选图稿的定界框、路径和锚点的颜色（"图层"面板中，图层名称左侧显示的小色带▌）与图层颜色相同。

如果要将选中的图稿从一个图层移动到另一个图层，可以按住鼠标左键拖动选择指示器到每个图层或子图层名称右侧。这是您接下来要做的。

2 将"Phone Body"图层名称最右侧的选择指示器（蓝色小框）直接拖动到"Phone Content"

图层上的目标图标◎右侧，如图 10-23 所示。

图10-23

![Ai] **提示**　您还可以按住 Option 键（macOS）或 Alt 键（Windows），并按住鼠标左键将选择指示器拖动到另一个图层以复制内容。请记住先松开鼠标左键，然后松开 Option 键（macOS）或 Alt 键（Windows）。

此操作将所有选定的图稿移动到"Phone Content"图层。选定图稿中的定界框、路径和锚点的颜色将变为"Phone Content"图层的颜色（本例中为绿色），如图 10-24 所示。

3　选择"选择">"取消选择"。

4　单击"Phone Body"图层和"Phone Content"图层左侧的显示三角形▷，以显示两个图层的内容。

5　选中"选择工具"▶，将鼠标指针移到"ADD TO BAG"按钮上方。在画板底部的"ADD TO BAG"文本和黑色矩形上拖框选中一系列对象，确保不要选中画板边缘上的矩形，如图 10-25所示。

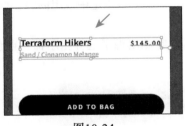

图10-24

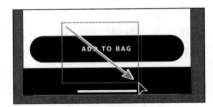

图10-25

您将在"图层"面板中该内容右侧看到蓝色的选择指示器。另外，请注意已选中但在画板上看不到的图标，因为它们位于底部的黑色矩形的下层。在下一节中，您将排列这些图标，使其位于上层。接下来，您将在"图层"面板中选中一些内容，并将它们移动到另一个图层。

![Ai] **注意**　您不需要先在画板上选中图稿，再将内容从一个图层拖到另一个图层，但在图层中以这种拖框的方式更容易找到图稿。

6　在"图层"面板中，单击名称右侧具有选择指示符的"< 编组 >"对象之一。要选中其他两个编组，请在按住 Command 键（macOS）或 Ctrl 键（Windows）的同时单击其他两个"< 编组 >"对象，您将在两个编组的名称右侧看到选择指示器，如图 10-26 左图所示。将

选中对象拖到其上方的"Phone Content"图层中的"Footer"子图层中，当"Footer"子图层高光显示时，松开鼠标左键，如图 10-26 中图和右图所示。

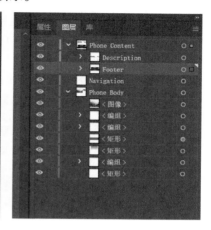

图10-26

这是在图层之间移动图稿的另一种方法。拖动到另一图层或子图层的任何内容将自动位于该图层或子图层的最上层。注意，所选图稿的定界框、路径和锚点的颜色现在已与"Footer"子图层的颜色匹配。

7　单击"Phone Body"图层左侧的显示三角形以隐藏图层内容。

8　选择"选择">"取消选择"，然后选择"文件">"存储"。

10.3.3　以不同方式查看图层内容

在"图层"面板中，您可以在预览模式或轮廓模式下分别查看图层或内容。在本节中，您将学习如何在轮廓模式下查看图层，这可以使图稿选择变得更简单。

1　选择"视图">"轮廓"。这将使图稿仅显示轮廓（或路径）。

此时您应该能够看到隐藏在黑色形状下方的菜单图标，如图 10-27 中方框所示。

请注意"图层"面板中的眼睛图标，它们表示该图层上的内容处于轮廓模式，如图 10-28 所示。

图10-27

图10-28

2 选择"视图">"预览"（或"GPU 预览"），查看绘制的图稿。

有时您可能想要查看部分图稿的轮廓，但同时保留其余图稿的描边和填充。轮廓模式将有助于您查看指定图层、子图层或编组中的所有图稿。

3 在"图层"面板中，单击"Phone Content"图层的显示三角形，显示该图层中的内容。按住 Option 键（macOS）或 Ctrl 键（Windows），在"Phone Content"图层名称的左侧单击眼睛图标，将该图层的内容显示为轮廓，如图 10-29 所示。

图10-29

您将再次看到画板底部的菜单图标。在轮廓模式下查看图层有助于选中对象的锚点或中心点。

4 选中"选择工具"，然后单击一个菜单图标以选中该图标组，如图 10-30 左图所示。

5 单击"Footer"子图层左侧的显示三角形，以显示子图层上的内容，如图 10-30 右图所示。

图10-30

此时您应该能够在"Footer"子图层中找到该图标组。

6 选择"对象">"排列">"置于顶层"。

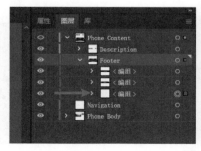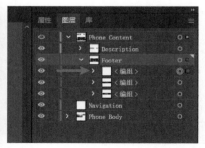

图10-31

"排列"命令只是简单地在单个图层的图层堆栈中上下移动所选内容，"置于顶层"命令仅将图标组带到"Footer"子图层的顶部。如果您决定使用图层整理图稿内容，并需要将内容移到其他内容的上层，而这些内容又不在同一图层，使用"排列"命令则可能会有点困难。有时，您需要将内容从一个图层移动到另一个图层或完全重新排序各图层，以便某些内容可以位于其他内容之前。

7　单击"Phone Content"图层左侧的显示三角形 ▽ 以隐藏该图层内容。

8　按住 Command 键（macOS）或 Ctrl 键（Windows），单击"Phone Content"图层名称左侧的眼睛图标 👁，在预览模式下显示该图层的内容。您现在应该能看到菜单图标，如图 10-32 所示。

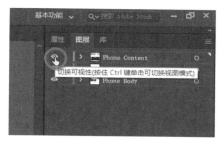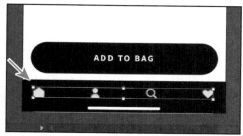

图10-32

9　选择"选择">"取消选择"，然后选择"文件">"存储"。

10.3.4　重新排序图层和内容

在前面的课程中，您了解到对象具有堆叠顺序，该顺序具体取决于它们的创建时间和方式。堆叠顺序适用于"图层"面板中的每个图层。通过在图稿中创建多个图层，您可以控制重叠对象的显示方式。接下来，您将重新排列图层来改变堆叠顺序。

1　选中"选择工具"▶，按住鼠标左键拖过画板顶部选中标题内容，如图 10-33 所示。

在选中标题内容后，您会发现似乎选中了其他内容，这是因为选区周围的边界框覆盖了画板。

2　单击"Phone Body"层名称左侧的显示三角形 ▷ 以显示内容，如图 10-34 所示。

图10-33

此时您会看到所选内容。您需要从所选内容中删除一些对象，包括一个渐变填充的矩形和其他内容。

3　按住 Shift 键，在画板上单击该矩形，这将从所选内容中删除具有渐变填充的矩形，如图 10-35 所示。

4　按住 Shift 键，单击"图层"面板底部"<矩形>"对象右侧的选择指示器，将其从所选对象中删除，如图 10-36 所示。

图10-34

图10-35

图10-36

在这种情况下，应该恰好取消选择。如果没有，则可以再次按住 Shift 键，并单击选择指示器列。

就像在文档中一样，您可以按住 Shift 键，通过在"图层"面板中单击选择指示器来添加或剔除对象。因为在"图层"面板中选中图层或对象的名称不会在文档中选中它，所以您要按住 Shift 键并单击选择指示符而不是矩形名称。

5 单击 "Phone Body" 图层左侧的显示三角形，以隐藏内容。

6 按住鼠标左键拖动 "Phone Body" 图层右侧的选择指示符到 "Navigation" 图层上，松开鼠标左键，将所选内容移动到其所属的 "Navigation" 图层，如图 10-37 所示。

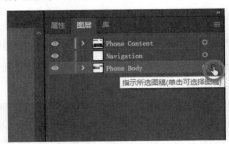

图10-37

图层右侧的选择指示器表示该层上有选中的内容。它不会告诉您选择了什么或选择了多少，但是您将其拖动到另一图层时只会移动当前选中的内容。

7 选中"选择工具"，在远离图稿的空白区域中单击以取消选择。按住 Shift 键，按住鼠标左键将图像从画板的左边拖动到画板的中心位置。松开鼠标左键，然后松开 Shift 键，如图 10-38 所示。

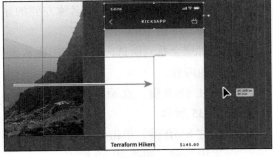

图10-38

8 该图像必须位于"Phone Content"图层上，因此在选中该图像后，按住鼠标左键将"图层"面板中的选择指示器拖动到"Phone Content"图层上，如图 10-39 所示。

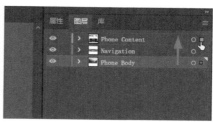

图10-39

现在，该图像覆盖了"Navigation"图层上的内容。接下来，您将对图层重新进行排序，以便您可以再次在画板中看到"Navigation"图层上的内容。

9 按住鼠标左键，将"Phone Content"图层向下拖动到"Navigation"图层下方。当您在"Navigation"图层下方看到一条蓝线时，松开鼠标左键，将"Phone Content"图层移动至"Navigation"图层下方，如图 10-40 所示。现在，您将在画板上看到"Navigation"图层的内容，如图 10-41 所示，因为它位于"Phone Content"图层内容的上方。

图10-40

10 选择"选择">"取消选择"。

11 选择"文件">"存储"。

图10-41

10.3.5　锁定和隐藏图层

在第 2 课中，您学习了有关锁定和隐藏对象的知识。使用菜单命令或快捷键锁定和隐藏对象时，实际上是在"图层"面板中设置锁定、解锁、隐藏和显示。"图层"面板使您可以从视图中隐藏图层、子图层或单个对象。隐藏图层时，该图层上的内容也会被锁定，无法被选中或打印。在本节中，您将锁定某些内容并隐藏其他内容，以使选中内容变得更加容易。

1 单击选中画板上的图像。然后在"图层"面板底部单击"定位对象"按钮🔍，以在图层中找到它。注意 <图像> 名称左侧的眼睛图标◉，如图 10-42 所示。

2 选择"对象">"隐藏">"所选对象"。

图像将被隐藏，并且"图层"面板中"<图像>"名称左侧的眼睛图标  消失了，如图10-43所示。

3 单击"图层"面板中"<图像>"名称最左侧的眼睛图标，以再次显示图像。

这与选择"对象">"显示全部"效果相同。但是，在"图层"面板中操作，不会像命令一样显示所有隐藏的内容。您可以显示或隐藏图层、子图层、单个对象或编组。

图10-42

图10-43

4 按住 Option 键（macOS）或 Alt 键（Windows），单击"Phone Body"图层左侧的眼睛图标 以隐藏其他图层，如图 10-44 所示。

隐藏您要使用的图层以外的所有图层，可以使您更轻松地专注于目前编辑的内容。

单击画板中心的渐变填充矩形。在"图层"面板中，按住鼠标左键将选择指示器向上拖动到"Phone Content"图层并松开鼠标左键，如图 10-45 所示。

图10-44

图10-45

矩形将消失，因为它现在位于隐藏的图层上。

5 按"Command + Y"（macOS）或"Ctrl + Y"（Windows）组合键，在轮廓模式下查看图稿。此时您应该在画板中心附近看到 4 个小圆圈，用来显示应用程序中图像幻灯片的导航，单击选中它们，如图 10-46 所示。

6　将"图层"面板中的选择指示器拖动到"Phone Content"图层并释放，如图10-47所示。圆圈消失了，因为它们现在位于隐藏的图层上。

7　按"Command+Y"（macOS）或"Ctrl+Y"（Windows）组合键，退出轮廓模式。

从"图层"面板菜单中选择"显示所有图层" ，或按住 Option 键（macOS）或 Alt 键（Windows）并单击"Phone Content"图层左侧眼睛图标 ，以再次显示所有图层。

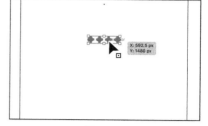

图10-46

8　单击"Navigation"图层左侧的空编辑列，以锁定该层上的所有内容，如图10-48所示。

9　尝试单击并选中画板顶部的"KICKSAPP"文本，但您会选中下层的渐变填充的矩形，如图10-49所示。

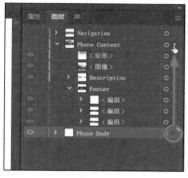

图10-47

图10-48

图10-49

锁定图层将使您无法选择该图层上的内容。如果您不想意外移动内容，这将很有用。您还可以单击图层上的对象的编辑列，以锁定或解锁图层上的对象。

10　选择"选择" > "取消选择"，然后选择"文件" > "存储"。

10.3.6　复制图层内容

您还可以使用"图层"面板来复制图层和其他内容。接下来，您将在某图层上复制内容并复制一个图层。

1　在"图层"面板中显示"Phone Content"图层的内容，单击并选中您重命名为"Description"的组。按 Option 键（macOS）或 Alt 键（Windows），按住鼠标左键将其向下拖动，直到看到一条线条正好位于"Description"组的下方时，松开鼠标左键，然后松开 Option 键（macOS）或 Alt 键（Windows），如图 10-50 所示。

按住 Option 键（macOS）或 Alt 键（Windows），意在拖动所选内容进行复制。这与选中画板上的内容，选择"编辑" > "复制"，然后选择"编辑" > "就地粘贴"效果相同。

提示 您也可以按住 Option 键（macOS）或 Alt 键（Windows），按住鼠标左键拖动选择指示器来复制内容。您还可以在"图层"面板中选中"<Description>"，然后从在"图层"面板菜单中选择"复制'<Description>'"，来创建相同内容的副本。

2 按住 Option 键（macOS）或 Alt 键（Windows），单击名为"Description"的原始组，以在画板上选中文本，如图 10-51 所示。

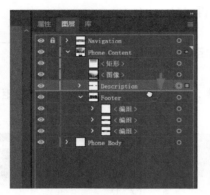
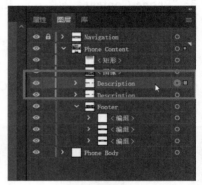

图10-50 图10-51

注意 之所以选中原始"Description"组，是因为如果您选择了副本，然后尝试将其拖动到画板上时，会将堆叠在其上层的"Description"原始组拖走。不过您拖走哪个组都没关系，因为它们是相同的。

3 在画板上，将选中的文本拖到右侧，如图 10-52 所示。

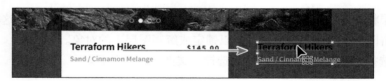

图10-52

您将保留原始文本的副本，以防您将画板上的文本转换为轮廓。接下来，您将制作"Navigation"图层的副本，并将副本的内容拖到画板上。

4 单击"Navigation"图层名称并将其向下拖动到"图层"面板底部的"创建新图层"按钮 上，如图 10-53 所示。

这将复制该图层，并将内容粘贴到"Navigation"原始图层的上层。请注意，名为"Navigation_复制"的复制图层也被锁定。

5 单击面板中"Navigation_复制"名称左侧的锁定图标🔒，对其进行解锁，如图 10-54 所示。

6 为了选中复制的内容，以便将其移出画板，可以单击"Navigation_复制"名称最右边的选择指示器来选中该图层中的所有内容。

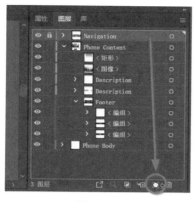

图10-53

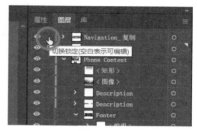

图10-54

7 在画板上，将选定的"Navigation_复制"图层中的内容从画板上拖到右侧，如图 10-55 所示。

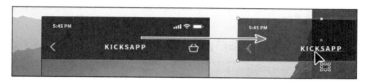

图10-55

10.3.7 粘贴图层

若要完成此 APP 设计图稿，您还需要复制另一个文件中的图稿并将其粘贴到该文档中。您可以将分层文件粘贴到另一个文件中，并保持所有图层不变。在本节中，您还将学习一些新内容，包括如何对图层应用外观属性和重新排列图层。

1 选择"窗口">"工作区">"重置基本功能"。

2 选择"文件">"打开"。在硬盘上的"Lessons">"Lesson10"文件夹中打开"Sizes.ai"文件。

3 选择"视图">"画板适合窗口大小"。

4 单击"图层"面板选项卡以显示该面板，然后查看内容所在的名为"Sizes"的图层，如图 10-56 所示。

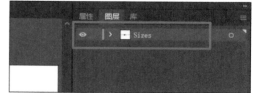

图10-56

5 选择"选择">"全部"，然后选择"编辑">"复制"以选择内容并将其复制到剪贴板。

6 选择"文件">"关闭"以关闭"Sizes.ai"文件，不保存任何更改。如果出现警告对话框，请单击"不保存"（macOS）或"否"（Windows）按钮。

7 在"TravelApp.ai"文件中，从"图层"面板菜单██中选择"粘贴时记住图层"复选项，选项旁边的复选标记表示它已被选择，如图 10-57 所示。

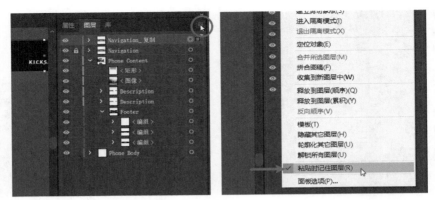

图10-57

选择"粘贴时记住图层"后，无论"图层"面板中的哪个图层处于活动状态，都会将图稿独立粘贴成复制时的图层。如果未选择该选项，则所有对象都将粘贴到活动图层中，并且不粘贴原始文件中的图层。

8 选择"编辑">"粘贴"将内容粘贴到文档窗口的中心，如图 10-58 所示。

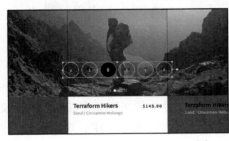

图10-58

选择"粘贴时记住图层"选项将导致"Sizes.ai"文件中的图层粘贴为"TravelApp.ai"文档中"图层"面板顶部的图层"Sizes"。下面，您将把新粘贴的图层移到"Phone Content"图层中。

9 按住鼠标左键将"Sizes"图层向下拖动到"Phone Content"图层的顶部，以将内容移动到新图层中。此时粘贴的"Sizes"图层成为"Phone Content"图层的子图层，如图 10-59 所示。

图10-59

10 按住鼠标左键将画板上的选定图稿向下拖动到合适位置，如图 10-60 所示。

图10-60

11 选择"选择">"取消选择"。

10.3.8 将外观属性应用于图层

> **Ai** | **注意** 若要了解有关使用外观属性的详细信息，请参阅第 13 课。

您可以使用"图层"面板将外观属性（如样式、效果和透明度）应用于图层、组和对象。将外观属性应用于图层时，该属性将应用于图层上的任何对象。如果将外观属性仅应用于图层上的特定对象，则它只影响该对象，而不是整个图层。接下来，您会将效果应用到一个图层中的所有图稿上。

1 单击"Navigation_复制"图层右侧目标列中的目标图标 ◎，如图 10-61 所示。
单击目标图标，表示要对该图层、子图层、组或对象应用效果、样式或透明度更改。换句话说，图层、子图层、组或对象都被选中了。而在文档窗口中，其对应的内容也被选中了。当目标按钮变成双环图标（ ◉ 或 ◎ ）时，表明该图层被选中了，而单环图标则表示该图层还未被选中。

图10-61

> **Ai** | **注意** 单击目标图标还会在画板上选中对象，您只需在画板上对选中内容应用效果。

2 选择"效果">"（Illustrator 效果）风格化">"投影"，应用效果。

3 在"投影"对话框中，选中"预览"复选框并更改以下选项，如图 10-62 所示。

- 模式：正片叠底（默认）。
- 不透明度：50%。
- X 位移：0 px。
- Y 位移：10 px。
- 模糊：3 px。
- 颜色复选框：选中。

图10-62

4 单击"确定"按钮。

如果您在"图层"面板中查看到"Navigation_复制"图层目标图标◎中存在阴影,这表示该图层已应用了至少一个外观属性(添加了"投影"),即图层上的所有内容均已应用"投影"。

5 选择"选择">"取消选择"。

10.4 创建剪切蒙版

通过"图层"面板,您可以创建剪切蒙版,以隐藏或显示图层(或组中)的图稿。剪切蒙版是一个或一组(使用其形状)屏蔽自身同一图层或子图层下层图稿的对象,剪切蒙版只显示其形状中的图稿。第 15 课"Illustrator 与其他 Adobe 应用程序联用",将介绍如何在不使用"图层"面板的情况下创建剪切蒙版。现在,您将从"图层"面板创建剪切蒙版。

1 单击"Phone Body"图层左侧的显示三角形▶、以显示其内容,然后单击"Phone Content"图层左侧的显示三角形▼以隐藏其内容。

"Phone Body"图层上的"<矩形>"对象将用作蒙版。在"图层"面板中,蒙版对象必须位于它要遮罩的对象的上层。在本例的图层蒙版中,遮罩对象是图层中位于顶层的对象。您可以为整个图层、子图层或一组对象创建剪切蒙版。您想要遮罩"Phone Content"图层中的所有内容,因此剪切蒙版要位于"Phone Content"图层和"Navigation"图层的上层。

2 单击"图层"面板中"Navigation"图层名称左侧的锁定图标🔒以对其进行解锁。

3 单击并选中"图层"面板中的"Phone Content"图层,然后按住 Shift 键,单击选中"Navigation"图层,如图 10-63 左图所示。

4 从"图层"面板菜单▤中选择"收集到新图层中"以创建一个新图层,并将"Phone Content"图层和"Navigation"图层作为子图层放置在其中,如图 10-63 右图所示。

您可能已经在"图层"面板菜单中注意到了这些其他选项:"合并所选图层"和"拼合图稿"。

"合并所选图层"会将两个图层的内容合并到顶层（"Navigation"层）。"拼合图稿"会将所有图稿收集到所选中的单个图层中。

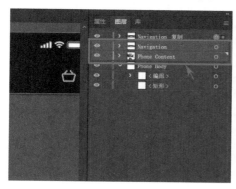

图10-63

5 直接双击新图层名称（本例中为"图层 7"）并将其命名为"Phone"，按回车键确认更改。
6 按住鼠标左键将名为"< 矩形 >"的对象从"Phone Body"图层拖动到新的"Phone"图层，如图 10-64 所示。
　该对象将被用作图层上所有内容的剪切蒙版。
7 单击"Phone"层左侧的显示三角形 以显示该层的内容。
8 单击选中"Phone"图层，使其在"图层"面板中高亮显示。在"图层"面板的底部单击"建立 / 释放剪切蒙版"按钮 ，如图 10-65 所示。

> **提示** 若要释放剪切蒙版，您可以选择"Phone"图层，然后再次单击"建立 / 释放剪切蒙版"按钮 。

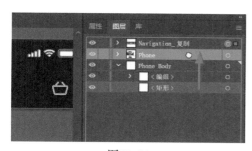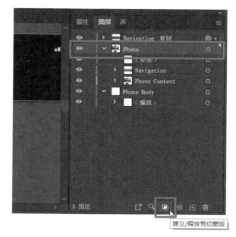

图10-64　　　　　　　　　　　图10-65

"图层"面板中名称带下划线的"< 矩形 >"表示其为蒙版形状，"< 矩形 >"内容隐藏了

"Phone Content"中超出该矩形形状范围的部分，如图 10-66 所示。

图10-66

现在，图稿已经完成，您可能想把所有图层合并到一个图层中，然后删除空图层，这称为"拼合图稿"。用单个图层的文件交付已完成的图稿可以防止意外发生，例如在打印过程中隐藏图层或省略部分图稿会干扰打印。要在不删除隐藏图层的情况下拼合特定图层，可以选择要拼合的图层，然后从"图层"面板菜单▤中选择"合并所选图层"。

注意 有关可与"图层"面板一起使用的完整快捷键列表，请参阅"Illustrator 帮助"（"帮助"＞"Illustrator 帮助"）中的"键盘快捷键"。

9 选择"文件"＞"存储"，然后选择"文件"＞"关闭"。

10.5　复习题

1　指出至少两个在创建图稿时使用图层的好处。
2　描述如何调整文件中图层的排列顺序。
3　更改图层颜色有什么用途？
4　如果将分层文件粘贴到另一个文件中会发生什么？"粘贴时记住图层"选项有什么用处？
5　如何创建图层剪切蒙版？

10.6　复习题答案

1　在创建图稿时使用图层的好处，包括组织内容、便于选择内容、保护不想修改的图稿、隐藏不使用的图稿以免分散注意力，以及控制打印内容。
2　在"图层"面板中选择图层名称并将图层拖动到新的位置，可以对图层重新进行排序。"图层"面板中图层的顺序控制着文档中的图层顺序——面板中位于顶部的对象是图稿中最上层的对象。
3　图层颜色控制着所选锚点和方向线在图层上的显示方式，有助于您识别所选对象驻留在文档的哪个图层中。
4　默认情况下，粘贴命令会将从不同分层文件复制而来的图层或对象粘贴到当前活动图层中。而"粘贴时记住图层"选项将保留各粘贴对象对应的原始图层。
5　选中图层并单击"图层"面板中的"建立 / 释放剪切蒙版"按钮■，可以在图层上创建剪切蒙版。该图层中最上层的对象将成为剪切蒙版。

第11课 渐变、混合和图案

本课概览

在本课中，您将学习如何执行以下操作。

- 创建并保存渐变填充。
- 应用和编辑描边上的渐变。
- 应用和编辑径向渐变。
- 调整渐变方向。
- 调整渐变中颜色的不透明度。
- 创建和编辑任意形状渐变。
- 按指定步数混合对象。
- 创建对象之间的平滑颜色混合。
- 修改混合及其路径、形状和颜色。
- 创建图案并应用图案。

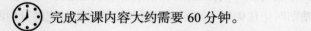 完成本课内容大约需要 60 分钟。

在 Illustrator 中，想要为作品增加趣味性，提高深度，您可以应用渐变填充。渐变填充是由两种或两种以上的颜色、图案、形状组成的过渡混合。在本课中，您将了解如何使用它们来完成多个项目。

11.1 开始本课

在本课中，您将了解使用渐变、混合形状和颜色以及创建和应用图案的各种方法。在开始本课之前，您将还原 Adobe Illustrator 的默认首选项。然后，您将在本课的第一部分打开一个已完成的图稿文件，以查看您将创建的内容。

> **Ai** **注意** 如果您还没有从您的"账户"页面下载本课的课程文件到您的计算机中，请立即下载。具体操作请参阅本书"前言"部分。

1 为了确保工具的功能和默认值完全如本课所述，请删除或停用（通过重命名）Adobe Illustrator 首选项文件。具体操作请参阅本书"前言"部分中的"还原默认首选项"内容。

2 启动 Adobe Illustrator。

3 选择"文件" > "打开"，并打开硬盘上的"Lessons" > "Lesson11"文件夹中的"L11_end1.ai"文件，如图 11-1 所示。

4 选择"视图" > "全部适合窗口大小"。如果您不想在工作时让文档保持打开状态，请选择"文件" > "关闭"。

要开始学习本课，您应先打开一个需要完成的图稿文件。

5 选择"文件" > "打开"，在"打开"对话框中，定位到硬盘上的"Lessons" > "Lesson11"文件夹，然后选择"L11_start1.ai"文件。单击"打开"按钮，打开该文件，如图 11-2 所示。

图11-1

图11-2

6 选择"视图" > "全部适合窗口大小"。

7 选择"文件" > "存储为"，将文件命名为"Jellyfish_poster.ai"，并在"存储为"菜单中选择"Lessons" > "Lesson11"文件夹。从"格式"菜单中选择"Adobe Illustrator（ai）"（macOS）或从"保存类型"菜单中选择"Adobe Illustrator（*.AI）"（Windows），然后单击"保存"按钮。

8 在"Illustrator 选项"对话框中，保持选项为默认设置，然后单击"确定"按钮。

9 从应用程序栏的工作区切换器中选择"重置基本功能"。

注意 如果在工作区切换器菜单中没有看到"重置基本功能",请在选择"窗口">
"工作区">"重置基本功能"之前,先选择"窗口">"工作区">"基本功能"。

11.2 使用渐变

渐变填充是由两种或两种以上颜色组成的过渡混合,它通常包含一个起始颜色和一个结束颜色。您可以在 Illustrator 中创建不同类型的渐变填充:线性渐变,其起始颜色沿直线混合到结束颜色;径向渐变,其起始颜色从中心点向外辐射到结束颜色;任意形状渐变,您可以在形状中按一定顺序或随机顺序创建渐变颜色混合,使颜色混合看起来平滑且自然。您可以使用 Adobe Illustrator 提供的渐变,也可以自行创建渐变,并将其保存为色板供以后使用,如图 11-3 所示。

线性渐变　　　　　　径向渐变　　　　　　任意形状渐变

图11-3

您可以使用"渐变"面板("窗口 > 渐变")或工具栏中的"渐变"工具■应用、创建和修改渐变。在"渐变"面板中,"填色"框或"描边"框显示了应用于当前对象的填色或描边的渐变颜色和渐变类型,如图 11-4 所示。

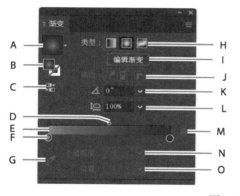

A. 渐变　　　　　　　　H. 渐变类型
B. 填色框/描边框　　　　I. 编辑渐变
C. 反向渐变　　　　　　J. 描边渐变类型
D. 渐变中点　　　　　　K. 角度
E. 渐变滑块　　　　　　L. 长宽比
F. 色标　　　　　　　　M. 删除色标
G. 拾色器　　　　　　　N. 不透明度
　　　　　　　　　　　　O. 位置

图11-4

注意 您在操作时看到的"渐变"面板可能与图 11-4 不同,这没关系。

在"渐变"面板中,"渐变滑块"(在图 11-4 中标记为"E")下方的圆圈(标记为"F")称为色标。左侧的色标表示起始颜色;右侧的色标表示结束颜色。色标是渐变从一种颜色变为另一种颜色的点。您可以通过在渐变滑块下方单击来添加色标。双击色标将打开一个面板,其中您可以自行通过色板或颜色滑块来选择颜色。

11.2.1 将线性渐变应用于填色

本课先使用最简单的双色线性渐变，起始颜色（最左侧的色标）沿直线混合到结束颜色（最右侧的色标）。首先，您将应用 Illustrator 自带的渐变填充黄色形状。

1　选中"选择工具" ▶ 后，单击小水母的黄色形状。
2　单击"属性"面板中的"填色"框▢，在弹出的面板中选择"色板"选项▤，然后选择名为"White, Black"的渐变色板，如图 11-5 所示。保持色板呈显示状态。

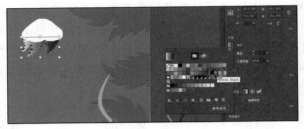

图11-5

默认的黑白渐变会应用于所选形状的填色。

11.2.2 编辑渐变

接下来，您将编辑上一节应用的黑白渐变。

1　如果色板未显示，请再次单击"属性"面板中的"填色"框以显示色板。单击面板底部的"渐变选项"按钮，打开"渐变"面板（或"窗口 > 渐变"），如图 11-6 所示。然后执行以下操作。

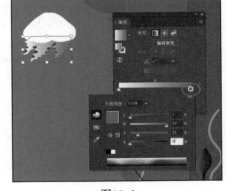

・　双击"渐变滑块"最右侧的黑色色标，编辑"渐变"面板中的颜色（图 11-6 中的圆圈所示位置）。在弹出的面板中，选择"颜色"选项▧打开"颜色"面板。

・　如果"CMYK"值未显示，请单击菜单图标▤，然后从菜单中选择"CMYK"。

・　将"CMYK"值更改为"C=1%""M=97%""Y=21%""K=0"。

图11-6

Ai | **提示**　输入"CMYK"值时，按 Tab 键可以在各输入框之间切换。输入最后一个值后，按回车键确定。

2　在"渐变"面板的空白区域中单击，隐藏"颜色"面板。
3　在"渐变"面板中，执行以下操作。

・　确保选中了"填色"框（图 11-7 中圆圈所示位置），以便编辑填充颜色而不是描边颜色。
・　双击最左侧的白色渐变色标，选择渐变的起始颜色（图 11-7 中箭头所示位置）。

• 单击弹出面板中的"色板"选项，单击选择名为"Dark purple"的深紫色色板。

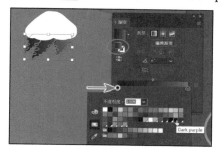

图11-7

Ai **注意** 您可以按 Esc 键隐藏面板，但要小心，因为在这种情况下按 Esc 键，"K"值可能会恢复到修改之前的值。

11.2.3 保存渐变

接下来，您将在"色板"面板中将上一节编辑的渐变保存为色板。保存渐变是将渐变轻松地应用于其他图稿，并保持渐变外观一致的好方法。

1 在"渐变"面板中，单击"类型"一词左侧的"渐变"菜单按钮 ，然后在弹出的面板底部单击"添加到色板"按钮 ，如图 11-8 所示。

您看到的面板中列出了您可以应用的所有默认渐变和已保存渐变。

Ai **提示** 和 Illustrator 中的大多数内容一样，保存渐变的方法不止一种。您还可以通过选中具有渐变填充或描边的对象，单击"色板"（无论应用了哪种渐变）面板中的"填充"框或"描边"框，然后单击"色板"面板底部的"新建色板"按钮 来保存渐变。

---

2 单击"渐变"面板顶部的"×"按钮将其关闭。

3 在仍选中部分水母形状的情况下，单击"属性"面板中的"填色"。选择"色板"选项 ，双击"新建渐变色板 1"缩略图，打开"色板选项"对话框，如图 11-9 所示。

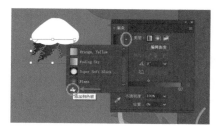

图11-8

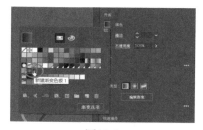

图11-9

4 在"色板选项"对话框中，在"色板名称"字段中输入"Jelly1"，然后单击"确定"按钮。

5 单击"色板"面板底部的"显示'色板类型'菜单"按钮▦▾，然后从菜单中选择"显示渐变色板"，以在"色板"面板中仅显示渐变色板，如图 11-10 所示。

在"色板"面板中，您可以根据类型（如渐变色板）对颜色进行排序。

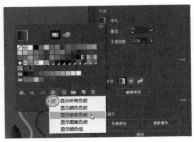

6 仍选中画板上的部分水母形状，在"色板"面板中选择其他不同的渐变，填充到所选形状。

7 单击"色板"面板中名为"Jelly1"的渐变（第 4 步保存的渐变），以确保在继续执行下一步之前已应用该渐变。

8 单击"色板"面板底部的"显示'色板类型'菜单"按钮▦▾，然后从菜单中选择"显示所有色板"。

图11-10

9 选择"文件">"存储"，并保持所选形状呈选中状态。

11.2.4 调整线性渐变填充

使用渐变填充对象后，可以使用"渐变工具"▦调整渐变方向、原点以及起点和终点。现在，您将在原形状中调整渐变填充。

1 选中"选择工具"▶后，双击该形状以将其隔离。

这是进入单个形状的隔离模式的好方法，这样您就可以专注于调整此形状，而无须考虑在其之上的其他内容（在本例中）。

2 选择"视图">"放大"，并重复几次。

3 单击"属性"面板中的"编辑渐变"按钮，如图 11-11 所示。

图11-11

Ai | **提示** 您可以通过选择"视图">"隐藏渐变批注者"来隐藏渐变批注者（渐变条）。若要再次显示，可选择"查看">"显示渐变批注者"。

这将选中工具栏中的"渐变工具"，并进入编辑渐变模式。使用"渐变工具"，您可以为对象的填色应用渐变，或者编辑现有的渐变填充。请注意出现在形状中间的水平渐变滑块，它很像"渐变"面板中的"渐变滑块"。水平渐变滑块指示渐变的方向和长短，您不需要打开"渐变"面板，就可以使用图稿上的水平渐变滑块来编辑渐变。其两端的两个圆圈表示色标，左边较小的圆圈表示渐变的起点（起始色标），右边较小的正方形表示渐变的终点（结束色标）。您在滑块中间看到的菱形是渐变的中点。

4 选中"渐变工具"后，从形状底部向上拖动到形状顶部，以更改渐变的起始颜色和结束颜色的位置和方向，如图 11-12 所示。

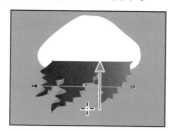

图11-12

拖动开始的位置是起始颜色色标的位置，拖动结束的位置是结束颜色色标的位置。拖动时，对象中将显示渐变调整的实时预览。

5 使用"渐变工具"，将指针移出渐变批注者（渐变条）顶部的黑色小正方形，此时会出现一个旋转图标。按住鼠标左键向右拖动可旋转填充的渐变，然后松开鼠标左键，如图 11-13 所示。

图11-13

6 双击工具栏中的"渐变工具"以打开"渐变"面板（如果尚未打开）。确保在面板中选择了"填色"框（图 11-14 中圆圈处所示），然后将"角度"值改为"80°"，按回车键确认，如图 11-14 所示。

> **Ai** | **注意** 当您想要保证操作的一致性和精度时，可以在"渐变"面板中输入渐变旋转角度，而不是在画板上直接调整它。

7 选择"对象">"锁定">"所选对象"可锁定形状，这样稍后就不会意外移动该形状，并且选中其他图稿也更容易。

8 选中"选择工具"，然后按 Esc 键退出隔离模式。您将能再次选中其他图稿。

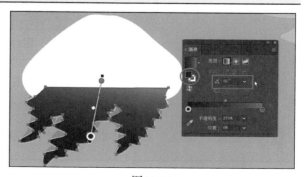

图11-14

11.2.5　将线性渐变用于描边

您还可以将渐变应用于对象的描边。与应用于对象填色的渐变不同，应用于描边的渐变不能使用"渐变工具"▇编辑。但是，描边上的渐变在"渐变"面板中的选项比应用于对象填色的渐变更多。接下来，您将向描边中添加颜色，以创建一些具有 3D 效果的海藻。

1 选择"视图">"画板适合窗口大小"。

2 选中"选择工具"▶后，单击右下角的浅橙色曲线以选中该路径，如图 11-15 所示。

图11-15

接下来，您会把这条简单的路径变成海藻，让它看起来与 11.2.4 节创建的紫色水母形状颜色一致。

> **提示**　想知道淡橙色的路径末端是如何逐渐变细的吗？我用铅笔工具画了一条路径，然后在控制面板（"窗口">"控制"）中应用了一个可变宽度的配置文件！

3 单击工具栏底部的"描边"框，然后单击"描边"框下的"渐变"框以应用上次使用的渐变，如图 11-16 所示。

图11-16

> **注意**　根据屏幕的分辨率，您可能会看到工具栏为双栏排列。

> **注意**　"颜色"面板组可能会打开，关闭就行。

4 按"Command+ +"（macOS）或"Ctrl + +"（Windows）组合键几次，放大视图。

11.2.6　编辑描边的渐变

对于应用于描边的渐变，您可以选择用以下几种方式将渐变与描边对齐：在描边中应用渐变、沿描边应用渐变或跨描边应用渐变。在本节中，您将了解如何将渐变与描边对齐，并编辑渐变的颜色。

> **注意**　您可以有 3 种方式将渐变应用于描边：在描边中应用渐变（默认）■，沿描边应用渐变■，以及跨描边应用渐变■。

1　在"渐变"面板（"窗口 > 渐变"）中，单击"描边"框（如果尚未选中，它在图 11-17 左边箭头所示位置），可编辑应用于描边的渐变。将"类型"保持为"线性渐变"（图 11-17 右边圆圈所示位置），然后单击"跨描边应用渐变"按钮■以更改渐变类型，如图 11-17 所示。

2　在"渐变"面板中，将指针移动到"渐变滑块"下方两个色标之间。当出现带有加号的鼠标指针▷₊时，单击添加另一个色标，如图 11-18 所示。

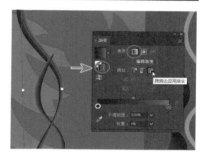

图11-17

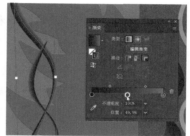

图11-18

3　双击新的色标，并在弹出面板中选中"色板"选项■后，单击名为"Pink"的色板，如图 11-19 所示。按 Esc 键，隐藏"色板"面板并返回到"渐变"面板。

4　在色标仍然被选中的情况下（此时它周围有一圈蓝色的高光），将"位置"更改为"50%"。如图 11-20 所示。

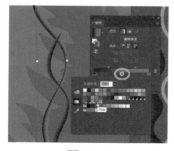

图11-19

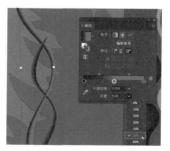

图11-20

您还可以按住鼠标左键沿着"渐变滑块"拖动色标来更改"位置"值。

在接下来的几个步骤中，您将了解如何通过在"渐变"面板中拖动创建色标副本来向渐变中添加新的颜色。

5 按住 Option 键（macOS）或 Alt 键（Windows），将颜色最深的色标向右拖动。当您看到在"位置"值大约为"90%"时释放鼠标左键，然后释放 Option 键（macOS）或 Alt 键（Windows）。如图 11-21 所示。

> **Ai** │ **提示** 当通过按 Option 键（macOS）或 Alt 键（Windows）复制色标时，如果在另一个色标处释放鼠标左键，您将交换两个色标，而不是创建重复色标。

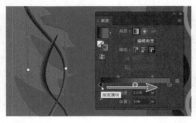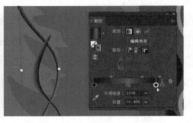

图11-21

> **Ai** │ **注意** 图 11-21 右图中，释放鼠标左键和 Option 键（macOS）或 Alt 键（Windows）后，会显示拖动产生的色标副本。

现在"渐变滑块"上有 4 个色标。接下来，您将学习如何删除色标。

6 按住鼠标左键将最右侧颜色较浅的色标向下拖离"渐变滑块"。当您看到它从滑块中消失时，松开鼠标左键则将它删除，如图 11-22 所示。

图11-22

7 双击之前新建的色标，并在弹出的面板中选中择"色板"选项后，选择"Light pink"以应用它，如图 11-23 所示。

8 单击"渐变"面板顶部的"×"按钮将其关闭。

9 选择"文件">"存储"。

11.2.7 将径向渐变应用于图稿

如前所述，对于径向渐变，渐变的起始颜色（最左侧的色标）位

图11-23

于填充的中心处，并向外辐射到结束颜色（最右侧的色标）。接下来，您将创建径向渐变，并将其应用于背景填充。

1. 选择"视图">"画板适合窗口大小"。

2. 选中"选择工具" ▶后，单击背景中的粉红色形状。

3. 确保在工具栏底部选择了"填色"框，如图 11-24 所示。

4. 在"属性"面板中，将"填色"更改为"White,Black"渐变。按 Esc 键隐藏"色板"面板。如图 11-25 所示。

图11-24

图11-25

5. 在"属性"面板中，单击"径向渐变"按钮，将线性渐变转换为径向渐变。如图 11-26 所示。

图11-26

注意 您需要在工具栏中选择"渐变"框，才能查看"属性"面板中的"渐变类型"选项。您还可以单击"色板"面板中的"渐变选项"按钮，打开"渐变"面板并更改渐变类型。

11.2.8 编辑径向渐变中的颜色

本课前面部分介绍了如何在"渐变"面板中编辑渐变颜色。您还可以使用"渐变工具" ■来编辑图稿上的渐变颜色，这是您接下来要执行的操作。

1. 双击工具栏中的"渐变工具"，选中该工具并打开"渐变"面板。

2. 在"渐变"面板中，在仍选中矩形的情况下，单击"反向渐变"按钮以交换渐变中的白色和黑色，如图 11-27 所示。

图11-27

3　将鼠标指针移动到椭圆的渐变批注者上，并执行以下操作。

* 双击椭圆中心的黑色色标（如图 11-28 圆圈处所示）来编辑颜色。
* 在弹出的面板中，选择"色板"选项 ▦ （如果它尚未被选中）。
* 选择名为"Light blue"的色板。

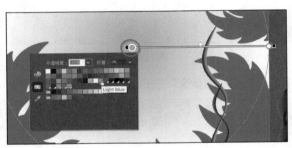

图11-28

Ai ┃ **注意**　您可能需要移动渐变面板。

注意，渐变批注者从椭圆的中心开始，指向右侧。渐变批注者周围的虚线圆表明这是径向渐变。稍后您可以为径向渐变进行其他设置。

4　按 Esc 键隐藏面板。

5　将指针移动到渐变滑块中点的下方。当出现带有加号的鼠标指针 ▷₊ 时，如图 11-29 左图所示，单击在渐变中添加另一种颜色。

6　双击新的色标。在弹出的面板中，确保选中了"色板"选项，然后选择名为"Blue"的色板，如图 11-29 右图所示。

Ai ┃ **提示**　当您编辑应用了色板的色标时，您可以很容易地看到应用了哪个色板，因为它将在"色板"面板中高亮显示。

7　将"位置"值更改为"45%"，如图 11-30 所示。按回车键确认更改值并隐藏面板。

8　双击最右侧的白色色标，在弹出的面板中，确保选中了"色板"选项，然后选择名为"Dark blue"的色板。如图 11-31 所示。

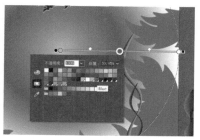

图11-29

图11-30

图11-31

9　按 Esc 键隐藏面板。

10　选择"文件">"存储"。

11.2.9　调整径向渐变

接下来，您将更改径向渐变的长宽比，并更改径向渐变的半径和起始点。

1　在仍选中矩形和"渐变工具"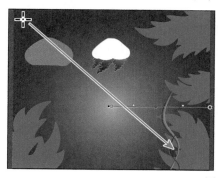的情况下，将鼠标指针移动到画板左上角附近。按住鼠标
　　左键拖动到画板的右下角，更改矩形中的渐变。如图 11-32 所示。

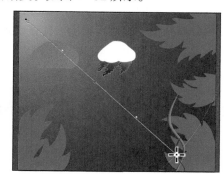

图11-32

2　将鼠标指针移动到图稿的渐变批注者上，可以在渐变周围看到虚线圆圈。按住"Option+-"
　　（macOS）或"Ctrl+-"（Windows）组合键，重复几次，缩小视图，以便您可以看到整个
　　虚线圆圈。

3 将鼠标指针移到虚线圆圈上的双圆点（不是黑色点）上（见图 11-33 左图）。当指针变为 ▸
时，向画板中心拖动一点，松开鼠标左键，缩小渐变半径，如图 11-33 右图所示。

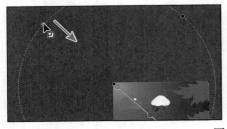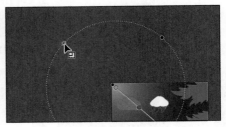

图11-33

4 在"渐变"面板中，确保选中"填色"框，然后从"长宽比" 下拉菜单中选择"80%"，如图 11-34 所示。将鼠标指针移动到渐变批注者上，以再次查看虚线圆圈。保持此"渐变"面板为打开状态。

图11-34

调整长宽比可将径向渐变变为椭圆渐变，使渐变可以更好地匹配图稿的形状。编辑长宽比的另一种方法是直接在画板上进行更改。在选中了"渐变工具"的情况下，移动鼠标指针到所选图稿的渐变上，然后将鼠标指针移动到虚线椭圆上的黑色圆点上，鼠标指针变为 ▸。然后，您就可以按住鼠标左键并拖动来更改渐变的长宽比了。

5 选择"视图">"画板适应窗口大小"。

6 选择"选择">"取消选择"，然后选择"文件">"存储"。

11.2.10 将渐变应用于多个对象

选中所有对象，应用一种渐变色，然后使用"渐变工具" 在对象之间拖动，您就可以将渐变应用于多个对象。

现在，您将对海藻形状应用线性渐变填充。

1　选中"选择工具" ▶ 后，单击左下角的紫色海藻图稿（图 11-35 中的箭头处所示）。

2　选择"选择"＞"相同"＞"填充颜色"，选中用相同紫色填充的所有对象。

3　单击"属性"面板中的"填色"框。在弹出的面板中，确保选中了"色板"选项 ▦，然后选择"Plant"渐变色板。

4　在工具栏中选中"渐变工具"。

　　您可以看到，现在每个对象都应用了渐变填充。

　　选中"渐变工具"后，您可以看到每个对象都有自己的渐变标注者，如图 11-35 所示。

5　按住鼠标左键从画板的右上角（图 11-36 红色"×"处）拖到左下角。

　　使用"渐变工具"在多个形状之间拖动，可以对这些形状应用渐变，如图 11-36 所示。

6　在仍选中形状的情况下，将"属性"面板中的"不透明度"值更改为"30%"，如图 11-37所示。

图11-35

图11-36

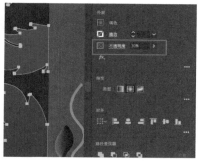

图11-37

11.2.11　为渐变添加透明度

通过为渐变中的不同色标指定不同的"不透明度"值，可以创建淡入、淡出、显示或隐藏底层图稿的渐变效果。接下来，您将为水母形状应用淡入的透明渐变。

1　选中"选择工具" ▶，然后单击选中图稿中的绿色形状。

2　在"渐变"面板中，确保选中了"填色"框。单击"渐变"菜单箭头 ▦，然后选择"White，Black"，将该通用渐变应用于形状填色，如图 11-38 所示。

3　在工具栏中选中"渐变工具" ▦，然后按住鼠标左键从形状顶部边缘以小角度向左下拖动到刚好经过底部边缘，如图 11-39 所示。

4　将鼠标指针放在形状上，双击底部的黑色色标。在确保选中了"色板"选项 ▦ 的情况下，从色板中选择名为"Light blue"的色板。从"不透明度"菜单中选择"0%"，如图 11-40所示。按回车键隐藏色板。

5　双击渐变滑块另一端的白色色标，从色板中选择"Light blue"色板。从"不透明度"菜单中选择"70%"，如图 11-41 所示。按回车键隐藏色板。

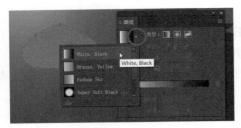

图11-38

图11-39

图11-40

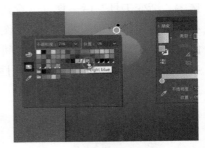

图11-41

6 按住鼠标左键向上拖动底部淡蓝色色标，将渐变范围缩小一点，如图 11-42 所示。

7 按住鼠标左键将渐变中点（菱形）向上拖动一点，让更大范围的形状变得透明，如图 11-43 所示。

图11-42

图11-43

8 选择"文件" > "存储"。

11.2.12 创建任意形状渐变

除了创建线性渐变和径向渐变外，您还可以创建任意形状渐变。任意形状渐变由一系列色标组成，您可以将这些色标放在形状的任何位置。颜色在色标之间混合，从而创建出任意形状渐变。接下来，您将对水母上面部分应用并编辑任意形状渐变。

1 选中"选择工具"▶，然后单击水母上面部分的白色形状将其选中。

2 按"Option+ +"（macOS）或"Ctrl+ +"（Windows）组合键数次，对视图进行放大。

3 在工具栏中选中"渐变工具"■。

4 单击右侧的"属性"面板中的"任意形状渐变"按钮。

应用任意形状渐变后，您可以选择"点"或"线"选项。

5 确保在"属性"面板的"渐变"部分中选中了"点"选项（图 11-44 中箭头处所示）。

图11-44

 注意 您看到的水母形状的颜色可能与图 11-44 不一样，但没关系。

任意形状渐变默认以"点"模式应用。Illustrator 会自动为对象添加色标，色标之间的颜色将自动混合。Illustrator 自动添加的色标数量取决于图稿的形状。

 注意 默认情况下，Illustrator 从周围的图稿中选择颜色。这是由于首选项设置中选中了"启用内容识别默认设置"复选框，即选择了"Illustrator CC"＞"首选项"＞"常规"＞"启用内容识别默认设置"（macOS）或"编辑"＞"首选项"＞"常规"＞"启用内容识别默认设置"（Windows）。您可以取消选中此复选框，然后创建自己的色标。

11.2.13 编辑任意形状渐变

在本节中，您将编辑任意形状渐变中的色标。

1 双击您在图 11-45 中看到的色标，弹出"色板"面板，选择"Dark purple"色板并应用，如图 11-45 所示。

选中色标后，您可以按住鼠标左键拖动它，还可以双击编辑其颜色等。

2 按住鼠标左键将深紫色色标拖动到形状的底部中心，如图 11-46 所示。

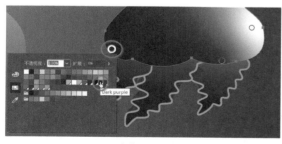

图11-45

图11-46

接下来，您将编辑并移动其他色标。

3 在形状顶部附近单击，添加另一个色标，如图 11-47 左图所示。

4 双击新色标，并将颜色更改为"Yellow"色板，如图 11-47 右图所示。

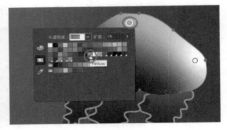

图11-47

想要让渐变的深紫色区域变得更大或者说分布得更广，您需要调整颜色的扩散范围。

5 将指针移动到形状底部的深紫色色标上。

当看到出现虚线圆圈时，按住鼠标左键将圆圈底部的小控件拖离色标，如图 11-48 所示。深紫色的颜色将从色标"扩散"到更远的位置。

6 在形状中如图 11-49 箭头所示位置单击添加新的色标。双击上一步添加的新色标，然后选择"Pink"色板。

7 单击图 11-50 中圆圈所示色标。在"渐变"面板中，

图11-48

单击"拾色器"，在所选形状下方的粉红色区域中单击以拾取颜色，并将颜色应用于圆圈所示色标位置，如图 11-50 所示。

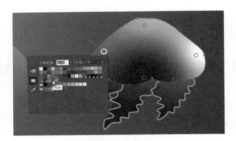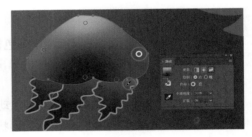

图11-49   图11-50

11.2.14 在线模式下应用色标

除了添加渐变点，您还可以在一条线上创建渐变色标，以便使用"渐变工具" ██ 对所绘制的线条周围的区域着色。

1 在仍选中"渐变工具"的情况下，将图 11-51 左图所示的色标按箭头方向拖动到形状的左侧。

2 双击色标显示"颜色"面板。选中"色板"选项后，单击以应用名为"Purple"的色板。如图 11-51 右图所示。

3 在"渐变"面板中选择"线"选项，以便能够沿路径绘制渐变，如图 11-52 所示。

4 点击第 2 步更改了颜色的紫色色标，这样您就可以从该点开始绘制了，如图 11-52 所示。

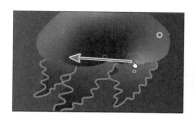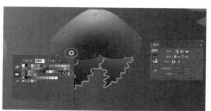

图11-51

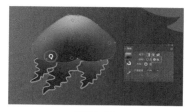

图11-52

5 在仍选中色标的情况下，将鼠标指针移动到形状的中心，您将看到路径预览，如图 11-53 左图所示。单击以创建新色标，双击新色标并确保应用了紫色色板，如图 11-53 中图所示。

Ai | **注意** 图 11-53 左图显示的是单击添加下一个色标之前的情形。

---

6 在右侧形状底部的位置单击以创建最后一个色标，此时它应该已经是紫色的了，如图 11-53 右图所示。

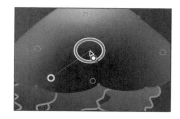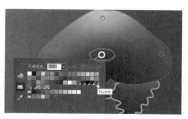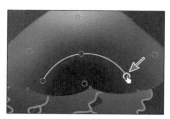

图11-53

7 向左拖动一下中间色标，查看对渐变的影响，如图 11-54 所示。

8 关闭"渐变"面板。

9 选择"选择" > "取消选择"。

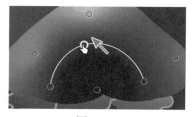

图11-54

11.3 使用混合对象

您可以通过混合两个不同的对象，在这两个对象之间创建多个形状并均匀分布它们。用于混合的两个形状可以相同，也可以不同。您可以混合两个开放路径，从而在两个对象之间创建平滑的颜色过渡；也可以同时混合颜色和形状，以创建一系列颜色和形状平滑过渡的对象。

图 11-55 是您可以创建的不同混合对象的示例。

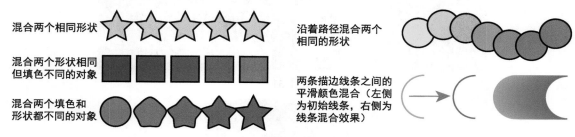

混合两个相同形状

混合两个形状相同
但填色不同的对象

混合两个填色和
形状都不同的对象

沿着路径混合两个
相同的形状

两条描边线条之间的
平滑颜色混合（左侧
为初始线条，右侧为
线条混合效果）

图11-55

创建混合对象时，混合的对象将被视为一个整体对象。如果移动其中一个原始对象或编辑原始对象的锚点，混合对象将自动改变。您还可以扩展混合对象，将其分解为不同的对象。

11.3.1　创建具有指定步数的混合

接下来，您将使用"混合工具" 混合两个形状，为水母表面创建图案。

1　在"图层"面板（"窗口 > 图层"）中，单击名为"Blends"的图层的可视性列，显示图层内容，如图 11-56 所示。现在，您应该会在任意形状渐变对象的上面部分看到 3 个较小的圆圈。

> **Ai** | **提示**　您可以在混合时添加两个以上的对象。

2　在工具栏中选中"混合工具"。将鼠标指针的小框部分 移动到图 11-57 最左边圆形的中心，然后单击，如图 11-57 所示。

图11-56

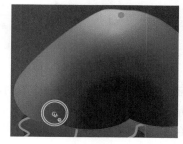

图11-57

单击是为了确定混合的起点，仅仅单击不会使图稿有任何改变。

> **Ai** | **注意**　如果您想结束当前路径并混合其他对象，首先单击工具栏中的"混合工具"，
> 然后单击其他对象，将它们混合。

3　将鼠标指针移动到任意形状渐变对象顶部圆形的中心上。当指针变成 时，单击创建这两

个对象之间的混合，如图 11-58 所示。

4　在仍选中混合对象的情况下，选择"对象" > "混合" > "混合选项"。在"混合选项"对话框中，从"间距"菜单中选择"指定的步数"，将"指定的步数"更改为"10"。选中"预览"复选框，然后单击"确定"按钮。如图 11-59 所示。

> **Ai** | **提示**　若要编辑对象的混合选项，您可以选中混合对象，然后双击"混合工具"。您还可以在创建混合对象之前，双击工具栏中的"混合工具"工具来设置工具选项。

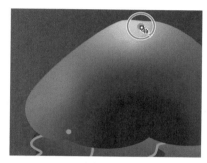

图11-58

图11-59

11.3.2　修改混合

现在，您将编辑混合对象中的一个形状以及您在上一节创建的混合轴，以便使形状沿着曲线混合。

1　在工具栏中选中"选择工具" ▶，然后在混合对象上的任意位置双击进入隔离模式。
这将暂时取消混合对象的编组，并允许您编辑每个原始形状以及混合轴。混合轴是混合对象中的各形状对齐的路径。默认情况下，混合轴是一条直线。

2　选择"视图" > "轮廓"。
在轮廓模式下，您可以看到两个原始形状的轮廓以及它们之间的直线路径（混合轴），如图 11-60 所示。默认情况下，这三者构成了混合对象。在轮廓模式下，您可以更容易地编辑原始对象之间的路径。

3　单击顶部圆形的边缘将其选中。按住 Shift 键，然后按住鼠标左键拖动定界框的一个角，使其大小大约变为原来的一半。松开鼠标左键，然后松开 Shift 键。如图 11-61 所示。

> **Ai** | **提示**　混合对象刚开始是一个小圆圈，所以你可能需要先放大视图，然后再缩小它。

4　选择"选择" > "取消选择"，并保持隔离模式。

5　在工具栏中选中"钢笔工具" ✐。按住 Option 键（macOS）或 Alt 键（Windows），并将鼠标指针放在形状之间的路径上。当鼠标指针变为 时，按住鼠标左键将路径向左上方拖动，如图 11-62 所示。

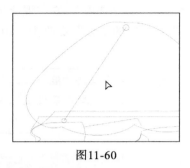

图11-60

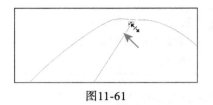

图11-61

6　选择"视图">"预览"（或"GPU 预览"）。

7　按 Esc 键退出隔离模式，如图 11-63 所示。

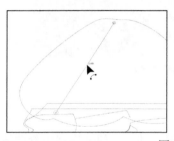

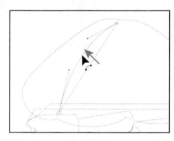

图11-62

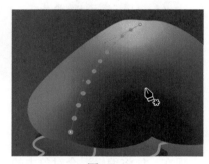

图11-63

现在，您将继续混合直到与最后一个圆混合。

8　选中"混合工具" 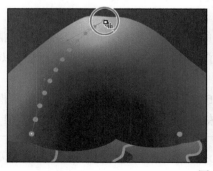 ，单击顶部圆形，然后在右下角的圆形中单击，继续混合对象，如图 11-64 所示。

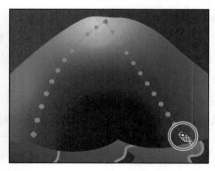

图11-64

Ai | **注意**　圆形很小，您可能需要放大视图以完成此步骤，完成后再缩小视图。

9　在工具栏中选中"钢笔工具"。按住 Option 键（macOS）或 Alt 键（Windows），并将鼠标指针放在形状之间的路径上。当指针变为▶时，按住鼠标左键将路径向右上方稍微拖动，如图 11-65 所示。

10　选择"选择"＞"取消选择"，然后选择"文件"＞"存储"。

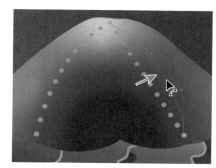

图11-65

11.3.3　创建和编辑平滑颜色混合

混合两个及以上的对象的形状和颜色以创建新对象时，您可以选择多个选项。当您选择"混合选项"对话框中的"平滑颜色"选项时，Illustrator 将混合对象的形状和颜色，创建多个中间对象，从而在原始对象之间创建平滑过渡的混合效果，如图 11-66 所示。

如果对象以不同的颜色填充或描边，则 Illustrator 会计算获得平滑颜色过渡的最佳步数。如果对象包含相同的颜色，或者它们包含渐变或图案，则 Illustrator 会基于两个对象的定界框边缘之间的最长距离计算步数。现在，您将根据两个形状组合成平滑的颜色混合，绘制海藻。

1　选择"视图"＞"画板适应窗口大小"。

从画板的右边缘往外看，您会看到一条波浪形的粉红色路径和一条波浪形的紫色路径。您要把它们混合在一起，让它们组合成它们左边的形状。粉红色和紫色路径具有描边颜色，没有填充。与没有描边的对象相比，描边对象的混合方式完全不同。

2　选中"选择工具"▶，然后单击画板右边缘的粉红色路径。按住 Shift 键，然后单击其右侧的紫色路径，选择这两个路径。

3　选择"对象"＞"混合"＞"建立"。

这是另一种创建混合对象的方法。在直接使用"混合工具"🝖创建混合对象有难度时，这种方法很有用。您创建该混合对象使用的是"混合选项"对话框中最后一个选项（"平滑颜色"）。如图 11-67 所示。

Ai　**注意**　开始时，混合对象可能看起来与左侧示例不同，这没关系，您会在下一步调整它。

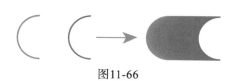

图11-66

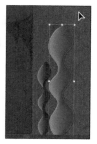

图11-67

| Ai | **注意** 在某些情况下，在路径之间创建平滑颜色混合是很困难的。例如，如果这些线相交或线太弯曲，可能会产生意外的结果。 |

4 在仍选中混合对象的情况下，双击工具栏中的"混合工具"。在"混合选项"对话框中，从"间距"菜单中选择"平滑颜色"选项。选中"预览"复选框，然后单击"确定"按钮。如图 11-68 所示。

| Ai | **提示** 您还可以单击"属性"面板中的"混合选项"按钮，编辑所选混合对象的选项。 |

5 选择"选择">"取消选择"。

接下来，您将编辑构成混合对象的路径。

6 选中"选择工具"，双击颜色混合对象，进入隔离模式。单击并选中它右侧的路径，按住鼠标左键将其向左拖动，直到如图 11-69 所示。注意其颜色现在是如何混合的。

图11-68

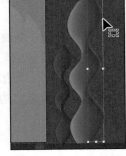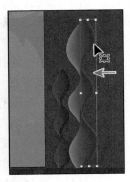
图11-69

7 在混合对象以外双击以退出隔离模式。按住鼠标左键拖框选中两个海藻对象，然后将它们拖到画板上，如图 11-70 所示。

8 按住鼠标左键将透明渐变形状拖到水母上，如图 11-71 所示。

9 单击"属性"面板中的"排列"按钮，然后选择"置于顶层"，将所选形状放在任意形状渐变图稿的上层。

10 单击"图层"面板中当前隐藏的每个图层的可视性列，使所有图层可见，如图 11-72 所示。

11 选择"文件">"存储"，然后选择"文件">"关闭"。

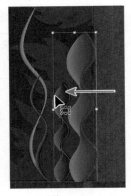
图11-70

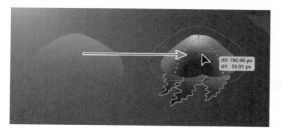

图11-71

图11-72

11.4 创建图案

除了印刷色、专色和渐变外，"色板"面板还包含图案色板。Illustrator 在默认的"色板"面板中，以单独的库提供了各种类型的示例色板，并允许您创建自己的图案和渐变色板。在本节中，您将重点学习如何创建、应用和编辑图案。

11.4.1 应用现有图案

图案是保存在"色板"面板中的图稿，可应用于对象的描边或填色。您可以使用 Illustrator 工具应用现有图案和创建自定义图案。图案都是由单个形状平铺拼贴形成的，平铺时形状从标尺原点一直向右延伸。接下来，您将对形状应用现有图案。

1. 选择"文件">"打开"，在"打开"对话框中，定位到"Lessons">"Lesson11"文件夹，然后选择"L11_start2.ai"文件。单击"打开"按钮，打开该文件，如图 11-73 所示。

2. 选择"文件">"存储为"，将文件命名为"Cake_poster.ai"，并定位到"Lessons">"Lesson 11"文件夹。从"格式"菜单中选择"Adobe Illustrator（ai）"（macOS）或从"保存类型"菜单中选择"Adobe Illustrator（*.AI）"（Windows），然后单击"保存"按钮。在"Illustrator 选项"对话框中，保持选项为默认设置，然后单击"确定"按钮。

3. 选择"视图">"全部适合窗口大小"，

4. 选中"选择工具"▶，单击以选中低层棕黄色蛋糕，如图 11-74 所示。

图11-73

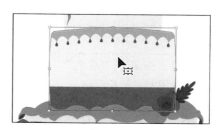

图11-74

5　在"属性"面板的"外观"部分单击"打开'外观'面板"按钮 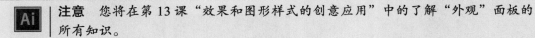，打开"外观"面板（或选择"窗口">"外观"）。

<table>
<tr><td>Ai</td><td>注意　您将在第13课"效果和图形样式的创意应用"中的了解"外观"面板的所有知识。</td></tr>
</table>

6　单击"外观"面板底部的"添加新填色"按钮，如图11-75所示。这将为形状添加一个现有填色的副本，并将该副本层叠在现有描边和填色的顶层。

7　单击"外观"面板中"填色"一词右侧的"填色"框，如图11-76中箭头处所示，以显示"色板"面板，然后选择"Pompadour"色板。

图11-75

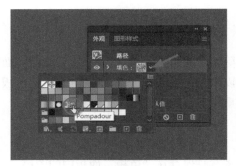

图11-76

此图案色板将作为第二个填充填入第一个填充（棕黄色）的上层，如图11-77所示。名为"Pompadour"的色板默认包含在打印文档的色板中。

8　在"外观"面板顶部的"填色"一词下方，单击"不透明度"一词，打开"透明度"面板（或选择"窗口">"透明度"）。将"不透明度"值更改为"10%"，如图11-78所示。在"外观"面板的空白区域中单击，隐藏"透明度"面板。

图11-77

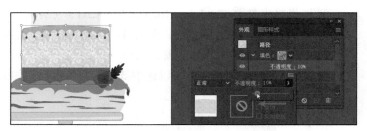

图11-78

<table>
<tr><td>Ai</td><td>注意　如果在"填色"一词下方看不到"不透明度"一词，请单击"填色"左侧的图标▷来显示它。</td></tr>
</table>

9　关闭"外观"面板。

11.4.2 创建自定义图案

在本节中，您将创建自定义图案。您创建的图案将作为色板保存在您正在使用的文档的"色板"面板中。

1. 在未选中任何内容的情况下，从"属性"面板的"画板"菜单中选中画板"2"，以显示右侧较小的画板。如果它已处于活动状态（已选中），请选择"视图">"画板适合窗口大小"。
2. 选中"选择工具"▶后，选中"选择">"现用画板上的全部对象"，选中用于创建图案的图稿。
3. 选择"对象">"图案">"建立"，在弹出的对话框中单击"确定"按钮。

   与您在之前的课程中使用过的隔离模式类似，创建图案时，Illustrator 将进入图案编辑模式。图案编辑模式允许您以交互的方式创建和编辑图案，同时在画板上预览对图案的更改。在此模式下，其他所有图稿都会变暗，无法进行编辑。"图案选项"面板（或选择"窗口">"图案选项"）也会打开，为您提供创建图案所需的选项，如图 11-79 所示。

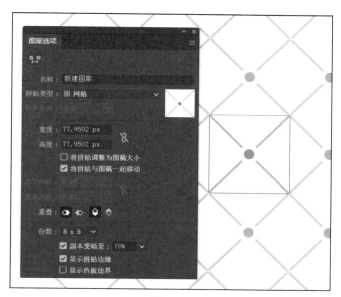

图11-79

 注意 图案可以由形状、符号或嵌入的栅格图像以及可在图案编辑模式下添加的其他对象组成。例如，要为衬衫创建法兰绒图案，可以创建 3 个彼此重叠、外观选项各不相同的矩形或直线。

4. 选择"选择">"现用画板上的全部对象"以选中图稿。
5. 按"Command++"（macOS）或"Ctrl++"（Windows）组合键，重复几次，放大视图。
   围绕图稿中心的一系列浅色对象是重复图案。它们可供预览并会变暗，让您可以专注于编辑原始图案。原始图案周围的蓝框是图案拼贴框（重复的区域）。如图 11-80 所示。

6 在"图案选项"面板中，将"名称"更改为"Cake Top"，如图 11-80 所示。

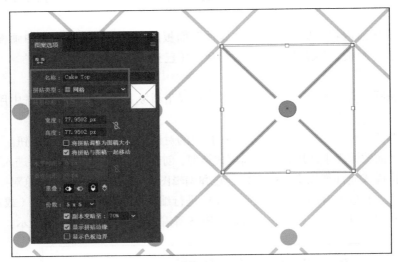

图11-80

7 尝试从"拼贴类型"菜单中选择不同的选项以查看图案效果。在继续下一步操作之前，请确保在"拼贴类型"中选中了"网格"。

"图案选项"面板中的名称将成为色板名称保存在"色板"面板中，名称可用于区分诸如一个图案色板的多个版本。"拼贴类型"决定图案的平铺方式，有 3 种主要的拼贴类型可供选择：网格（默认）、砖形和十六进制。

8 从"图案选项"面板底部的"份数"菜单中选择"1×1"。这将删除重复图案，并让您暂时专注于主要图案的图稿。

9 在空白区域中单击，取消选择图稿。

10 按"Option+Shift"（macOS）或"Alt+Shift"（Windows）组合键，按住鼠标左键将中心的蓝色圆圈向蓝色图案拼贴框右上角之外拖动一点点，如图 11-81 所示。

 注意 不要忘记先松开鼠标左键，然后再松开"Option+Shift"（macOS）或"Alt+Shift"（Windows）组合键。

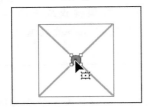 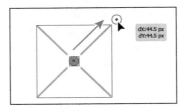 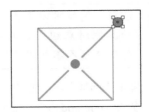

图11-81

11 在空白区域中单击，取消选中图稿。

12 在"图案选项"面板中，更改以下选项。

- 从"份数"菜单中选择"5×5"，可以再次看到重复图案，如图11-82所示。

 提示 水平间距和垂直间距值可以是正值或负值，它们会以水平（H）或垂直（V）的方式，将图案拼贴分开或靠近。

请注意，拖动到图案拼贴框以外的圆圈不会重复。这是因为它不在图案拼贴框中，只有在图案拼贴框中的图稿才会重复。

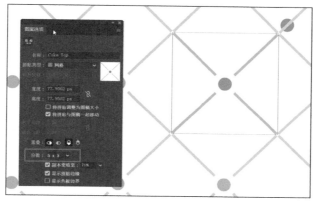

图11-82

在"图案选项"面板中，选中"将拼贴调整为图稿大小"复选框，如图11-83所示。

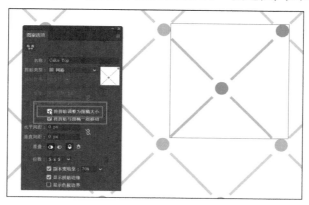

图11-83

"将拼贴调整为图稿大小"将拼贴区域（蓝色正方形）调整为适合图稿的大小，从而会改变重复对象之间的间距。取消选中"将拼贴调整为图稿大小"复选框后，您还可以在"宽度"和"高度"框中手动更改图案的宽度和高度值，以包含更多内容或编辑图案拼贴之间的间距。您还可以使用"图案选项"面板左上角的"图案拼贴工具"来手动编辑拼贴区域。如果将间距值（水平间距或垂直间距）设置为负值，则图案拼贴中的对象将重叠。默认情况下，当对象水平重叠时，左侧对象位于顶层；当对象垂直重叠时，上方对象位于顶层。您可以设置"重叠"值"左侧在前"或"右侧在前"以更改水平重叠，设置为"顶部在前"或"底部在前"以更改垂直重叠（它们是面板"重叠"部分中的小按钮）。

13 单击文档窗口顶部栏中的"完成"按钮，如图 11-84 所示。如果弹出对话框，请单击"确定"按钮。

图11-84

 提示 如果要创建图案变体，可以在"图案编辑"模式下单击文档窗口顶部的"存储副本"按钮。这将以副本形式保存"色板"面板中的当前图案，并允许您继续对该图案进行编辑。

14 选择"文件">"存储"。

11.4.3 应用自定义图案

应用图案的方法有很多。在本节中，您将使用"属性"面板中的"填色"来应用自定义图案。

1 在未选中任何内容的情况下，单击"属性"面板中的"上一个画板"按钮◀，显示左侧较大的画板。

2 选中"选择工具"▶，单击顶部的蛋糕形状，如图 11-85 左图所示。选择"编辑">"复制"，然后选择"编辑">"贴在前面"。

3 从"属性"面板中的"填色"中选择名为"Cake Top"的图案色板，如图 11-85 右图所示。

图11-85

 注意 您可以像之前那样对形状应用第二个填色色板，而不需要复制形状。

11.4.4 编辑图案

接下来，您将在图案编辑模式下编辑"Cake Top"图案色板。

1 在仍选中形状的情况下，单击"属性"面板中的"填色"框。双击"Cake Top"图案色板，在图案编辑模式下对其进行编辑。

2 按"Command++"（macOS）或"Ctrl++"（Windows）组合键，重复几次，放大视图。

3 在图案编辑模式下，选中"选择工具" ▶，单击其中一个蓝色圆圈，然后按住 Shift 键，单击以选中另一个蓝色圆圈。

4 在"色板"面板中选择名为"BG"的棕色色板，如图 11-86 所示。

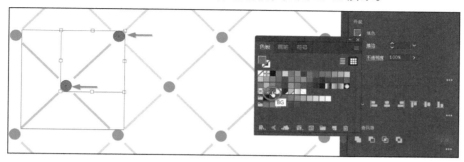

图11-86

5 单击文档窗口顶部的灰色栏中的"完成"按钮，退出图案编辑模式。

6 选择"视图" > "画板适应窗口大小"。

7 如有必要，单击带有图案填充的顶部蛋糕形状将其选中。

8 选中形状后，选择"对象" > "变换" > "缩放"，这将缩放图案而不是形状。在"比例缩放"对话框中，更改以下选项（如果尚未设置的话），如图 11-87 所示。

 提示 在"比例缩放"对话框中，如果要缩放图案和形状，可以选中"变换对象"和"变换图案"复选框，还可以在"变换"面板 ▤（"窗口 > "变换"）中变换图案，即在应用变换之前选择"仅变换图案""仅变换对象"或"变换两者"。

• 等比：50%。

图11-87

- "缩放圆角"复选框：不选中（默认设置）。
- "比例缩放描边和效果"复选框：不选中（默认设置）。
- "变换对象"复选框：不选中。
- "变换图案"复选框：选中。

9 选中"预览"复选框以查看更改，单击"确定"按钮，编辑后的图案如图11-88所示。

图11-88

10 选择"选择">"取消选择"，然后选择"文件">"存储"。

11 选择"文件">"关闭"。

11.5 复习题

1. 什么是渐变？
2. 如何调整线性渐变或径向渐变中的颜色混合？
3. 列举两种添加颜色到线性渐变或径向渐变中的方式。
4. 如何调整线性渐变或径向渐变的方向？
5. 渐变和混合之间有什么区别？
6. 在 Illustrator 中保存图案时，它被保存在哪里？

11.6 复习题答案

1. 渐变是由两种或两种以上颜色或相同颜色的不同色调组成的逐步混合，可应用于对象的描边或填色。
2. 若要调整线性渐变或径向渐变中的颜色混合，请选中"渐变工具" ▧，并在渐变批注者上或"渐变"面板中，按住鼠标左键拖动菱形图标或"渐变滑块"上的色标。
3. 若要将颜色添加到线性渐变或径向渐变中，请在"渐变"面板中，单击"渐变滑块"下方添加渐变色标。然后双击色标，在弹出的面板中使用新的混合颜色或直接应用现有色板，以达到编辑颜色的目的。您还可以在工具栏中选中"渐变工具"，将鼠标指针移动到填充渐变的对象上，然后单击图稿中显示的渐变滑块的下方，添加或编辑色标。
4. 要调整线性渐变或径向渐变的方向，您可以直接使用"渐变工具"拖动。长距离拖动会逐渐改变颜色，而短距离拖动会使颜色变化得更明显。您还可以使用"渐变工具"旋转渐变，并更改渐变的半径、长宽比、起点等。
5. 渐变和混合之间的区别体现在颜色组合在一起的方式中：渐变时，颜色直接混合在一起；而混合时，颜色以对象逐步变化的方式组合在一起。
6. 在 Illustrator 中保存图案时，该图案将保存为"色板"面板中的色板。默认情况下，色板将与当前活动文档一起保存。

第12课 使用画笔创建海报

本课概览

在本课中，您将学习如何执行以下操作。

- 使用 4 种画笔：书法画笔、艺术画笔、毛刷画笔和图案画笔。
- 将笔画应用于路径。
- 使用"画笔工具"绘制和编辑路径。
- 更改画笔颜色并调整画笔设置。
- 用 Adobe Illustrator 图稿创建新画笔。
- 使用"斑点画笔工具"和"橡皮擦工具"。

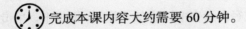 完成本课内容大约需要 60 分钟。

 Adobe Illustrator 提供了各种类型的画笔，您只需使用"画笔工具"或绘图工具进行上色或绘制，即可创建无数种绘画效果。您可以使用"斑点画笔工具"，或者选择艺术画笔、书法画笔、图案画笔、毛刷画笔或散点画笔，还可以根据您的图稿创建新画笔。

12.1 开始本课

在本课中，您将学习如何使用"画笔"面板中的不同类型的画笔，以及如何更改画笔选项和创建自定义画笔。在开始本课之前，您将还原 Adobe Illustrator 的默认首选项。然后，您将打开已完成的课程文件，查看最终的图稿效果。

> **注意** 如果您还没有从您的账户页面下载本课的课程文件到您的计算机中，请立即下载。具体操作请参阅本书"前言"部分。

1. 为了确保工具的功能和默认值完全如本课所述，请删除或停用（通过重命名）Adobe Illustrator 首选项文件。具体操作请参阅本书"前言"部分的"还原默认首选项"。
2. 启动 Adobe Illustrator。
3. 选择"文件">"打开"，在"打开"对话框中，找到您硬盘上的"Lessons">"Lesson12"文件夹，然后选中"L12_end.ai"文件，单击"打开"按钮，打开该文件，如图 12-1 所示。
4. 如果需要，请选择"视图">"缩小"，缩小视图并保持图稿展示在您的屏幕上。您可以使用"抓手工具" 将图稿移动到文档窗口中的合适位置。如果不想让图稿保持打开状态，请选择"文件">"关闭"。

   接下来，您将打开一个已有的图稿文件进行操作。
5. 选择"文件">"打开"，在"打开"对话框中，找到您硬盘上的"Lessons">"Lesson12"文件夹，然后选择"L12_start.ai"文件，单击"打开"按钮，打开该文件，如图 12-2 所示。

图12-1

图12-2

6. 选择"视图">"全部适合窗口大小"。
7. 选择"文件">"存储为"，在"存储为"对话框中将文件命名为"VacationPoster.ai"，然后选择"Lesson12"文件夹。从"格式"菜单中选择"Adobe Illustrator（ai）"（macOS）或从"保存类型"菜单中选择"Adobe Illustrator（*.AI）"（Windows），然后单击"保存"按钮。
8. 在"Illustrator 选项"对话框中，保持选项为默认设置，然后单击"确定"按钮。
9. 从应用程序栏的工作区切换器中选择"重置基本功能"，以重置工作区。

12.2　使用画笔

通过画笔,您可以用图案、图形、画笔描边、纹理或角度描边来装饰路径。您可以修改Illustrator 提供的画笔,或创建自定义画笔。

您可以将画笔描边应用于现有路径,也可以在使用"画笔工具"绘制路径的同时应用画笔描边。您可以更改画笔的颜色、大小和其他属性,也可以在应用画笔后再编辑路径(包括添加填充)。

"画笔"面板("窗口">"画笔")中有 5 种画笔类型:书法画笔、艺术画笔、毛刷画笔、图案画笔和散点画笔,如图 12-3 所示。在本课中,您将了解如何使用除散点画笔之外的画笔,"画笔"面板如图 12-4 所示。

画笔的类型

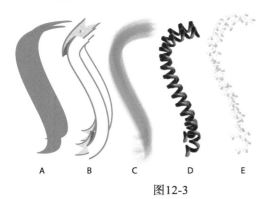

A. 书法画笔
B. 艺术画笔
C. 毛刷画笔
D. 图案画笔
E. 散点画笔

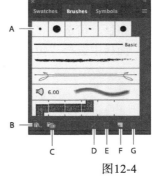

A. 画笔
B. 画笔库菜单
C. 库面板
D. 移去画笔描边
E. 所选对象的选项
F. 新建画笔
G. 删除画笔

图12-3　　　　　　　　　　　　　　　　　图12-4

12.3　使用书法画笔

您将了解的第一种画笔类型是书法画笔。书法画笔类似于用书法钢笔的笔尖绘制的描边。书法画笔由中心跟随路径的椭圆形定义,您可以使用这种画笔创建类似于使用扁平、倾斜的笔尖绘制的手绘描边,如图 12-5 所示。

书法画笔示例

图12-5

12.3.1 为图稿应用书法画笔

首先，您将过滤"画笔"面板中显示的画笔类型，使其仅显示书法画笔。

1. 选择"窗口">"画笔"，显示"画笔"面板。单击"画笔"面板菜单图标▤，然后选择"列表视图"，如图12-6所示。

2. 单击"画笔"面板菜单图标▤，然后取消选择"显示艺术画笔""显示毛刷画笔"和"显示图案画笔"，使"画笔"面板中仅保留"显示书法画笔"。您不能一次性取消选择它们，因此必须多次单击菜单图标▤来访问菜单。

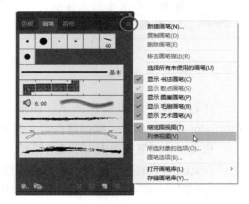

图12-6

> **Ai** **注意** "画笔"面板菜单中，画笔类型左侧的复选标记表示画笔类型在面板中可见。

3. 在工具栏中选中"选择工具"▶，然后单击选中图稿中一条弯曲的粉红色路径。若要选择其余粉红色路径，请选择"选择">"相同">"描边颜色"。

4. 在"画笔"面板中选择"40 pt. Flat"画笔，将其应用于粉红色路径，如图12-7所示。

图12-7

> **Ai** **通知** 与实际使用书法钢笔绘图一样，当您应用书法画笔（如40 pt. Flat）时，绘制的路径越垂直，路径的描边就会越细。

5. 将"属性"面板中的描边粗细改为"3 pt"。

6. 单击"属性"面板中的"描边"框，确保选中了"色板"选项▣，然后选择"White"。如有必要，按 Esc 键隐藏"色板"面板，如图12-8所示。

7. 单击"属性"面板中的"不透明度"值右侧的箭头，然后按住鼠标左键拖动"不透明度"滑块，将"不透明度"更改为"20%"，如图12-9所示。

8. 选择"选择">"取消选择"，然后选择"文件">"存储"。

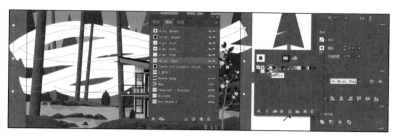

图12-8

图12-9

12.3.2　使用画笔工具进行绘制

如前所述，您可以在绘制时应用"画笔工具" ✔️ 中的各种画笔。对于使用"画笔工具"绘制的矢量路径，您可以使用"画笔工具"或其他绘图工具来编辑。接下来，您将使用"画笔工具"以默认画笔库中的书法画笔在水中绘制波浪。您绘制的波浪可能和您在本课中看到的不一样，没关系，掌握技巧就行。

1　在工具栏中选中"画笔工具"。

2　单击"画笔"面板底部的"画笔库菜单"按钮 📖，然后选择"艺术效果">"艺术效果_书法"。此时将显示具有各种画笔的画笔库面板，如图 12-10 所示。
Illustrator 配备了大量的画笔库，供您在绘制中使用。每种画笔类型（包括前面讨论过的画笔）都有一系列库供您选择。

3　单击"艺术效果_书法"面板菜单图标 ☰，然后选择"列表视图"。单击名为"15 点扁平"的画笔，将其添加到"画笔"面板，如图 12-11 所示。

4　关闭"艺术效果_书法"画笔库。
从画笔库（如"艺术效果_书法"画笔库）中选择画笔，会将该画笔添加到活动文档的"画笔"面板中。

5　确保"填色"为"无" ▱，将描边颜色更改为"Water"色板，并在"属性"面板中将描边粗细更改为"1 pt"。

6　将"属性"面板中的"不透明度"更改为"100%"。
将鼠标指针置于文档窗口中后，注意鼠标指针 ✔️ 旁边有一个星号，这表示您要绘制新路径。

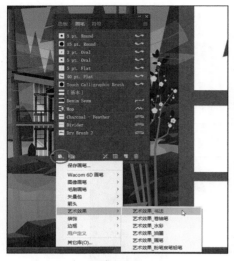

图12-10 图12-11

7 把鼠标指针移到湖中的水面上。按住鼠标左键，画一条从左到右的短的弯曲路径，如图 12-12 所示。

> **Ai** | **注意** 该书法画笔将创建随机角度的路径，所以您的路径可能不像您在图 12-12 中看到的那样，这没关系。

8 按住鼠标左键，从左到右绘制更多路径。

9 选择"选择">"取消选择"（如有必要），然后选择"文件">"存储"，如图 12-13 所示。

图12-12 图12-13

12.3.3 使用画笔工具编辑路径

现在，您将使用"画笔工具"✔编辑所绘制的某条路径。

1 在工具栏中选中"选择工具"▶，然后单击选中在水上绘制的某条路径。

2 在工具栏中选中"画笔工具"，将鼠标指针移动到选定的路径上。当鼠标指针位于选定路径上时，它的旁边不会出现星号。按住鼠标左键拖动可重新绘制路径，所选路径将从重新绘制的点进行编辑，如图 12-14 所示。

3　按住 Command 键（macOS）或 Ctrl 键（Windows），以临时切换到"选择工具"，然后单击以选中使用"画笔工具"绘制的另一条路径。单击后，松开 Command 键（macOS）或 Ctrl 键（Windows），返回到"画笔工具"。如图 12-15 所示。

 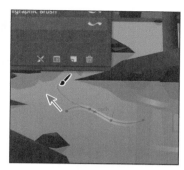

图12-14

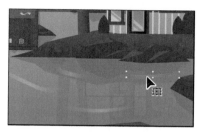

图12-15

4　选中"画笔工具"，将鼠标指针移动到选中路径的某个部分。当星号在指针旁边消失时，按住鼠标左键向右拖动以重新绘制路径。

5　选择"选择" > "取消选择"（如有必要），然后选择"文件" > "存储"。

接下来，您将编辑画笔工具选项，更改"画笔工具"的工作方式。

6　双击工具栏中的"画笔工具"，显示"画笔工具选项"对话框，并进行以下更改。

•　保真度：将滑块一直拖动到"平滑"（向右）。

•　"保持选定"复选框：不选中。

7　单击"确定"按钮，如图 12-16 所示。

在"画笔工具选项"对话框中，对于"保真度"选项，拖动滑块到越接近"平滑"，路径就越平滑，并且点越少。此外，由于选中了"保持选定"复选框，在完成绘制路径后，这些路径仍将处于选中状态。

8　在"属性"面板中，将描边粗细更改为"2 pt"。

9　选中"画笔工具"后，在水中从左到右或从右到左绘制更多路径，如图 12-17 所示。

图12-16

图12-17

请注意，在绘制每条路径后，Illustrator 会选择该路径，因此您可以根据需要对其进行编辑。

> **Ai** **注意** 取消选中"保持选定"选项后，可以通过使用"选择工具"选中路径或使用"直接选择工具"▷选中路径上的线段或点，然后使用"画笔工具"重新绘制路径的某个部分。

10 双击工具栏中的"画笔工具"。在"画笔工具选项"对话框中，取消选中"保持选定"复选框，然后单击"确定"按钮。

现在，在绘制完路径后，这些路径将不会保持选中状态，您可以在不改变之前绘制的路径的情况下绘制重叠的路径。

11 选择"选择" > "取消选择"，然后选择"文件" > "存储"。

12.3.4 编辑书法画笔

若要更改画笔选项，您可以在"画笔"面板中双击该画笔。编辑画笔时，您还可以选择是否更新应用了该画笔的对象。接下来，您将修改您一直在使用的"15 点扁平"画笔的外观。

1 在"画笔"面板中，双击文本"15 点扁平"左侧的画笔缩略图或名称右侧，如图 12-18 所示，打开"书法画笔选项"对话框。

> **Ai** **注意** 对画笔所做的编辑将仅在当前文档中有效。

2 在"书法画笔选项"对话框中，进行如图 12-19 所示的更改。
- 名称：20 pt. Angled。
- 角度：20°。
- 从"角度"右侧的菜单中选择"固定"（选择"随机"时，每次绘制时画笔角度都会随机变化）。
- 圆度：0%（默认设置）。
- 大小：20 pt。

图12-18

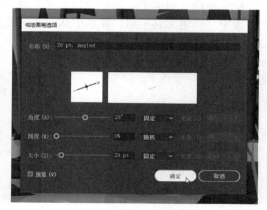

图12-19

提示　对话框中的预览图（位于"名称"字段下方）将显示对画笔所做的更改。

3　单击"确定"按钮。

4　在弹出的对话框中，单击"保留描边"按钮，这样就不会将画笔修改应用到用该画笔绘制的波浪上，如图 12-20 所示。

图12-20

5　选择"选择"＞"取消选择"（如有必要），然后选择"文件"＞"存储"。

 注意　这时图稿应该已经取消选择，而且"选择"＞"取消选择"命令也已变灰（您不能选择它）。

12.3.5　删除画笔描边

您可以轻松删除图稿上已应用的不需要的画笔描边。现在，您将从路径的描边中删除画笔描边效果。

1　选中"选择工具" ▶，然后单击应用了紫色描边的紫色路径。

在创作图稿时，您在图稿上尝试了不同的画笔。现在需要移去应用于所选路径的画笔描边。

2　单击"画笔"面板底部的"移去画笔描边"按钮 ，如图 12-21 所示。

图12-21

删除画笔描边不会删除描边颜色和粗细，它只是删除所应用的画笔效果。

 提示　您还可以在"画笔"面板中选择"[基本] 画笔"，以删除应用于路径的画笔效果。

3　将"属性"面板中的描边粗细更改为"10 pt"，如图 12-22 所示。

图12-22

4 选择"选择">"取消选择",然后选择"文件">"存储"。

12.4 使用艺术画笔

艺术画笔可沿着路径均匀地拉伸图稿或嵌入的栅格图像,如图 12-23 所示。与其他画笔一样,您也可以编辑画笔工具选项,来修改艺术画笔工作的方式。

12.4.1 应用现有的艺术画笔

接下来,您将应用现有的艺术画笔在湖岸绘制蕨类植物。

1 在"画笔"面板中,单击"画笔"面板菜单图标 ☰,取消选择"显示书法画笔",然后从同一面板菜单中选择"显示艺术画笔",在"画笔"面板中显示各种艺术画笔。

2 单击"画笔"面板底部的"画笔库菜单"按钮 ◪,选择"艺术效果">"艺术效果_粉笔炭笔铅笔"。

3 单击"艺术效果_粉笔炭笔铅笔"菜单图标 ☰,选择"列表视图"。单击列表中名为"Charcoal"的画笔,将画笔添加到此文档的"画笔"面板,如图 12-24 所示。关闭"艺术效果_粉笔炭笔铅笔"面板。

图12-23

图12-24

4 在工具栏中选中"画笔工具" ✎。

5 确保"填色"为"无" ☒，将描边颜色更改为"Fern green"色板，并在"属性"面板中将描边粗细更改为"10 pt"。

6 在湖左侧（图 12-25 中用 × 标记），按住鼠标左键拖动以创建植物路径。此时您可以盯着图片，观察植物是怎样被绘制出来的。不用担心它是否绘制精确，因为您始终可以选择"编辑">"撤销艺术描边"重新绘制路径。

> **Ai** | **提示** 选中"画笔工具"后，按下 Caps Lock 键，鼠标指针将变为 ×，在某些情况下，这可以帮助您更精确地进行绘画。

7 绘制更多的路径来添加蕨类植物（叶子），且每次绘制都从之前绘制原始路径的起点开始，如图 12-26 所示。

8 选中"选择工具"，然后单击选中其中一条路径。若要选择构成蕨类植物的其余路径，请选择"选择">"相同">"描边颜色"。

9 单击"属性"面板中的"编组"按钮，将它们编组在一起，如图 12-27 所示。

图12-25

图12-26

图12-27

10 选择"选择">"取消选择"，然后选择"文件">"存储"。

12.4.2 创建艺术画笔

> **Ai** | **注意** 若要了解创建画笔的规则，请参阅"创建或修改画笔"（选择"帮助">"Illustrator 帮助"，搜索"创建或修改画笔"）。

在本节中，您将用已有的图稿创建新的艺术画笔。

1 从"属性"面板的"画板"菜单中选择画板"2"，定位到带有树图稿的第二个画板，如图 12-28 所示。

2 选中"选择工具" ▶后，单击树图稿将其选中。

接下来，您将用所选图稿来创建"艺术画笔"。您可以用矢量图稿或嵌入的栅格图像创建艺术画笔，但该图稿不得包含渐变、混合、画笔描边、网格对象、图形、链接文件、蒙版或尚未转换为轮廓的文本。

> **Ai** | **提示** 您也可以用栅格图像创建艺术画笔，但用于创建画笔的图像必须嵌入 Illustrator 文件。

3 选择"窗口">"画笔",打开"画笔"面板（如果尚未打开）。在仍选中树图稿的情况下，
   单击"画笔"面板底部的"新建画笔"按钮 ，如图 12-29 所示。
   这将用所选图稿创建新画笔。
4 在"新建画笔"对话框中，选择"艺术画笔"，然后单击"确定"按钮，如图 12-30 所示。

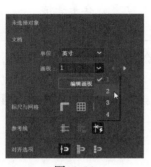

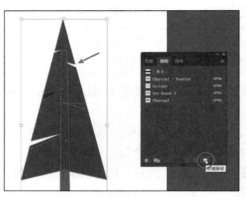

图12-28   图12-29   图12-30

> **Ai** 提示　您还可以通过将图稿拖到"画笔"面板中，然后在出现的"新建画笔"对
> 话框中选择"艺术画笔"来创建艺术画笔。

5 在"艺术画笔选项"对话框中，将"名称"更改为"Tree"，单击"确定"按钮，如图 12-31 所示。
6 选择"选择">"取消选择"。
7 从"属性"面板中的"画板"菜单中选择画板"1"，以定位到具有主场景的第一个画板。
8 选中"选择工具"后，单击选择小屋图稿右侧的紫色线条。
9 单击"画笔"面板中名为"Tree"的画笔，将其应用到紫色线条上，如图 12-32 所示。

图12-31   图12-32

请注意，原始的树图稿沿路径被拉伸了。这是艺术画笔的默认操作。

12.4.3 编辑艺术画笔

接下来，您将编辑应用于路径的"Tree"艺术画笔，并更新画板上树的外观。

 提示 要了解有关"艺术画笔选项"对话框的详细信息，请参阅"Illustrator 帮助"（"帮助">"Illustrator 帮助"）中的"艺术画笔选项"。

1. 仍选中画板上路径的情况下，在"画笔"面板中，双击文本"Tree"左侧的画笔缩略图或名称右侧，如图 12-33 所示，以打开"艺术画笔选项"对话框。
2. 在"艺术画笔选项"对话框中，选中"预览"复选框以便观察所做的更改。然后移动对话框，以便可以看到应用画笔的路径。如图 12-34 所示，进行以下更改。
   - 在参考线之间伸展：选择。
   - 起点：5.875 in。
   - 终点：7.5414 in（默认设置）。
3. 单击"确定"按钮。
4. 在弹出的对话框中，单击"应用于描边"按钮，修改应用了"Tree"画笔的路径，如图 12-35 所示。
5. 选择"选择">"取消选择"，然后选择"文件">"存储"。

图12-33

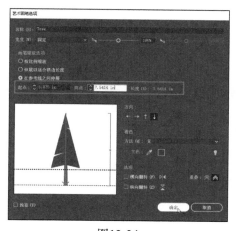

图12-34

图12-35

12.5 使用毛刷画笔

毛刷画笔允许您创建一个与带鬃毛的自然毛刷外观相同的描边。您使用"画笔工具" 中的毛刷画笔绘制的是带有毛刷画笔效果的矢量路径，如图 12-36 所示。

在本节中，您将首先修改毛刷画笔的选项以调整其在图稿中的外观，然后使用毛刷画笔绘制烟雾效果。

图12-36　毛刷画笔示例

12.5.1　修改毛刷画笔设置

如您所见，无论是在画笔应用于图稿之前还是之后，您都可以通过调整画笔的设置来更改画笔的外观。对于毛刷画笔，通常最好在绘画前就调整好画笔设置，因为更新毛刷画笔描边可能需要较长时间。

 注意　要了解更多关于"毛刷画笔选项"对话框及其设置的信息，请在"Illustrator 帮助"（"帮助" > "Illustrator 帮助"）中搜索"使用毛刷画笔"。

1 在"画笔"面板中，单击面板菜单图标 ，选择"显示毛刷画笔"，然后取消选择"显示艺术画笔"。

2 在"画笔"面板中，双击默认的"Mop"画笔的缩略图或名称右侧以更改该画笔的设置。在"毛刷画笔选项"对话框中，进行如图 12-37 所示的更改。

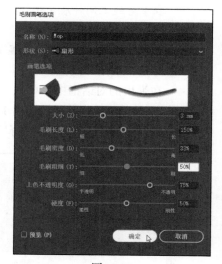

- 形状：扇形。
- 大小：3 mm。（画笔大小是画笔的直径。）
- 毛刷长度：150%。（这是默认设置。毛刷长度是从刷毛与手柄相接的地方开始算。）
- 毛刷密度：33%。（这是默认设置。毛刷密度是刷颈指定区域的刷毛数量。）
- 毛刷粗细：50%。（刷毛粗细可以从细到粗设置 1% ～ 100% 的值。）
- 上色不透明度：75%。（这是默认设置。使用此选项可以设置所使用的颜料的不透明度。）

图12-37

- 硬度：50%。（这是默认设置。硬度是指刷毛的软硬程度。）

 提示　Illustrator 附带一系列默认的毛刷画笔，请单击"画笔"面板底部的"画笔库菜单"按钮 ，然后选择"毛刷画笔" > "毛刷画笔库"查看。

3 单击"确定"按钮。

12.5.2　使用毛刷画笔绘制

现在，您将使用"Mop"画笔绘制一些小屋烟囱上的烟雾。使用毛刷画笔可以绘制生动流畅的路径。

1 在工具栏中选中"缩放工具" ，然后在小屋顶部的烟囱上单击几次，放大视图。

2 在工具栏中选中"选择工具" ▶，然后单击选中烟囱。

这将选择烟囱形状所在的图层，以使您接下来绘制的图稿都位于同一图层上。

3 选择"选择">"取消选择"。

4 在工具栏中选中"画笔工具" ✏。如果尚未选择"Mop"画笔，请在"属性"面板中的"画笔"菜单中选中该画笔，如图 12-38 所示。

图12-38

 提示　如果要在绘制时编辑路径，您可以在"画笔工具选项"中选择"保持选定"复选框，也可以使用"选择工具"选中路径。

5 确保"填色"为"无" ☑，并且"属性"面板中的描边颜色为"White"。按 Esc 键隐藏"色板"面板。在"属性"面板中将描边粗细更改为"4 pt"。

6 将鼠标指针移到烟囱顶部，按住鼠标左键以 S 形向上拖动绘制，到达要绘制的路径的末尾时，松开鼠标左键，如图 12-39 所示。

7 在烟囱的顶部（您开始绘制第一条路径的地方），使用"画笔工具"以"Mop"画笔绘制更多路径，如图 12-40 所示。这是为了绘制来自小屋烟囱的烟雾。

图12-39

图12-40

12.5.3　整理形状

接下来，您将更改您绘制的几条路径的描边颜色。

1 选择"视图">"轮廓"，查看您在上一节绘制的所有路径。

2 选中工具栏中的"选择工具" ▶，然后单击选中其中的一条路径。

3 将"属性"面板中的描边颜色更改为名为"Light gray"的色板，如图 12-41 所示。

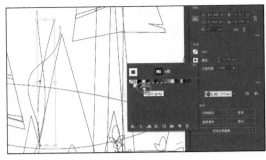

图12-41

4 选择"视图">"预览"（"或 GPU 预览"）。

接下来，您将选择所有用毛刷画笔绘制的路径，并将它们编组在一起。

5 选择"选择">"对象">"毛刷画笔描边"，选中使用"画笔"工具中的"Mop"画笔创建的所有路径。

6 单击"属性"面板中的"编组"按钮，将它们组合在一起。

7 在"属性"面板中将"不透明度"更改为"50%"，如图 12-42 所示。

图12-42

8 选择"选择">"取消选择"，然后选择"文件">"存储"。

12.6 使用图案画笔

图案画笔用于绘制由不同部分或拼贴组成的图案，如图 12-43 所示。当您将图案画笔应用于图稿时，将根据所处的路径位置（边缘、中点或拐点）绘制图案的不同部分（拼贴）。

创建图稿时，您有数百种有趣的图案画笔可选择，如草、城市风景等。接下来，您可以将现有的图案画笔应用到路径上，使小屋的一侧具有木材的外观。

 提示 与其他画笔类型一样，Illustrator 附带了一系列默认图案画笔库。若要访问它们，请单击"画笔库菜单"按钮 ▥，然后从其中一个菜单（例如"边框"菜单）中选择一个库。

---

1 选择"视图">"画板适合窗口大小"。

2　在"画笔"面板中，单击面板菜单图标▤，选择"显示图案画笔"，然后取消选择"显示毛刷画笔"。

3　选中"选择工具"▶，双击小屋上的黄色路径以进入隔离模式，然后单击其中一条黄色路径来选中整个编组，如图 12-44 所示。

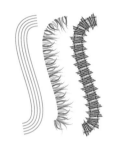

图12-43　图案画笔示例

图12-44

4　在"画笔"面板的底部单击"画笔库菜单"按钮▥，然后选择"边框">"边框_框架"，

5　单击画笔列表中名为"红木色"的画笔，如图 12-45 所示，将其应用于所选路径，并将该画笔添加到此文档的"画笔"面板中。关闭"边框_框架"面板组。

6　单击"属性"面板中"所选对象的选项"按钮▤，以便仅编辑画板上选定路径的画笔选项，如图 12-46 所示。

Ai | **提示**　您还会在"画笔"面板底部看到"所选对象的选项"按钮▤。

图12-45

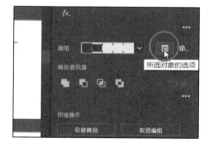

图12-46

7　在"描边选项（图案画笔）"对话框中选中"预览"复选框，拖动"缩放"滑块或输入值，将"缩放"更改为"70%"，如图 12-47 所示，单击"确定"按钮。

编辑所选对象的画笔选项时，您只能看到一部分画笔选项。"描边选项（图案画笔）"对话框仅用于编辑所选路径的画笔属性，而不会更新画笔本身。

8　按 Esc 键，退出隔离模式。

9　选择"选择">"取消选择"，然后选择"文件">"存储"。

图12-47

12.6.1 创建图案画笔

您可以通过多种方式创建图案画笔。例如，对于应用于直线的简单图案，您可以选中使用该图案的图稿，然后单击"画笔"面板底部的"新建画笔"按钮 。

若要创建具有曲线和角部对象的更复杂的图案画笔，您可以在文档窗口中选择用于创建图案画笔的图稿，再在"色板"面板中创建相应的色板，甚至可以令 Illustrator 自动生成图案画笔的角部。

在 Illustrator 中，只有边线拼贴需要定义。Illustrator 会根据用于边线拼贴的图稿，自动生成 4 种不同类型的角部拼贴，并完美地适配角部。接下来，您将为小屋上的灯创建图案画笔。

1　从"属性"面板中的"画板"菜单中选择"3"，定位到带有灯泡图稿的第三个画板。

2　选中"选择工具" 后，单击选中黄色灯泡图形组，如图 12-48 所示。

3　单击"画笔"面板中的面板菜单图标 ，然后选择"缩览图视图"。

　　请注意，"画笔"面板中的图案画笔在"缩览图视图"中进行了分段，每段对应一个图案拼贴。

4　在"画笔"面板中，单击"新建画笔"按钮 ，根据电线来创建图案，如图 12-49 所示。

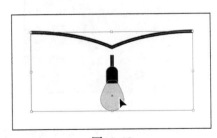

图12-48

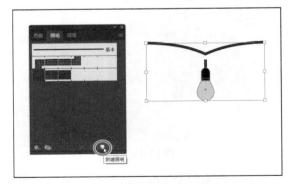

图12-49

5　在"新建画笔"对话框中，选择"图案画笔"，单击"确定"按钮。

　　无论是否选中了图稿，您都可以创建新的图案画笔。如果在未选中图稿的情况下创建图案画笔，则您将在稍后将图稿拖到"画笔"面板或在编辑画笔时从图案色板中选择图稿。您将在 12.6.3 节中看到这一种方法。

6 在弹出的"图案画笔选项"对话框中，命名画笔为"Lights"。

图案画笔最多可以有 5 个拼贴：边线拼贴、起点拼贴、终点拼贴，再加上用于在路径上绘制锐角的外角拼贴和内角拼贴。

您可以在对话框中的"间距"选项下看到这 5 种拼贴按钮，如图 12-50 所示。拼贴按钮允许您将不同的图稿应用于路径的不同部分。您可以单击拼贴按钮来定义所需拼贴，然后从弹出的面板菜单中选择自动生成选项（如果可用）或图案色板。

图12-50

7 在"间距"字段下，单击"边线拼贴"框（左起第二个拼贴）。可以发现，除了"无"和其图案色板选项，最开始选择的"原始"图案色板也出现在菜单中，如图 12-51 所示。

8 单击"外角拼贴"框，显示面板菜单，如图 12-52 所示。

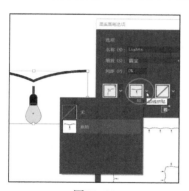

图12-51

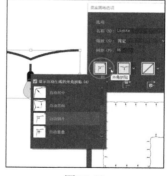

图12-52

外角拼贴是由 Illustrator 根据原始电线图稿自动生成的。在菜单中，您可以从自动生成的以下 4 种类型的外角拼贴中选择。

· 自动居中：边线拼贴沿角部拉伸，并且在角部以单个拼贴副本为中心。

· 自动居间：边线拼贴副本一直延伸到角部，且角部每边各有一个副本，然后通过折叠消除的方式将副本拉伸成角部形状。

- 自动切片：将边线拼贴沿着对角线分割，再将切片拼接到一起，类似于木质相框的边角。
- 自动重叠：拼贴的副本在角部重叠。

9 从菜单中选择"自动居间"。这将为图案画笔绘制的路径以灯泡图稿生成外角拼贴。

10 单击"确定"按钮，"Lights"画笔将显示在"画笔"面板中，如图12-53所示。

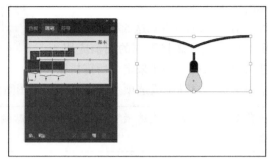

图12-53

11 选择"选择"＞"取消选择"。

12.6.2 应用图案画笔

在本节中，您将把边框图案画笔应用到小屋的路径上。正如您前面所了解到的，当您使用绘图工具将画笔应用于图稿时，您首先需要使用绘图工具绘制路径，然后在"画笔"面板中选择画笔将画笔应用于路径。

1 从"属性"面板中的"画板"菜单中选择画板"1"，定位到第一个包含主场景图稿的画板。

2 选中"选择工具" ▶ 后，单击选中小屋上的绿色直线路径。

3 选择"视图"＞"放大"，重复几次，放大视图。

4 在工具栏中，单击"填色"框，并确保选中"无" ☑，然后单击"描边"框并选择"无" ☑。

5 选中路径后，单击"画笔"面板中的"Lights"画笔以将其应用到该路径，如图12-54所示。

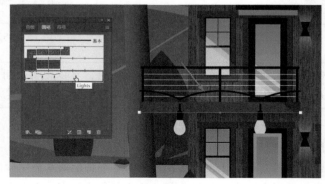

图12-54

6 选择"选择">"取消选择"。

这条路径是用"Lights"画笔画的。路径不包括角部,因此也不会有外角拼贴和内角拼贴。

12.6.3 编辑图案画笔

现在,您将使用您创建的图案色板来编辑"Lights"画笔。

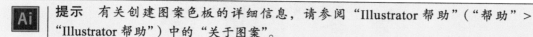 **提示** 有关创建图案色板的详细信息,请参阅"Illustrator 帮助"("帮助">"Illustrator 帮助")中的"关于图案"。

1 从"属性"面板中的"画板"菜单中选择画板"3",定位到带有灯泡图稿的第三个画板。
2 选择"窗口">"色板",打开"色板"面板。
3 选中"选择工具" ▶,按住鼠标左键将带有白灯泡的图稿拖到"色板"面板中,如图 12-55 所示。

图稿将在"色板"面板中保存为新的图案色板。

创建了图案色板后,如果您不打算将图案色板用于其他图稿,也可以在"色板"面板中将其删除。

4 选择"选择">"取消选择"。
5 从"属性"面板的"画板"菜单中选择画板"1",定位到第一个包含主场景图稿的画板。
6 在"画笔"面板("窗口">"画笔")中,双击"Lights"画笔打开"图案画笔选项"对话框。
7 将"缩放"更改为"20%"。单击"外角拼贴"框,然后从弹出的面板菜单中选择第 3 步创建的名为"新建图案色板 1"的图案色板(您需要滚动进度条),单击"确定"按钮,如图 12-56 所示。

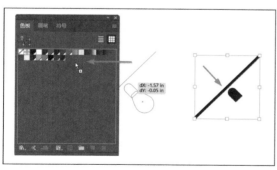

图12-55

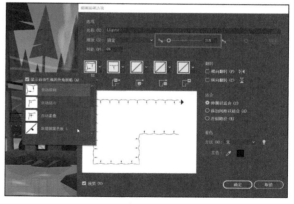

图12-56

 提示 您还可以通过按住 Option 键(macOS)或 Alt 键(Windows)并按住鼠标左键将图稿从画板拖到要在"画笔"面板中更改的图案画笔拼贴上,以更改图案画笔中的图案拼贴。

8   在弹出的对话框中，单击"应用于描边"更新小屋上的灯泡。

9   选中"选择工具"，单击选中小屋门上的绿色矩形路径。您可能需要放大视图以选择路径。

10 单击"画笔"面板中的"Lights"画笔将其应用到矩形路径上，如图 12-57 所示。

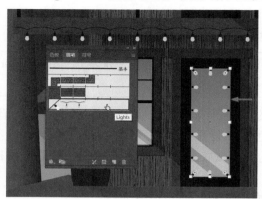

图12-57

注意，白光灯泡将应用到路径，该路径将由"Lights"画笔的外角拼贴和边线拼贴绘制。

11 选择"选择"＞"取消选择"，然后选择"文件"＞"存储"。

12.7　使用"斑点画笔工具"

您可以使用"斑点画笔工具" ✐来绘制有填色的形状，并可将其与其他同色形状相交或合并。您可以像应用"画笔工具" ✐那样，使用"斑点画笔工具"进行艺术创作。但是，"画笔工具"可以创建开放路径，而"斑点画笔工具"只允许您创建只有填色（无描边）的闭合形状。另外您可以使用"橡皮擦工具"或"斑点画笔工具"编辑该闭合形状，但不能使用"斑点画笔工具"编辑具有描边的形状。如图 12-58 所示。

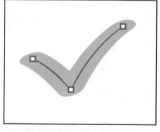
使用画笔工具创建的形状

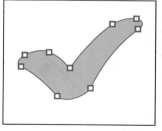
使用斑点画笔工具创建的形状

图12-58

12.7.1　使用"斑点画笔工具"绘图

接下来，您将使用"斑点画笔工具" ✐创建一朵花。

1 从"属性"面板的"画板"菜单中选择画板"4"，以定位到第四个画板，该画板为空画板。

2 在"色板"面板中，选择"填色"框，然后选择名为"Flower"的色板；选择"描边"框，然后选择"无" ☑，删除描边，如图12-59所示。

使用"斑点画笔工具"进行绘图时，如果在绘图前设置了填色和描边，则描边颜色将成为绘制形状的填充颜色；如果在绘图之前只设置了填色，该填色将成为绘制形状的填充颜色。

3 将鼠标指针移动到"画笔工具" ✐ 上，单击鼠标左键并长按，然后选择"斑点画笔工具"。双击工具栏中的"斑点画笔工具"，在"斑点画笔工具选项"对话框中，更改如图12-60所示内容。

• "保持选定"复选框：选中。

• 大小：70 pt。

图12-59

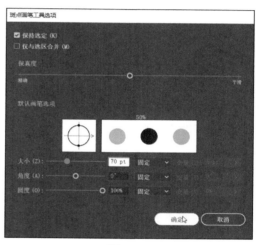

图12-60

4 单击"确定"按钮。

5 按住鼠标左键并拖动以创建花图稿，如图12-61所示。

使用"斑点画笔工具"绘制时，将创建有填色的、闭合的形状。这些形状可以包含多种类型的填充，包括渐变、纯色、图案等。请注意，在开始绘制之前，鼠标指针周围有一个圆圈，这表示绘图时画笔的大小（此时为70 pt，您在前面步骤中设置的）。

图12-61

Ai | **注意** 绘制过程中，您可以松开鼠标左键，然后继续使用"斑点画笔工具"进行绘制，只要新的图稿与已有的图稿重叠，它们就会自动合并。

使用"斑点画笔工具"合并路径

除了使用"斑点画笔工具"绘制新形状外,您还可以使用它来连接、合并相同颜色的形状。能用"斑点画笔工具"合并的对象需要具有相同的外观属性,即没有描边色、位于同一图层或组中并在堆叠顺序中彼此相邻。

如果您发现使用"斑点画笔工具"后形状未合并,则可能是它们具有不同的描边和填色。您可以使用"选择工具" ▶ 选中这两个形状,确保其填色相同,并且"属性"面板中的描边为"无"。然后,您就可以选中"斑点画笔工具",尝试从一个形状拖动到另一个形状以合并它们。

12.7.2 使用橡皮擦工具进行编辑

当您使用"斑点画笔工具" 绘制和合并形状时,您可能会绘制多余内容,然后希望编辑所绘制的形状。您可以将"橡皮擦工具" ◆ 与"斑点画笔工具"结合使用,以调整形状,并纠正一些不理想的修改。

1 选中"选择工具" ▶ ,单击以选中花形。
   在擦除之前选中形状,会将"橡皮擦工具"限制为只擦除所选形状。

2 双击工具栏中的"橡皮擦工具" ◆ 。在"橡皮擦工具选项"对话框中,将"大小"更改为"40 pt",然后单击"确定"按钮,如图 12-62 所示。

3 将鼠标指针移动到花形的中心,并在选中"橡皮擦工具"后,按住鼠标左键并拖动以删除形状的中心部分。尝试在"斑点画笔工具"和"橡皮擦工具"之间切换来编辑花形,如图

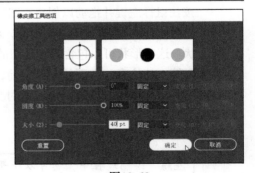

图12-62

12-63 所示。

使用"斑点画笔工具"和"橡皮擦工具"时，鼠标指针都会带有圆圈，这个圆圈表示画笔的大小。

4　选择"选择">"取消选择"。

5　使用"选择工具"选中花形。

6　选择"编辑">"复制"。

7　从状态栏中的"画板导航"菜单中选择"1 Lake scene"画板，定位到带有场景图稿的第一个画板。

8　单击画板右侧有鲜花的灌木丛，然后按"Command ++"（macOS）或"Ctrl ++"（Windows）组合键，重复几次，放大视图。

9　单击"属性"面板中的"排列"按钮，然后选择"置于顶层"。

10　选择"编辑">"粘贴"，粘贴花形。

按住 Shift 键，按住鼠标左键拖动花形的一个角，使花形变小，松开鼠标左键，然后松开 Shift 键，如图 12-64 所示。

图12-63

图12-64

11　按住 Option 键（macOS）或 Alt 键（Windows），按住鼠标左键拖动花形到灌木丛的其他部分。松开鼠标左键，然后松开 Option 键（macOS）或 Alt 键（Windows），生成新的花朵副本。

12　重复上步数次，在灌木丛中绘制鲜花，如图 12-65 所示。

13　选择"选择">"取消选择"，然后选择"视图">"画板适合窗口大小"。最终效果如图 12-66 所示。

图12-65

图12-66

14　选择"文件">"存储"，并关闭所有打开的文件。

12.8　复习题

1 使用"画笔工具"将画笔应用于图稿和使用某种绘图工具将画笔应用于图稿有什么区别？

2 描述如何将艺术画笔中的图稿应用于对象。

3 描述如何编辑使用"画笔工具"绘制的路径。"保持选定"选项是如何影响"画笔工具"的？

4 在创建画笔时，哪些画笔类型必须在画板上先选定图稿？

5 "斑点画笔工具"有什么作用？

12.9　复习题答案

1 使用"画笔工具" ✐ 绘制时，如果在"画笔"面板中选择了某种画笔，然后在画板上绘制，则画笔将直接应用于所绘制的路径。若要使用绘图工具来应用画笔，就要先选中绘图工具并在图稿中绘制路径，然后选中该路径并在"画笔"面板中选择某种画笔，才能将其应用于选定的路径。

2 艺术画笔是由图稿（矢量图或嵌入的栅格图像）创建的。将艺术画笔应用于对象的描边时，艺术画笔中的图稿默认会沿着所选对象的描边进行拉伸。

3 要使用"画笔工具"编辑路径，请按住鼠标左键在选定路径上拖动，重绘该路径。使用"画笔工具"绘图时，"保持选定"选项将保持最后绘制的路径为被选中状态。如果要便捷地编辑之前绘制的路径，请选中"保持选定"复选框。如果要使用"画笔工具"绘制重叠路径而不修改之前的路径，请取消选择"保持选定"选项，取消选中"保持选定"复选框后，可以使用"选择工具" ▶ 选中路径，然后对其进行编辑。

4 对于艺术画笔以及散点画笔，您需要先选中图稿，再使用"画笔"面板中的"新建画笔"按钮 ▦ 来创建画笔。

5 使用"斑点画笔工具" ✐ 可以编辑带填色的形状，使其与具有相同颜色的其他形状相交或合并，也可以从头开始创建图稿。

第13课 效果和图形样式的创意应用

本课概览

在本课中，您将学习如何执行以下操作。

- 使用"外观"面板。
- 编辑并应用外观属性。
- 复制、启用、禁用和删除外观属性。
- 重新排列外观属性。
- 应用和编辑各种效果。
- 以图形样式保存和应用外观。
- 将图形样式应用于图层。
- 缩放描边和效果。

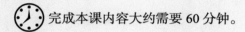 完成本课内容大约需要 60 分钟。

在不改变对象的结构的情况下，您可以通过简单应用"外观"面板中的属性（如填充、描边和效果等）来更改对象的外观。效果本身是实时的，您可以随时对其进行修改或删除。另外，您可以将外观属性保存为图形样式，并将它们应用于其他对象。

13.1 开始本课

在本课中，您将使用"外观"面板、各种效果和图形样式来更改图稿的外观。在开始之前，您需要还原 Adobe Illustrator 的默认首选项。然后，您将打开一个包含最终图稿的文件，以查看要创建的内容。

> **注意** 如果您还没有从您的"账户"页面下载本课的课程文件到您的计算机中，请立即下载。具体操作请参阅本书"前言"部分。

1. 为了确保工具的功能和默认值完全如本课所述，请删除或停用（通过重命名）Adobe Illustrator 首选项文件。具体操作请参阅本书"前言"部分中的"还原默认首选项"。
2. 启动 Adobe Illustrator。
3. 选择"文件">"打开"，然后在硬盘上的"Lesson">"Lesson13"文件夹中打开"L13_end.ai"文件。
   该文件展示了学生艺术节海报的完整插图。
4. 在可能弹出的"缺少字体"对话框中，单击"激活字体"以激活所有缺少的字体，如图 13-1 所示。激活它们后，您会看到消息提示"已成功激活字体"，请单击"关闭"按钮。

图13-1

> **注意** 您需要联网来激活字体。

如果无法激活字体，您可以访问 Creative Cloud 桌面应用程序，然后单击右上方的"字体"

图标 *f*，查看可能存在的问题（有关如何解决此问题的更多信息，请参阅"9.3.1 更改字体系列和字体样式"）。

您也可以在"缺少字体"对话框中单击"关闭"按钮，然后在后续操作时忽略缺少的字体。

您还可以单击"缺少字体"对话框中的"查找字体"按钮，然后使用计算机上的本地字体替代缺少字体，或者转到"Illustrator 帮助"（"帮助">"Illustrator 帮助"）并搜索"查找缺少的字体"。

图13-2

5. 选择"视图">"画板适合窗口大小"，使文件保持打开状态作为参考，或选择"文件">"关闭"以将其关闭。

您将打开一个现有图稿文件开始操作。

6. 选择"文件">"打开"。在"打开"对话框中，定位到硬盘上的"Lessons">"Lesson13"文件夹，然后再选择"L13_start.ai"文件。单击"打开"按钮，打开文件，如图 13-2 所示。

"L13_start.ai"文件使用了与"L13_end.ai"文件相同的字体。如果您已经激活了字体，则无须执行以下操作。如果您没有打开"L13_end.ai"文件，则此步骤很可能会出现"缺少字体"对话框，单击"激活字体"按钮以激活所有缺少的字体。激活它们后，您会看到消息提示"已成功激活字体"，请单击"关闭"按钮。

 注意 有关解决缺失字体的信息，请参阅步骤 4。

7. 选择"文件">"存储为"，将文件命名为"ArtShow.ai"，然后选择"Lesson13"文件夹。从"格式"菜单中选择"Adobe Illustrator（ai）"（macOS）或从"保存类型"菜单中选择"Adobe Illustrator（*.AI）"（Windows），然后单击"保存"按钮。

8. 在"Illustrator 选项"对话框中，将选项保持为默认设置，然后单击"确定"按钮。

9. 从应用程序栏中的工作区切换器中选择"重置基本功能"，以重置工作区。

 注意 如果在工作区切换器菜单中没有看到"重置基本功能"，请在选择"窗口">"工作区">"重置基本功能"之前，先选择"窗口">"工作区">"基本功能"。

10. 选择"视图">"全部适合窗口大小"。

13.2 使用外观面板

外观属性是一种美学属性（如填色、描边、透明度或效果），它影响对象的外观，但通常不会影响其基本结构。到目前为止，您一直在"属性"面板、"色板"面板等面板中更改外观属性。其实这些外观属性，在所选图稿的"外观"面板中也可以找到。在本课中，您将重点使用"外观"面板来应用和编辑外观属性。

1 选中"选择工具" ▶，然后单击选中背景中大的深灰色形状。

2 在右侧"属性"面板的"外观"部分中单击"打开'外观'面板"按钮 ▪▪▪（图 13-3 红色箭头处所示），打开"外观"面板，如图 13-3 所示。

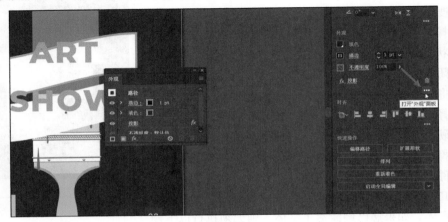

图13-3

> **Ai** | **提示**　您也可以选择"窗口" > "外观"打开"外观"面板。

"外观"面板显示所选内容的类型（在本例中为"路径"），以及应用于该内容的外观属性（"描边""填色"等）。

"外观"面板中可用的选项，如图 13-4 所示。

> **Ai** | **提示**　您可能需要将"外观"面板的底边向下拖动，使面板更长。

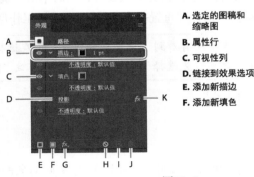

A. 选定的图稿和
　　缩略图
B. 属性行
C. 可视性列
D. 链接到效果选项
E. 添加新描边
F. 添加新填色
G. 添加新效果
H. 清除外观
I. 复制所选项目
J. 删除所选项目
K. 指示应用了效果

图13-4

"外观"面板（"窗口">"外观"）可用于查看和调整所选对象、编组或图层的外观属性。"填色"和"描边"按堆叠顺序列出：它们在面板中从上到下的顺序对应了它们在图稿中从前到后的显示顺序。应用于图稿的效果按照它们的应用顺序，从上到下列出。使用外观属性的优点是，在不影响底层图稿或"外观"面板中应用于该对象的其他属性的情况下，可以随时修改或删除外观属性。

13.2.1 编辑外观属性

首先，您将使用"外观"面板来更改图稿的外观。

1 选中深灰色背景形状后，在"外观"面板中，根据需要多次单击填色属性行中的灰色"填色"框，直到弹出"色板"面板。选择名为"Background"的色板进行填色，如图 13-5 所示。按 Esc 键隐藏"色板"面板。

> **Ai** **注意** 您可能需要多次单击"填色"框才能打开"色板"面板。第一次单击"填色"框选择面板中的填色行，第二次单击显示"色板"面板。

图13-5

2 单击"描边"行中的"1 pt"，显示"描边粗细"选项。将"描边粗细"更改为"0 pt"以移除描边（"描边粗细"字段为空白或显示"0 pt"），如图 13-6 所示。

图13-6

3 在"外观"面板中，单击"投影"属性名称左侧的可视性列 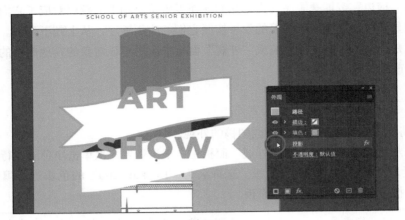，如图 13-7 所示。

图13-7

可以暂时隐藏该外观属性，以使其不应用于所选图稿。

> **Ai** | **提示** 从"外观"面板菜单 ▤ 中选择"显示所有隐藏的属性"，可以查看所有隐藏的属性（已关闭的属性）。

4 选中"投影"行（如果未选中，请单击链接"投影"的右侧）后，单击面板底部的"删除所选项目"按钮 ▥，以完全删除投影，而不仅仅是关闭可视性，如图 13-8 所示。保持形状为选中状态。

图13-8

> **Ai** | **提示** 在"外观"面板中，您可以将属性行（如"投影"）拖到"删除所选项目"按钮 ▥ 上将其删除，也可以选择属性行然后单击"删除所选项目"按钮。

13.2.2 为内容添加新填色

Illustrator 中的图稿和文本可以应用多个描边和填色。这可能是增加作品受众对诸如形状和路径之类的设计元素的兴趣的好方法，而向文本中添加多个描边和填色则可能是向文本中添加流行元素的好方法。接下来，您将给该形状添加另一个填色。

1. 在仍选中背景形状的情况下，单击"外观"面板底部的"添加新填色"按钮⬜，如图 13-9 所示。

   图 13-9 中显示了单击"添加新填色"按钮后的面板，"外观"面板中添加了第 2 个"填色"行。默认情况下，新的"填色"或"描边"属性行会直接添加到所选属性行之上；如果没有选中属性行，则会添加到"外观"面板属性列表的顶部。

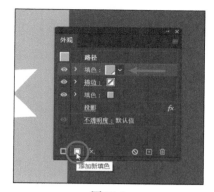

图13-9

2. 单击底部"填色"属性行中的"填色"框几次，直到弹出"色板"面板。单击名为"Crosses"的图案色板，将其应用于原来的背景形状填色中，如图 13-10 所示。按 Esc 键隐藏"色板"面板。

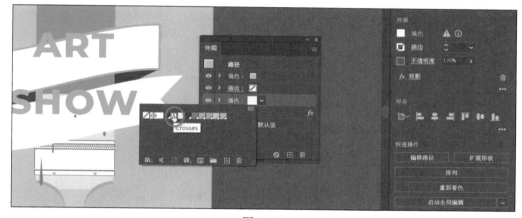

图13-10

该图案将不会显示在所选图稿中，因为在步骤 1 中添加的第二个填色覆盖了"Crosses"填色。这两个填充内容堆叠起来。

 提示 要关闭那些单击带下划线的词后出现的面板，您可以选择按 Esc 键、单击其属性行或按回车键。

3. 单击顶部"填色"属性行左侧的眼睛图标👁️将其隐藏，如图 13-11 所示。

   现在，您就会看到新的图案填充在形状中了。在 13.2.4 节中，您将对"外观"面板中的属性行进行重新排序，使图案填充层位于颜色填充层的上层。

4. 单击顶部"填色"属性行左侧的眼睛图标以再次显示它。

5. 选择"选择">"取消选择"，然后选择"文件">"存储"。

图13-11

13.2.3　向文本添加多个描边和填色

除了给图稿添加多个描边和填色之外，您还可以对文本执行同样的操作。使文本保持可编辑状态，您就可以应用多种效果来获得所需的外观。

1 选中"文字工具"**T**，然后选中文本"ART SHOW"，如图 13-12 所示。

图13-12

请注意，此时在"外观"面板的顶部出现"文字：无外观"。这是指文字对象，而不是其中的文本。

您还将看到"字符"一词，在该词下列出了文本（而不是文字对象）的格式，您应该会看到"描边"（无）和"填色"（金色）。另外请注意，面板底部的"添加新描边"和"添加新填色"按钮变暗，因此您无法为文本添加其他描边或填色。若要为文本添加新的描边或填色，您需要选中文字对象，而不是其内部的文本。

2 选中"选择工具"▶，选中文字对象（而不是文本）。

> **Ai** | **提示**　您还可以单击"外观"面板顶部的"文字：无外观"，选择文字对象（而不是其内部的文本）。

3 单击"外观"面板底部的"添加新填色"按钮■，在"字符"一词上方添加填色，如

图 13-13 所示。

图13-13

新的黑色填色覆盖了文本的原始填色。如果在"外观"面板中双击"字符"一词，则将选中文本并查看其格式选项（填色、描边等）。

4　单击"填色"属性行将其选中（如果尚未选中）。单击黑色的"填色"框，然后选择名为"USGS 22 Gravel Beach"的图案色板，如图 13-14 所示。按 Esc 键隐藏"色板"面板。

图13-14

当您将填色应用于文字对象时，也会应用无色描边，您不必管它。

 注意　"USGS 22 Gravel Beach"色板实际上并不是新创建的。默认情况下，该图案色板可以在 Illustrator 中找到（"窗口">"色板库">"图案">"基本图形">"基本图形 _ 纹理"）。

5　如有必要，单击"填色"行左侧的显示三角形 ❯ 以显示其他属性。单击"不透明度"一词，打开"透明度"面板，并将"不透明度"更改为"50%"，如图 13-15 所示。按 Esc 键隐藏"透明度"面板。

每个外观行（描边，填充）都有其自己的不透明度，您可以对其进行调整。"外观"面板底部的"不透明度"外观行会影响整个所选对象的透明度。接下来，您将使用"外观"面板在文本中添加两个描边。这是用单个对象实现独特设计效果的一种好方法。

图13-15

6　在"外观"面板中单击"描边"框几次以显示"色板"面板。选择名为"文字描边"的浅绿色色板，如图 13-16 左图所示。按 Esc 键隐藏"色板"面板。

7　将"描边粗细"改为"5 pt"，如图 13-16 右图所示。

图13-16

8　单击"外观"面板底部的"添加新描边"按钮，如图 13-17 所示。

图13-17

现在将第二个描边（原来描边的副本）添加到文本中。这是一种增加设计趣味的好方法，使用这种方法无须复制形状就可以将它们相互叠加来添加多个描边。

9　选中新的（顶部）"描边"属性行，然后将颜色更改为白色，如图 13-18 所示。

图13-18

10 在同一属性行中单击"描边"一词以打开"描边"面板。在面板的"边角"部分单击"圆角连接"选项 ，使描边的边角稍微变圆，如图 13-19 所示。按回车键以确认更改并隐藏"描边"面板。

图13-19

与"属性"面板一样，单击"外观"面板中带下划线的词会显示更多格式选项，通常是"色板"面板或"描边"面板之类的面板。外观属性（例如"填充"或"描边"）中通常有其他属性选项，例如"不透明度"或仅应用于该属性的效果。这些附加选项在属性行下以子集形式列出，您可以通过单击属性行左端的显示三角形▶来显示附加选项。

11 保持文字对象为选中状态。

13.2.4 调整外观属性的排列顺序

外观属性行的顺序可以极大地改变图稿的外观。在"外观"面板中，"填色"和"描边"按它们的堆叠顺序列出，即它们在面板中从上到下的顺序对应了它们在图稿中从前到后的显示顺序。类似于在"图层"面板中拖动图层以排序，您也可以拖动各属性行来对属性行重新进行排序。接下来，您将通过在"外观"面板中调整属性的排列顺序来更改图稿的外观。

1 在文本仍处于选中状态的情况下，按"Command++"（macOS）或"Ctrl++"（Windows）组合键，重复几次，放大视图。

2 在"外观"面板中，单击白色"描边"行左侧的眼睛图标将其暂时隐藏，如图 13-20 所示。

3 按住鼠标左键将"外观"面板中的浅绿色"描边"行向下拖动到"字符"一词下方。当"字符"一词下方出现一条蓝线时，松开鼠标左键以查看结果，如图 13-21 所示。

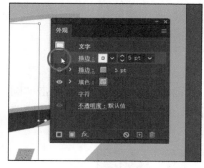

图13-20

图13-21

现在，浅绿色的描边位于两个属性的下层。"字符"一词表示文本（不是文字对象）的描边和填色（芥末色）在堆叠顺序中的位置。

4 单击白色"描边"行的眼睛图标 ，再次显示白色描边效果。

5 选中"选择工具" ▶，然后单击选中背景中的大矩形。在"外观"面板中，按住鼠标左键将粉红色的"填色"行向下拖动到带有"Cross"图案的"填色"行下方，然后松开鼠标左键，如图 13-22 所示。

将粉红色的"填色"属性移动到图案"填色"属性下方会更改图稿的外观。现在，图案填色位于纯色填色的上层，如图 13-23 所示。

图13-22

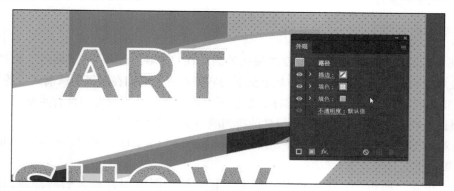

图13-23

6 选择"选择">"取消选择"，然后选择"文件">"存储"。

13.3　应用实时效果

在大多数情况下，"效果"会在不改变底层图稿的情况下修改对象的外观。"效果"将添加到对象的外观属性中，您可以随时在"外观"面板中编辑、移动、隐藏、删除或复制该属性。如图 13-24 所示。

Illustrator 中有两种类型的效果：Illustrator 效果（矢量效果）和 Photoshop 效果（栅格效果）。在 Illustrator 中，您可以单击"效果"菜单以查看不同类型的可用效果。

- Illustrator 效果（矢量效果）："效果"菜单的上半部分为矢量效果。在"外观"面板中，您只能将这些效果应用于矢量对象或矢量对象的填色或描边。而以下矢量效果可同时应用于矢量对象和位图对象：3D效果、SVG 滤镜、变形效果、转换效果、阴影、羽化、内发光和外发光。

- Photoshop 效果（栅格效果）："效果"菜单的下半部分为栅格效果。您可以将它们应用于矢量对象或位图对象。

带有阴影效果的图稿

图13-24

在本节中，您首先将了解如何应用和编辑效果。然后，您将了解 Illustrator 中的一些常用的效果，以了解可用效果的应用范围。

13.3.1　应用效果

通过"属性"面板、"效果"菜单和"外观"面板，您可以将效果应用于对象、编组或图层。下面，您将先学习如何使用"效果"菜单应用效果，然后学习如何使用"属性"面板应用效果。

1　选择"视图" > "画板适合窗口大小"。
2　选中"选择工具" ▶ 后，单击油漆刷图稿的手柄。
3　单击"外观"面板底部的"添加新效果"按钮 ，或单击"属性"面板中"外观"部分的"选取效果"按钮 ，在弹出菜单的"Illustrator 效果"部分，选择"风格化" > "投影"，如图 13-25 所示。
4　在"投影"对话框中，选中"预览"复选框，并更改以下选项，如图 13-26 所示。
- 模式：正片叠底（默认设置）。
- 不透明度：50%。
- X 偏移：0.14 in。
- Y 偏移：0.14 in。
- 模糊：0.21 in。
- "颜色"复选框：选中。

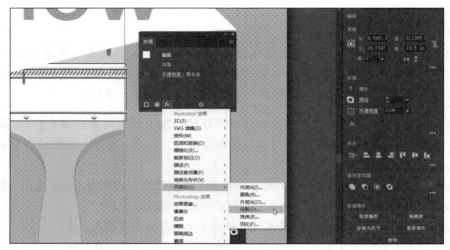

图13-25

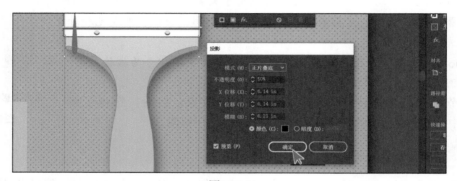

图13-26

5　单击"确定"按钮。

　　因为"投影"效果被应用于该编组，所以它出现在编组的周边，而不是单独出现在每个对象上。如果您现在查看"外观"面板，您将在面板顶部看到"编组"一词且应用了"投影"效果，如图 13-27 所示。"内容"一词是指编组中的内容。编组中的每个对象都可以有自己的外观属性。

6　选择"文件">"存储"。

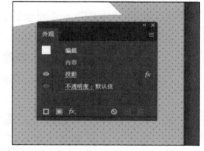

图13-27

13.3.2　编辑效果

　　效果是实时的，因此您可以在将效果应用于对象后对效果进行编辑。您可以在"属性"面板或"外观"面板中编辑效果，方法是选中应用了效果的对象，然后单击效果的名称或者在"外观"面板中双击属性行，打开该效果的对话框进行编辑。对效果所做的修改将在图稿中实时更新。在本节中，您将编辑应用于背景形状组的"投影"效果。

1 单击文本"ART SHOW"。选中文字对象后，选择"效果">"应用'阴影'"，"应用'阴影'"菜单项会以相同的选项设置应用上次使用的效果，如图 13-28 所示。

> **注意** 如果您尝试将效果应用到已经应用相同效果的图稿，Illustrator 会警告您即将应用相同效果。

图13-28

2 在仍选中文本的情况下，单击"外观"面板中的"投影"文字，如图 13-29 左图所示。

> **提示** 如果选择"效果">"投影"，则会出现"投影"对话框，允许您在应用效果之前进行更改。

3 在"投影"对话框中，选中"预览"复选框以查看更改。将"不透明度"更改为"10%"，将"模糊"更改为"0.03 in"，如图 13-29 右图所示，单击"确定"按钮。保持文字对象处于选中状态。

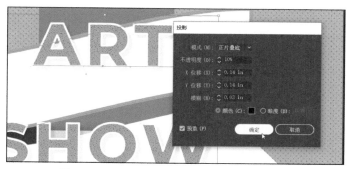

图13-29

13.3.3 使用变形效果风格化文本

Illustrator 中有许多效果可以应用于文本，比如您在第 9 课见到的文本变形。接下来，您将使用"变形"效果来变形文本。您在第9课中应用的文本变形与本节的"变形"效果之间的区别在于，"变形"效果只是一种效果，可以轻松打开和关闭、编辑或删除。

1 在仍然选中文字对象的情况下，在"属性"面板的"外观"部分单击"选取效果"按钮 *fx*，从菜单中选择"变形"＞"上升"，如图13-30所示。

这是将"效果"应用于内容的另一种方法，如果您没有打开"外观"面板，该方法会很方便。

2 在弹出的"变形选项"对话框中，选中"预览"复选框以查看所做的更改。若要创建弧形效果，请将"弯曲"设置为"15%"，如图13-31所示。尝试从"样式"菜单中选择其他样式查看效果，然后返回选择"上升"。

图13-30

 提示 您还可以单击"外观"面板底部的"添加新效果"按钮 *fx*。

尝试调整"水平"和"垂直"滑块并查看效果。最终确保"扭曲"值回到"0%"，然后单击"确定"按钮。保持文字对象处于选中状态。

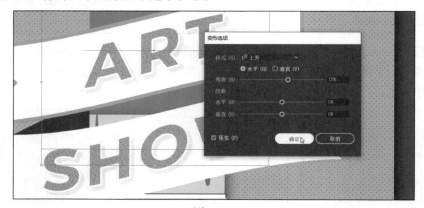

图13-31

13.3.4 临时禁用效果进行编辑

您可以在应用了"变形"效果的情况下编辑文本，但是有时关闭效果更容易对文本进行编辑，待编辑完文本后重新打开效果即可。

提示 您可能要按住鼠标左键向下拖动"外观"面板的底部边缘，使面板变长，以便查看面板中的内容。

1 选中文字对象后,单击"外观"面板中"变形:上升"行左侧的可视性列的眼睛图标 ,可以暂时关闭效果,如图 13-32 所示。

请注意,此时文本不会在画板上呈现出弯曲样式,如图 13-33 所示。

2 在工具栏中选中"文字工具"T,然后将文本改为"ART FEST",如图 13-33 所示。

图13-32

图13-33

3 在工具栏中选中"选择工具"▶,单击选中文字对象(而不是具体文本)。

> **Ai** **提示** 您可以在按 Esc 键后,选中"选择工具",然后选中文字对象(而不是具体的文本)。

4 单击"外观"面板中"变形:上升"行左侧的可视性列以打开效果。

文本再次变形,但由于文本已更改,文本整体所需要的变形量可能有所不同。

5 在"外观"面板中,单击"变形:上升"文本以编辑效果。在"变形选项"对话框中,将"弯曲"更改为"11%",单击"确定"按钮。

您可能需要按住鼠标左键向下拖动文本,以使其在图稿中居中。

6 选择"选择">"取消选择",然后选择"文件">"存储"。

13.3.5 应用其他效果

接下来,您将应用其他的一些效果来完成图稿的各个部分。您可以将多个效果应用于相同的对象以获得想要的外观。

1 选中"选择工具"▶后,单击顶部的横幅形状以将其选中。

2 单击"外观"面板中的"描边"属性行以将其选中。

3 选中"描边"属性行后,在"外观"面板底部单击"添加新效果"按钮 fx,然后选择"路径">"偏移路径",仅将其应用于描边,如图 13-34 所示。

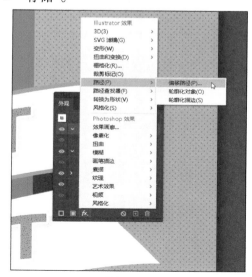

图13-34

4 在弹出的"偏移路径"对话框中,将"偏移"更改为"–0.13 in",选中"预览"复选框,然后单击"确定"按钮,如图 13-35 所示。

图13-35

接下来,您将在文本上移动一条描边,以可以看到它。

5 选中"选择工具"后,单击并选中"ART FEST"文本。在"外观"面板中,单击浅绿色的"描边"行以将其选中,如图 13-36 所示。您应用的效果现在将仅影响选中的描边。

6 在"外观"面板底部单击"添加新效果"按钮 fx,然后选择"扭曲和变换">"变换"。

7 在"变换效果"对话框中,选中"预览"复选框,并更改以下内容,如图 13-37 所示。

- "水平"移动:0.013 in。
- "垂直"移动:0.013 in。
- 副本:10。

图13-36

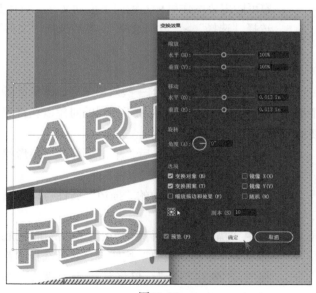

图13-37

8 单击"确定"按钮。

在这种情况下，"变换"效果将复制 10 次描边，并将这些副本向右下方移动。

9 在"外观"面板中，单击浅绿色描边"描边：5 pt"字样左侧的显示三角形▶，以将其切换为打开状态（如果尚未打开）。

注意，"变换"效果是"描边"的子集，这表明"变换"效果仅应用于该描边。

10 选择"选择">"取消选择"，然后选择"文件">"存储"。

13.4 应用 Photoshop 效果

如本课前面所述，Photoshop 效果（栅格效果）生成的是像素而不是矢量数据。Photoshop 效果包括 SVG 滤镜、"效果"菜单下半部分的所有效果，以及"效果">"风格化"子菜单中的"投影"、"内发光"、"外发光"和"羽化"。您可以将它们应用于矢量对象或位图对象。接下来，您将对某些背景形状应用 Photoshop 效果（栅格效果）。

1 单击油漆刷的油漆痕迹图稿以将其选中，如图 13-38 所示。

2 在"属性"面板的"外观"部分中单击"选取效果"按钮 *fx*。在弹出的菜单中选择"画笔描边">"喷色描边"。

当您选择大多数（不是全部）Photoshop 效果（栅格效果）时，都会打开"滤镜库"对话框。类似于在 Adobe Photoshop 滤镜库中使用滤镜，您也可以在 Illustrator 滤镜库中尝试不同的 Photoshop 效果（栅格效果），以了解它们如何影响您的图稿。

3 在"滤镜库"对话框打开的情况下，您可以在对话框顶部看到滤镜类型（"喷色描边"），在对话框左下角的视图菜单中选择"符合视图大小"，以便您可以看到效果如何改变形状外观。如图 13-39 所示，"滤镜库"对话框可调整大小，包含一个预览区域（标记为 A）、可以单击应用的效果缩略图（标记为 B）、当前所选效果的设置位置（标记为 C）以及已应用的效果列表（标记为 D）。如果要应用其他效果，请在对话框的中间面板（B 所在的面板）中展开一个类别，然后单击效果缩略图。

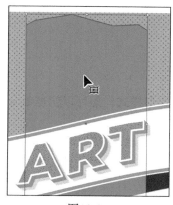

图13-38

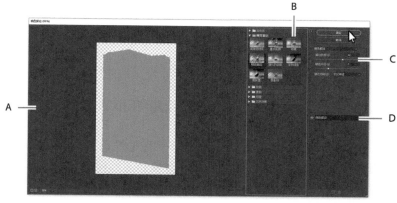

图13-39

4　如图 13-40 所示，更改"滤镜库"（"喷色描边"）对话框右上角的设置（如有必要）。
- 画笔描边：喷色描边。
- 描边长度：20。
- 喷色半径：25。
- 描边方向：垂直。

图13-40

提示　您可以在对话框右边标记为"D"的部分，单击"喷色描边"左侧的眼睛图标，以查看没有应用效果的图稿。

注意　"滤镜库"仅能让您一次应用一种效果。如果要应用多种 Photoshop 效果，您可以单击"确定"按钮应用当前效果之后然后从"效果"菜单中选择另一个效果。

5　单击"确定"按钮，将 Photoshop 效果应用到形状。
6　选择"选择">"取消选择"。

13.5　使用图形样式

图形样式是一组已保存的、可以重复使用的外观属性。通过应用图形样式，您可以快速地全局修改图稿和文本的外观。

通过"图形样式"面板（"窗口">"图形样式"），您可以为对象、图层和编组创建、命名、保存、应用和删除效果和属性；还可以断开对象和图形样式之间的链接，并编辑该对象的属性，而不影响使用了相同图形样式的其他对象。

"图形样式"面板中可用的选项如图 13-41 所示。

例如，您有一幅使用形状来表示城市的地图，您可以创建一种图形样式将形状绘制为绿色并添加投影，然后，您就可以使用该图形样式绘制地图上的所有城市形状。如果决定使用其他颜色，您可以将图形样式的填色修改为其他颜色。这样，使用该图形样式的所有对象的填色都将更新为其他颜色。

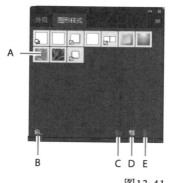

A. 图形样式缩略图
B. 图形样式库菜单
C. 断开图形样式链接
D. 新建图形样式
E. 删除图形样式

图13-41

13.5.1 应用现有的图形样式

您可以直接从 Illustrator 附带的图形样式库中选择图形样式，并应用到您的图稿。下面，您将了解一些 Illustrator 内置的图形样式，并将其应用到图稿。

1 选择"窗口">"图形样式"。单击"图形样式"面板底部的"图形样式库菜单"按钮，如图 13-42 所示，然后选择"照亮样式"，打开"照亮样式"面板。

> **Ai** | **提示**　使用面板底部的箭头，可以加载面板中的上一个或下一个图形样式库。

2 使用"选择工具"，单击并选中油漆刷上的金属带图稿，如图 13-42 所示。

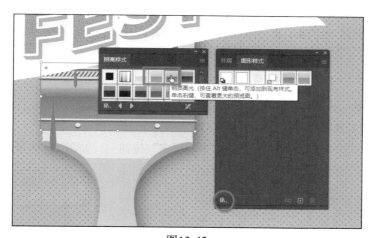

图13-42

3 单击"铝质高光"样式，然后在"照明样式"面板中单击"钢质高光"图形样式。关闭"照亮样式"面板。

单击第一种样式会将该样式的外观属性应用于所选图稿。单击第二种样式则会让此样式替换掉第一种样式的外观属性。但此时这两种图形样式都添加到活动文档的"图形样式"面板中。

4 在仍然选中图稿的情况下，单击"外观"面板选项卡以查看应用于所选图稿的填色（您可能需要在面板中滚动进度条来查看）。请注意面板列表顶部的"路径：钢质高光"，如图 13-43 所示。这表明所选图稿应用了名为"钢质高光"的图形样式。

图13-43

5 单击"图形样式"面板选项卡，再次显示该面板。
   现在，您应该能在面板中看到两种图形样式："铝质高光"和"钢质高光"。

 提示　您可以在"图形样式"面板中，将鼠标指针放在图形样式缩略图上，长按鼠标右键以显示所选图稿上的图形样式预览。预览图形样式是一种很好的方法，您可以通过这种方法了解图形样式如何影响所选对象，而无须实际应用它。

13.5.2　创建和应用新图形样式

现在，您将创建一个新的图形样式并将该图形样式应用于图稿。

1 选中"选择工具" ▶ 后，单击选中"ART"文字下层的横幅形状。
2 在"图形样式"面板底部单击"新建图形样式"按钮 ⊞，如图 13-44 所示。

图13-44

所选形状的外观属性将另存为图形样式。

3 在"图形样式"面板中，双击新的图形样式缩略图。在
弹出的"图形样式选项"对话框中，将新样式命名为
"Banner"，单击"确定"按钮。

4 单击"外观"面板选项卡，在"外观"面板顶部，您会
看到"路径：Banner"，如图 13-45 所示。
这表示已将名为"Banner"的图形样式应用于所选图稿。

5 使用"选择工具"，单击选中"FEST"文本下层的横幅
图稿。在"图形样式"面板中，单击名为"Banner"的
图形样式以应用样式，如图 13-46 所示。

图13-45

图13-46

6 保持形状处于选中状态，然后选择"文件">"存储"。

将图形样式应用于文本

当您将图形样式应用于文本区域时，图形样式的填色将默认覆盖文本中的填色。
如果单击"图形样式"面板菜单图标 ▤ 以取消选择"覆盖字符颜色"，则文本中的

填色（如果有的话）将覆盖图形样式的填色。

如果单击"图形样式"面板菜单 ≡ 以选择"使用文本进行预览"，则可以在图形样式上单击鼠标右键并按住，以预览文本上的图形样式。

13.5.3 更新图形样式

创建图形样式后，您可以更新该图形样式，所有应用了该样式的图稿也会更新其外观。如果您编辑应用了图形样式的图稿外观，则该图形样式会被覆盖，并且在更新图形样式时图稿也不会变化。

1. 仍然选中"FEST"文本下层的横幅形状，查看"图形样式"面板，您会看到"Banner"图形样式缩略图将高亮显示（在其周围有边框），这表明该图形样式已应用于所选图稿，如图 13-47 所示。

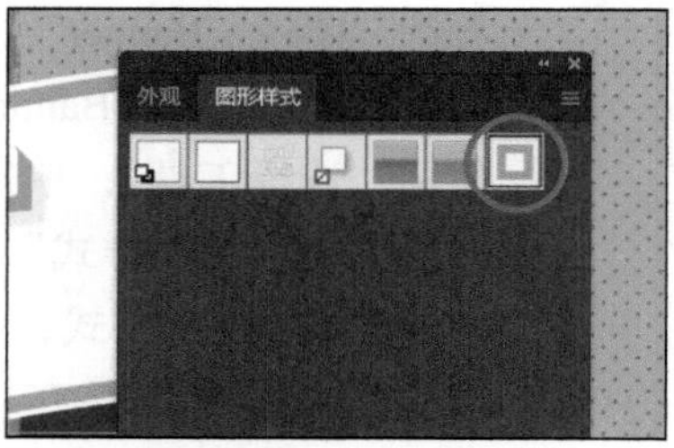

2. 单击"外观"面板选项卡。请注意面板顶部的文字"路径：Banner"，这表明所选图稿已应用了"Banner"图形样式。如前所述，这是判断图形样式是否应用于所选图稿的另一种方法。

图13-47

3. 选中形状后，在"外观"面板的"描边"属性行中，单击"描边"颜色框几次以打开"色板"面板。选择名为"Text stroke"的浅绿色色板。按 Esc 键隐藏"色板"面板。将"描边粗细"更改为"3 pt"，如图 13-48 所示。

图13-48

请注意，"外观"面板顶部的文字"路径：Banner"现在仅是"路径"，这表示图形样式不再应用于所选图稿。

4. 单击"图形样式"面板选项卡，以查看"Banner"图形样式，发现其周围不再高亮显示

（边框），这意味着该图形样式不再被所选图稿所应用。

5 按住 Option 键（macOS）或 Alt 键（Windows），然后将选中的形状拖到"图形样式"面板中的"Banner"图形样式缩略图上，如图 13-49 所示。在图形样式缩略图呈高亮显示时，松开鼠标左键，然后松开 Option 键（macOS）或 Alt 键（Windows）。

图13-49

Ai 提示 您还可以通过选中要替换的图形样式来更新图形样式，即选中具有所需属性的图稿（或在"图层"面板中定位一个项目），然后单击"外观"面板菜单图标以选择"重新定义图形样式'样式名称'"。

"Banner"图形样式已应用于两个横幅形状，因此这两个横幅形状现在看起来图形样式相同，如图 13-50 所示。

图13-50

6 选择"选择">"取消选择"，然后选择"文件">"存储"。

7 单击"外观"面板选项卡，您会在面板顶部看到文字"未选择对象：Banner"（您可能需要向上滚动进度条才能看到）。

将外观设置、图形样式等应用于图稿后，绘制的下一个形状将具有与"外观"面板中列出的相同的外观设置。

13.5.4 将图形样式应用于图层

注意 如果先将图形样式应用于对象，然后将图形样式应用于对象所在的图层（或子图层），图形样式格式将添加到对象的外观中，这是可以累积的。因为将图形样式应用于图层将添加到图稿格式中，这会以意想不到的方式更改图稿。

将图形样式应用于图层后，添加到该图层中的所有内容都会应用相同的样式。现在，您将对名为"Text banner"的图层应用"Drop Shadow"图形样式，这将一次性对该图层上的所有内容应用该样式。

1 单击右侧的"图层"面板选项卡以显示"图层"面板，单击"Text banner"图层的目标图标◎，如图 13-51 所示。这将选中图层内容，并将该图层作为外观属性的作用目标。

2 单击"图形样式"面板选项卡，然后单击名为"Drop Shadow"的图形样式，将该图形样式应用于所选图层及图层上所有内容，如图 13-52 所示。

图13-51

图13-52

提示 在"图形样式"面板中，显示带有红色斜杠的小框☐的图形样式缩略图表示该图形样式不包含描边或填色，例如它可能只是一个"投影"或"外发光"效果。

提示 在"图层"面板中，您可以将目标图标拖动到底部的"删除所选图层"图标■上，删除外观属性。

现在，"Text banner"图层中的内容已加上了投影。

3 在"Text banner"图层上的所有图稿仍处于选中状态的情况下，单击"外观"面板选项卡，您会看到"图层：Drop Shadow"字样，如图 13-53 所示。

这表示在"图层"面板中选中了图层目标图标，且为此图层应用了"Drop Shadow"图形样式。您可以关闭"外观"面板组。

图13-53

应用多重图形样式

您可以将图形样式应用于已具有图形样式的对象。如果您要向对象添加另一种图形样式，这将非常有用。将图形样式应用于所选图稿后，按住Option键（macOS）或Alt键（Windows）并单击另一种图形样式缩略图，可将新的图形样式格式添加到现有图形格式，而不是替换它。

13.5.5 缩放描边和效果

在 Illustrator 中缩放（调整大小）内容时，默认情况下，应用于该内容的任何描边和效果都不会变化。例如，假设您将一个描边粗细为 2 pt 的圆圈放大到充满画板，虽然形状放大了，但默认情况下描边粗细仍将保持 2 pt。这可能会以意料之外的方式改变缩放图稿的外观，所以您在转换图稿的时候需要注意这一点。接下来，您将在缩放时使描边也一起变粗。

1　选择"选择">"取消选择"。

2　选择"视图">"画板适合窗口大小"。

3　单击并选中画板左下角的建筑物图标组。

4　双击该图标组进入隔离模式，您可以编辑该图标组的各个部分。单击并选中芥末色矩形，注意此时"属性"面板中的描边粗细为"36 pt"，如图 13-54 所示。

5　按 Esc 键，退出隔离模式。在图稿以外的区域单击以取消选择，然后再次单击选中建筑物图标组。

6 在"属性"面板的"变换"部分中单击"更多选项"按钮，然后在展开的面板底部选中"缩放描边和效果"复选框，如图 13-55 所示。按 Esc 键隐藏展开的面板。

图13-54   图13-55

如果不选中此复选框，则缩放图形时不会影响描边粗细或效果。您选择此选项后，在缩小图形时描边也会等比例缩小，而不再是保持相同的描边粗细。

7 按住 Shift 键，按住鼠标左键拖动建筑物图标组的右上角使其变小，拖动到宽度和高度大约为 1.3 in 为止。

缩放形状后，如果再次在隔离方式模式中选中描边框，则会看到"属性"面板中的描边粗细已发生了变化（缩小），如图 13-56 所示。

8 选择"选择" > "取消选择"，最终图稿效果如图 13-57 所示。

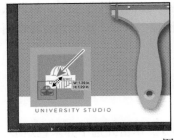  

图13-56   图13-57

9 选择"文件" > "存储"，然后选择"文件" > "关闭"。

13.6　复习题

1　如何为图稿添加第二种填色或描边？

2　列举两种将效果应用于对象的方法。

3　将 Photoshop 效果（光栅效果）应用于矢量图稿时，图稿有何变化？

4　在哪里可以访问应用于对象的效果选项？

5　将图形样式应用于图层与将其应用于所选图稿有什么区别？

13.7　复习题答案

1　若要向图稿添加第二种填色或描边，请单击"外观"面板底部的"添加新描边"按钮▣或"添加新填色"按钮▣；也可以单击"外观"面板菜单图标以选择"添加新描边"或"添加新填色"。这样将在外观属性列表的顶部添加一个描边或填色，它的属性与原来的描边或填色相同。

2　选中对象，然后从"效果"菜单中选择要应用的效果，可以将效果应用于对象。还可以选中对象，单击"属性"面板中的"选取效果"按钮▨或"外观"面板底部的"添加新效果"按钮▨，然后从弹出的菜单中选择要应用的效果。

3　Photoshop 效果应用于图稿后会生成像素而不是矢量数据。Photoshop 效果包括"效果"菜单下半部分的所有效果以及"效果">"风格化"子菜单中的"投影""内发光""外发光"和"羽化"。您可以将它们应用于矢量对象或位图对象。

4　通过单击"属性"面板或"外观"面板中的效果链接来访问效果选项，您可以编辑应用于所选图稿的效果。

5　将图形样式应用于所选图稿时，该图层上的其他图稿不会受到影响。例如，如果对三角形应用"粗糙化"效果，并且将该三角形移动到另一个图层，该三角形将保留"粗糙化"效果。

将图形样式应用于图层后，添加到图层中的所有内容都将应用该样式。例如，如果在"图层 1"上创建一个圆，然后将该圆移动到"图层 2"。如果"图层 2"应用了"投影"效果，则该圆也会被添加"投影"效果。

第14课 创建T恤图稿

本课概览

在本课程中，您将学习如何执行以下操作。

- 使用现有符号。
- 创建、修改和重新定义符号。
- 在"符号"面板中存储和检索图稿。
- 了解 Creative Cloud 库。
- 使用 Creative Cloud 库。
- 使用全局编辑。

完成本课内容大约需要 45 分钟。

在本课中，您将了解各种在 Illustrator
中更轻松、更快速地工作的方法，包括使用
符号、Creatives Cloud 库使您的设计资源可
在任何地方使用，以及使用全局编辑来编辑
内容。

14.1 开始本课

在本课中，您将探索符号和"库"面板等概念，以创建 T 恤图稿。在开始之前，您要先恢复 Adobe Illustrator 的默认首选项。然后，您将打开本课的成品图文件，以查看要创建的内容。

> **Ai** | **注意** 如果您还没有从您的"账户"页面下载本课的课程文件到您的计算机中，请立即下载。具体操作请参阅本书"前言"部分。

1 为了确保工具的功能和默认值完全如本课所述，请删除或停用（通过重命名）Adobe Illustrator 首选项文件。具体操作请参阅本书"前言"部分中的"还原默认首选项"。

2 启动 Adobe Illustrator。

3 选择"文件" > "打开"，然后在硬盘上的"Lesson" > "Lesson14"文件夹中打开"L14_end1.ai"文件，如图 14-1 所示。

您将要设计创建 T 恤图稿。

4 选择"视图" > "全部适合窗口大小"，并保持文件打开以供参考，或选择"文件" > "关闭"。

5 选择"文件" > "打开"。在"打开"对话框中，定位到"Lessons" > "Lesson14"文件夹，然后选择"L14_start1.ai"文件。单击"打开"按钮打开文件，如图 14-2 所示。

图14-1

图14-2

6 选择"视图" > "全部适合窗口大小"。

7 选择"文件" > "存储为"。

在"存储为"对话框中，找到"Lesson14"文件夹，并将文件命名为"TShirt. ai"。从"格式"菜单中选择"Adobe Illustrator（ai）"（macOS）或从"保存类型"菜单中选择"Adobe Illustrator（*.AI）"（Windows），然后单击"保存"按钮。

8 在"Illustrator 选项"对话框中，保持选项为默认设置，然后单击"确定"按钮。

9 从应用程序栏中的工作区切换器菜单中选择"重置基本功能"。

> **Ai** | **注意** 如果在工作区切换器菜单中看不到"重置基本功能"，请在选择"窗口" > "工作区" > "重置基本功能"之前，先选择"窗口" > "工作区" > "基本功能"。

14.2 使用符号

符号是存储在"符号"面板（"窗口"＞"符号"）中的可重复使用的对象。例如，如果您用所画的花朵形状创建符号，则可以快速将该花朵符号的多个实例添加到您的图稿中，从而不必绘制每个花朵形状。文档中的所有实例都链接到"符号"面板中的原始符号，编辑原始符号时，将更新链接到原始符号的所有实例（本例中的花朵）。运用这个技巧，您可以立即把所有的花朵从白色变成红色！使用符号不仅可以节省创作时间，而且还能大大缩减文件大小。

 注意 Illustrator 自带一系列符号库，从"提基"符号到"毛发和皮毛"，再到"网页图标"。您可以在"符号"面板中访问这些符号库，也可以选择"窗口"＞"符号库"，轻松地将其合并到自己的图稿中。

选择"窗口"＞"符号"，打开"符号"面板。您在"符号"面板中看到的符号就是可以在本文档中使用的符号。每个文档都保存有自己的一组符号。"符号"面板中的不同选项如图 14-3 所示。

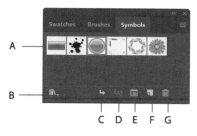

A. 符号缩略图　　**D.** 断开符号链接
B. 符号库菜单　　**E.** 符号选项
C. 置入符号实例　**F.** 新建符号
　　　　　　　　　G. 删除符号

图14-3

14.2.1 使用 Illustrator 现有的符号库

首先，从 Illustrator 自带的符号库中向您的图稿添加符号。

1. 在工具栏中选中"选择工具" ▶，然后单击较大的画板。
2. 选择"视图"＞"画板适合窗口大小"，使当前画板适应文档窗口的大小。
3. 单击"属性"面板中的"单击可隐藏智能参考线"选项，暂时关闭智能参考线，如图 14-4 所示。

图14-4

 提示 你也可以选择"视图"＞"智能参考线"以将智能参考线关闭。

4. 在"符号"面板（"窗口"＞"符号"）中，单击"符号库菜单"按钮 ，然后从菜单中选择"提基"，如图 14-5 所示。

"提基"库会作为自由浮动面板打开。该库中的符号不在当前文件中，但是您可以将任何符号导入文档中并在图稿中使用它们。

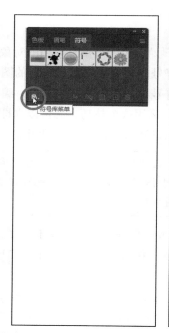

图14-5

5 将鼠标指针移到"提基"面板中的符号上,以查看其名称(其名称由工具提示显示)。单击名为"鱼"的符号,将其添加到"符号"面板中,如图 14-6 所示。关闭"提基"面板。

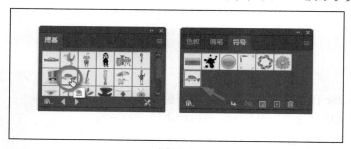

图14-6

将符号添加到"符号"面板时,它们只保存在当前文档中。

> **Ai** **提示** 如果要查看符号名称以及符号图片,请单击"符号"面板菜单图标▤,然后选择"小列表视图"或"大列表视图"。

6 选中"选择工具"后,将"鱼"符号从"符号"面板拖到画板的大致中心。总共执行两次操作,创建两个彼此相邻的"鱼"实例,如图 14-7 所示。

> **Ai** **提示** 您还可以在画板上复制符号实例,并根据需要粘贴任意数量的符号实例。这与将符号实例从"符号"面板拖到画板上结果相同。

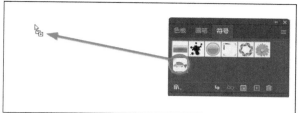

图14-7

每次将像"鱼"这样的符号拖到画板上时，都会创建原始符号的实例。接下来，您将调整一个符号实例的大小。

7　选中一个"鱼"符号实例，按住 Shift 键，按住鼠标左键从右上角的定界点向中心拖动，使其等比例变小一点，如图 14-8 所示。松开鼠标左键，然后松开 Shift 键。

符号实例被视为一组对象，并且只能更改某些变换和外观属性（如缩放、旋转、移动、透明度等）。如果不断开其指向原始符号的链接，则无法编辑构成实例的图稿。注意，在画板上选择符号实例，在"属性"面板中就能看到"符号（静态）"和与符号相关的选项。

Ai　**注意**　虽然可以通过多种方式来变换符号实例，但您无法编辑静态符号（如鱼）实例的特定属性。例如，填色将被锁定，因为它是由"符号"面板中的原始符号控制的。

8　在仍选中"鱼"符号的情况下，按住 Option 键（macOS）或 Alt 键（Windows），按住鼠标左键拖动复制出副本。松开鼠标左键，然后松开 Option 键（macOS）或 Alt 键（Windows）。如图 14-9 所示。

创建的实例副本与从"符号"面板中拖动符号创建的实例效果相同。

9　按住 Shift 键，并按住鼠标左键拖动"鱼"实例副本的一个角使其等比例变小，调整"鱼"实例副本的大小，如图 14-10 所示。松开鼠标左键，然后松开 Shift 键。

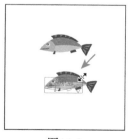

| 图14-8 | 图14-9 | 图14-10 |

10　如图 14-11 所示，将所有 3 个"鱼"实例拖到适当位置。选择"选择">"取消选择"。

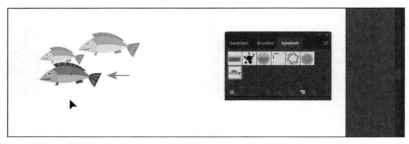

图14-11

14.2.2 编辑符号

在本节中，您将编辑原始"鱼"符号，并更新文档中的所有实例。编辑符号的方法有多种，这里将重点介绍其中一种方法。

> **提示** 编辑符号的方法有很多。您可以在画板上选择符号实例，然后单击"属性"面板中的"编辑符号"按钮，或双击"符号"面板中的符号缩略图来编辑符号。

1 选中"选择工具" ▶ 后，双击画板上的任何一个"鱼"符号实例，将弹出一个警告对话框，表明您将编辑符号定义，并且将更新所有实例。单击"确定"按钮，如图 14-12 所示。

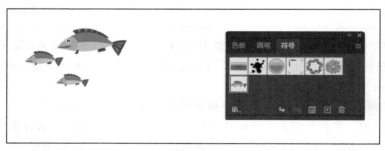

图14-12

这将进入符号编辑模式，因此您无法编辑该页面上的任何其他对象。双击的"鱼"符号实例将显示为原始符号图稿的大小。这是因为在符号编辑模式下，您看到的是原始符号图稿，而不是变换后的实例（如果双击已调整大小的实例）。现在，您可以编辑构成符号的图稿。

2 选中"缩放工具" Q，并按住鼠标左键在符号上拖动以连续放大视图。

3 选中"直接选择工具" ▷，然后单击以选中鱼的浅绿色头部，如图 14-13 画板上的箭头处所示。

4 在右侧的"属性"面板中单击"填色"框，在弹出的"色板"面板中选中"颜色混色器"选项 。按 Shift 键，然后向右稍微拖动"C"滑块以更改颜色，如图 14-13 所示。拖动滑块时按 Shift 键可按比例更改所有颜色。

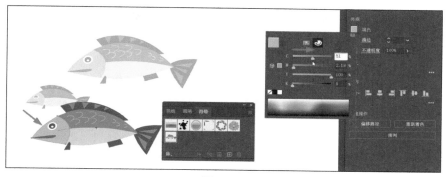

图14-13

5 在符号内容以外的位置双击，或在文档窗口左上角单击
   "退出符号编辑模式"按钮，退出符号编辑模式，以便
   编辑其他内容。

   请注意，画板上的所有"鱼"符号实例均已更改，如
   图14-14所示。

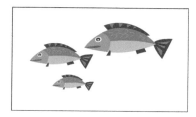

图14-14

14.2.3 使用动态符号

如您所见，编辑符号会更新文档中的所有实例。而符号也可以是动态的，这意味着您可以使用
"直接选择工具"更改实例的某些外观属性，无须编辑原始符号。在本节中，您将编辑"鱼"符
号的属性，使其变为动态符号，从而可以分别编辑每个实例。

1 在"符号"面板中，单击"吉他"符号缩略图将其选中（如果尚未选中）。单击"符号"
   面板底部的"符号选项"按钮，如图14-15左图所示。

2 在"符号选项"对话框中，选择"动态符号"，然后单击"确定"按钮，如图14-15中图
   所示。符号及其实例现在都是动态的。

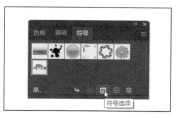

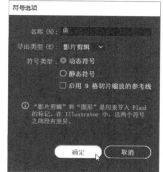

图14-15

您可以通过查看"符号"面板中的缩略图来判断符号是否是动态的。如果缩略图的右下角
有一个小加号（＋），它就是一个动态符号，如图14-15左图所示。

3 在工具栏中选择"直接选择工具"，在最小的"鱼"符号实例的鱼头内单击，如图14-16箭头处所示。

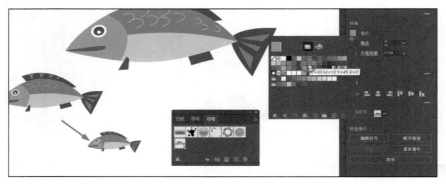

图14-16

4 选择一部分符号实例后，请注意此时"属性"面板顶部的词为"符号（动态）"，这表示该符号是一个动态符号。

5 单击"属性"面板中的"填色"框，选中"色板"选项后，在"色板"面板中将"填色"更改为蓝绿色色板，如图14-16圆圈处所示。

现在，一条鱼看起来与其他鱼有些不同。要知道如果像以前一样编辑原始符号，则所有符号实例都会更新，但是现在最小的"鱼"实例的蓝绿色头部保持不变。

14.2.4 创建符号

Illustrator还允许您创建和保存自定义符号。您可以使用对象来创建符号，包括路径、复合路径、文本、嵌入（非链接）的栅格图像、网格对象和对象编组。符号甚至可以包括活动对象，如画笔描边、混合、效果或其他符号实例。接下来，您将使用现有的图稿创建自定义符号。

1 从文档窗口下方状态栏中的"画板导航"菜单中选择"2 Symbol Artboard"画板。

2 选中"选择工具" ▶ 后，单击画板上的花朵将其选中。

3 单击"符号"面板底部的"新建符号"按钮 ＋，用所选图稿创建符号，如图14-17所示。

4 在打开的"符号选项"对话框中，将"名称"更改为"Flower"。确保选中"动态符号"复选框，以防稍后要单独编辑其中某个实例的外观。单击"确定"按钮创建符号，如图14-18所示。

图14-17

在"符号选项"对话框中，您将看到一个提示，表明Illustrator中的"影片剪辑"和"图形"之间没有区别。如果您不打算将此内容导入Adobe Animate CC，则无须在意选择哪种导出类型。创建符号后,画板上的花卉图稿将转换为"Flower"符号的实例。该符号也会出现在"符号"面板中。

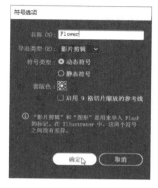
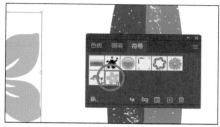

图14-18

接下来,通过将图稿拖动到"符号"面板中来创建另一个符号。

提示 您可以在"符号"面板中拖动符号缩略图以更改其顺序,重新排序"符号"面板中的符号对图稿没有影响。这是一种简单的组织符号的方式。

5 将冲浪板图稿拖到"符号"面板的空白区域中。在"符号选项"对话框中,将"名称"更改为"Surfboard",然后单击"确定"按钮,如图 14-19 所示。

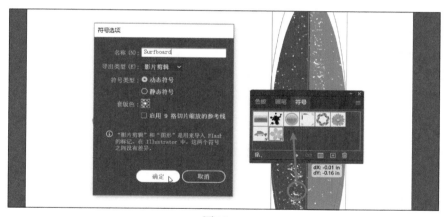

图14-19

6 从文档窗口下面的状态栏中的"画板"菜单中选择"1 T-shirt"画板。

7 将"Flower"符号从"符号"面板拖到画板上 4 次,然后将"Flower"符号实例放置在鱼的周围,如图 14-20 所示。

8 使用"选择工具"在画板上调整每个花卉实例的大小并旋转角度,以使其具有不同的大小,如图 14-21 所示。确保在缩放时按住 Shift 键约束比例。

9 选择"选择">"取消选择",然后选择"文件">"存储"。

图14-20

图14-21

14.2.5 断开符号链接

有时，您需要编辑画板上的特定实例，这就要求您断开原始符号图稿和实例之间的链接。由前面的内容可知，您可以对符号实例进行某些更改，如缩放，设置不透明度和翻转，而将符号保存为动态符号则只允许您使用"直接选择工具" ▷ 编辑某些外观属性。当您断开符号和实例之间的链接后，如果编辑了该符号，则其实例将不再更新。

接下来，您将学习如何断开符号到实例的链接，以便仅更改某个实例。

1 选择"视图" > "智能参考线"，打开智能参考线。

2 选中"选择工具" ▷ 后，从"符号"面板上拖出 3 个"Surfboard"符号实例到画板上，并且实例位于已经存在的其他图稿之上。

3 选择每个符号实例并调整其大小，使位于画板中心的实例比其他两个更高。这里把 3 个实例都放大了，如图 14-22 左图所示。不要忘记按住 Shift 键并拖动一个角等比例调整大小。

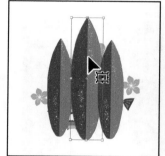

4 选中中间的冲浪板，在"属性"面板中单击"断开符号链接"按钮，如图 14-22 右图所示。

图14-22

现在,该冲浪板是一系列路径。如果单击选中该冲浪板,将在"属性"面板顶部看到"编组"一词,您现在就可以直接编辑图稿了。而如果编辑了"Surfboard"符号,则此图稿也将不再更新。

> **Ai** **提示** 您还可以通过选中画板上的符号实例，然后单击"符号"面板底部的"断开符号链接"按钮 来断开指向符号实例的链接。

5 选中"缩放工具" Q，然后在所选冲浪板顶部的位置拖动图稿放大视图。

6 选择"选择" > "取消选择"。

7 选择"直接选择工具"，然后在中间冲浪板的顶部拖框选中几个锚点。将鼠标指针移到中间冲浪板顶部的锚点上，当看到"锚点"一词时，在其中一个锚点上按住鼠标左键向下拖动一点，以调整顶部的形状，如图 14-23 所示。

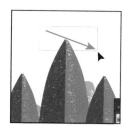

图14-23

8 选择"选择">"取消选择"。

接下来，您将在花和鱼后面放置冲浪板。

9 选中"选择工具"，然后按住 Shift 键，单击 3 个冲浪板以将其全部选中。选择"对象">"排列">"置于底层"。

10 单击"属性"面板中的"编组"按钮将它们编组在一起。

11 选择"文件">"存储"。

符号工具

您可以使用工具栏中的"符号喷枪工具"⓪在画板上喷绘符号，创建符号组。

符号组是使用"符号喷枪工具"创建的一组符号实例。符号组非常有用，例如，如果你要用单片草叶创建草丛，喷绘草叶会极大地加速这一过程，并使单片草叶或喷绘的作为整体的草丛更容易编辑。通过对一个符号使用"符号喷枪工具"，然后对另一个符号再次使用，您还可以创建混合符号实例组。

您可以使用符号工具修改符号组中的多个符号实例。例如，您可以使用"符号移位器工具"将实例分散到较大的区域，或逐步调整实例的颜色，使其看起来更加逼真。

——来自Illustrator帮助

 注意 符号工具不在默认的工具栏中。若要访问它们，请单击工具栏底部的"编辑工具栏"按钮███，然后将需要的符号工具拖到工具栏中。

14.2.6 替换符号

您可以轻松地将文档中的符号实例替换为另一个符号的实例。就算您已经对动态符号实例进行了更改，也一样可以替换它。这样，符号实例将再次与原始符号图稿匹配。接下来，您将替换其中一个"鱼"符号实例。

1　选中"选择工具" ▶，选择最小的"鱼"符号实例，即您为其头部重新着色的实例。

选中符号实例时，因为选定实例的符号在"符号"面板中突出显示，所以您可以知道它来自哪个符号。

2　在"属性"面板中，单击"替换符号"字段右侧的箭头，以打开一个面板，该面板中显示"符号"面板中的符号。单击面板中的"Flower"符号，如图 14-24 所示。

 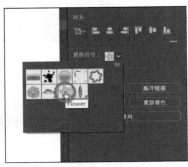 

图14-24

如果要替换的原始符号实例应用了变换（如旋转），则替换它的符号实例也将应用相同的变换。

 注意　使用"直接选择工具" ▷ 编辑动态符号实例后，可以使用"选择工具"重新选中整个实例，然后单击"属性"面板中的"重置"按钮，将其外观重置为与原始符号相同的外观。

3　在画板上仍选中"Flower"符号实例的情况下，在"属性"面板中，单击"替换符号"字段右侧的箭头，然后在面板中单击"鱼"符号。

您之前对"鱼"符号实例所做的更改（更改了头部颜色）消失了，原始的"鱼"符号代替了花朵，如图 14-25 所示。

4　选择"选择">"相同">"符号实例"。

这是选择文档中所有符号实例的好方法。

5　单击"属性"面板中的"编组"按钮以将它们组合在一起。

6　选择"选择">"取消选择"，然后关闭"符号"面板。

图14-25

符号图层

使用前面介绍的方法来编辑符号时，打开"图层"面板，您可以看到该符号具有自己的分层，如图14-26所示。

与在隔离模式下处理编组类似，您只能看到与该符号关联的图层，而不会看到文档的其他图层。在"图层"面板中，您可以重命名、添加、删除、显示/隐藏和重新排序符号图层。

图14-26

14.3 使用 Creative Cloud 库

使用 Creative Cloud 库是在 Photoshop、Illustrator、InDesign 等许多 Adobe 应用程序和大多数 Adobe 移动应用之间创建和共享存储内容（如图像、颜色、文本样式、Adobe Stock 资源等）的一种简单方法。

Creative Cloud 库连接您的创意档案，使您保存的创意资源触手可及。当您在 Illustrator 中创建内容并将其保存到 Creative Cloud 库时，该资源可在所有 Illustrator 文件中使用。这些资源将自动同步，并可与使用 Creative Cloud 账户的任何人进行共享。当您的创意团队跨 Adobe 桌面应用和移动应用工作时，您的共享库资源将始终保持最新并可随时使用。在本节中，您将了解 Creative Cloud 库，并在项目中使用您保存在库中的资源。

 注意 使用 Creative Cloud 库，您需要使用 Adobe ID 登录并连接互联网。

14.3.1 将资源添加到 Creative Cloud 库

您首先要了解的是如何使用 Illustrator 中的"库"面板（"窗口">"库"），以及如何向 Creative Cloud 库添加资源。您将在 Illustrator 中打开一个现有文档，并从中捕获资源。

1 选择"文件">"打开"。在"打开"对话框中，定位到硬盘上的"Lessons">"Lesson14"文件夹，然后选择"Sample.ai"文件。单击"打开"按钮。

注意 可能会出现"缺少字体"对话框，您需要联网来激活字体。激活过程可能需要几分钟时间。单击"激活字体"可激活所有缺少的字体。激活字体后，您会看到消息，表示不再缺少字体，请单击"关闭"按钮。如果您在激活方面遇到问题，可以转到"Illustrator 帮助"（"帮助">"Illustrator 帮助"）并搜索"查找缺少字体"。

2 选择"视图">"全部适合窗口大小"。

您将从此文档中捕获图稿、文本和颜色，它们将被用到"TShirt.ai"文档中。

3 选择"窗口">"库"，或单击"库"面板选项卡打开"库"面板。

默认情况下，您有一个名为"您的库"的库可以使用，如图 14-27 所示。您可以将设计资源添加到此默认库中，也可以创建更多库（可以根据客户或项目保存资源）。

4　如果选中了任何内容，请选择"选择">"取消选择"。

5　选中"选择工具" ▶，然后单击包含文本"PLAY ZONE"的文本对象，按住鼠标左键将文本拖到"库"面板中。当面板中出现加号＋时，松开鼠标左键以将文本对象保存在默认库中，如图 14-28 所示。如果您看到缺少配置文件的警告对话框，请单击"确定"按钮。

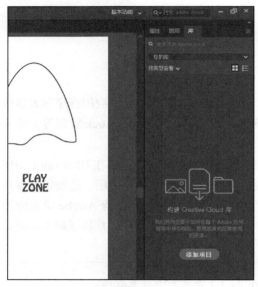

图14-27　　　　　　　　　　　　　　　　　　　　图14-28

现在，该文本对象将被保存在当前选定的库中，并且仍可以作为文本进行编辑并保留文本格式。在"库"面板中保存资源和格式时，内容是按资源类型来组织的。

6　确保从查看方式菜单中选择"按类型查看"，如图 14-29 所示。

> **Ai** | **提示**　单击"库"面板"按类型查看"选项右侧的按钮，即可改变库中项目（图标或列表）的显示外观。

7　要更改保存的文本对象的名称，请在"库"面板中双击名称"文本 1"，然后将其更改为"SURF ZONE"，按回车键确认名称修改，如图 14-29 所示。当您在本课后面部分将文本更新为"SURF ZONE"时，该名称将更有意义。
　　您也可以更改"资源"面板中保存的其他资源的名称，例如图形、颜色、字符样式和段落样式。对于保存的字符样式和段落样式，您还可以将指针移到资源上，并看到显示已保存格式的工具提示。

8　在画板上仍选中"PLAY ZONE"文本的情况下，单击"库"面板底部的加号按钮 ＋，然后选择"文本填充颜色"以保存蓝色，如图 14-30 所示。

图14-29

图14-30

9 单击选中 T 恤图稿，将选中的图稿拖到"库"面板中。当出现加号 + 和名称（例如"图稿
1"）时，松开鼠标左键，将图稿添加为图形，如图 14-31 所示。

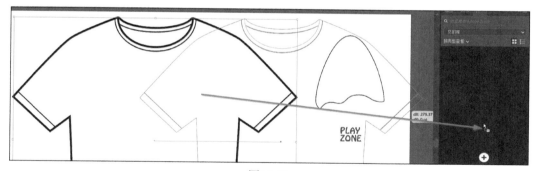

图14-31

以图形形式存储在 Creative Cloud 库中的资源，无论您在哪里
使用，它仍然是可编辑的矢量格式。

10 单击画板上"PLAY ZONE"文本上方的形状，如图 14-32 所
示。您只需复制此图稿，用来掩盖或隐藏冲浪板的某些部分。
选择"编辑"＞"复制"。

11 选择"文件"＞"关闭"以关闭"Sample.ai 文件并返回到

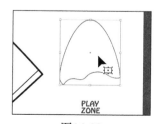

图14-32

TShirt.ai"文件。如果跳出询问是否保存的提示对话框，请不要保存该文件。

 提示 通过在"库"面板中选中想要共享的库，然后从面板菜单中选择"共享链接"，您可以与其他人共享您的库。

请注意，即使打开了其他文档，"库"面板仍会显示库中的资源。无论在 Illustrator 中打开哪个文档，库及其资源都是可用的。

12 选择"编辑" > "粘贴"以粘贴形状。将其拖到冲浪板的右侧。

14.3.2 使用库资源

现在，您在"库"面板中创建了一些资源，一旦同步，只要您使用相同的 Creative Cloud 账户登录，这些资源将可用于支持库的其他应用程序。接下来，您将在"TShirt. ai"文件中使用其中的一些资源。

 提示 若要应用保存在"库"面板中的颜色或样式，请选中图稿或文本，然后单击库面板中的颜色或样式以应用。对于"库"面板中的文本样式，如果要将其应用于文档中的文本，则应在"段落样式"面板或"字符样式"面板（具体取决于您在"库"面板中选择的内容）中选择相同的名称和格式。

1 仍在"1 T-Shirt"画板上，选择"视图" > "画板适合窗口大小"。
2 按住鼠标左键，将"SURF ZONE"资源从"库"面板拖到画板上，如图 14-33 所示。

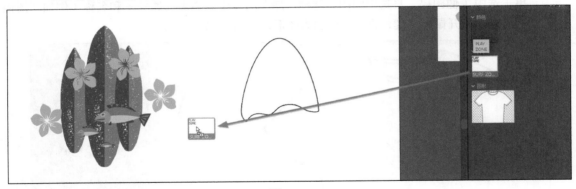

图14-33

3 单击以置入文字，如图 14-34 所示。
4 选中"文字工具"后，单击"PLAY ZONE"文本，选择单词"PLAY"，然后输入"SURF"。
5 选中"选择工具" ▶，然后按住鼠标左键将 T 恤图形资源从"库"面板拖到画板上，需要放置的时候单击画板，如图 14-35 所示。现在您不用在意放置的位置。

 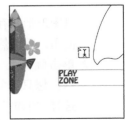

图14-34

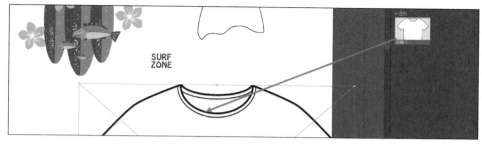

图14-35

6 选择"选择">"取消选择"。

14.3.3 更新库资源

将图形从 Creative Cloud 库拖到 Illustrator 文档中时，它将自动作为链接资源置入。从"库"中拖入的资源被选中时，其上会显示出一个围绕方框的"×"，这就表示该资源为链接资源。如果对库资源进行更改，项目中链接的实例将会更新。接下来，您将学习如何更新库资源。

1 在"库"面板中，双击 T 恤图稿缩略图，如图 14-36 所示。图稿将在新的临时文档中打开，如图 14-37 所示。

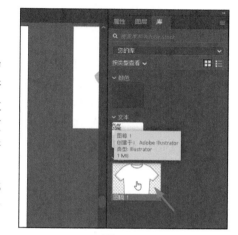

图14-36

2 选中"选择工具" ▶ 后，单击并选中 T 恤的形状。

在"属性"面板中，将描边颜色更改为浅灰色，色值为"C=0 M=0 Y=0 K=40"，如图 14-37 所示。

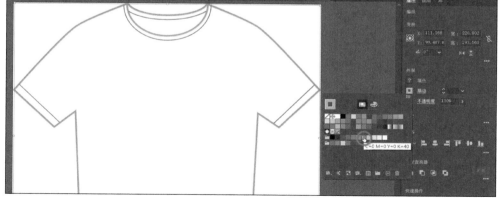

图14-37

3 选择"文件">"存储",然后选择"文件">"关闭"。

在"库"面板中,图形缩略图会更新以反映所做的外观更改。回到"TShirt.ai"文档中,画板上的 T 恤图稿应该已经更新。如果没有更新,选中画板上的 T 恤图稿,在"属性"面板中单击"链接的文件"链接。在弹出的"链接"面板中,选择"图稿 1 资源行",单击面板底部的"更新链接"按钮 🔄。

4 单击选中画板上的 T 恤图稿。单击"属性"面板选项卡以再次查看该面板,单击"快速操作"部分中的"嵌入"按钮,嵌入 T 恤图形,如图 14-38 所示。

资源不再链接到库项目,并且如果库项目更新,资源也不会更新。这也意味着 T 恤图稿现在可以在"TShirt.ai"文档中进行编辑。嵌入的"库"面板图稿在置入后通常会用来制作剪切蒙版。接下来,您将移动并缩放图稿。

5 选中"选择工具" ▶,然后选中 T 恤图稿,单击"属性"面板中的"排列"按钮,然后选择"置于底层"。T 恤图稿现在位于所有其他内容的后面,将其大致拖到画板的中心。

6 按"Command + 2"(macOS)或"Ctrl + 2"(Windows)组合键,锁定 T 恤图稿。

7 单击您粘贴到文档中的形状并将其拖动到冲浪板的顶部。按住 Shift 键,并按住鼠标左键拖动一个角以使其等比例变大,在完成时松开鼠标左键和 Shift 键。操作时可参考图 14-39 中的位置和形状大小。

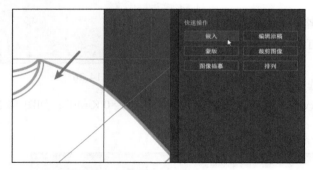

图14-38

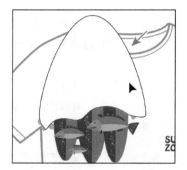

图14-39

该形状将用作蒙版,以遮罩冲浪板的某些部分。您将在第 15 课了解有关创建和编辑蒙版的更多信息。

8 选中形状后,按住 Shift 并单击冲浪板组中的图稿。

9 选择"对象">"剪切蒙版">"建立",如图 14-40 所示。

现在隐藏了该形状以外的冲浪板图稿部分。

10 要将冲浪板图稿放置在鱼和花的后面,请单击"属性"面板中的"排列"按钮,然后选择"置于底层",这会将冲波板图稿放在画板的底层。再次单击"排列"按钮,选择"上移一层"。

11 在花、鱼和冲浪板上拖框以选中所有内容。单击"属性"面板中的"编组"按钮将其编组。

12 将该新组以及文字拖到适当位置，如图 14-41 所示。您可能要在"属性"面板中增大字号。如果增大字号，则需要调整文本框的大小，以显示所有文字。

> **Ai** | **提示** 您可能需要在"属性"面板中调整文本格式，例如行距、字体大小等。

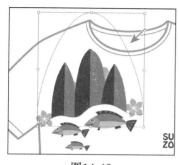

图14-40

图14-41

13 选择"选择">"取消选择"。

14 选择"文件">"保存"，然后选择"文件">"存储"。

14.3.4 使用全局编辑

有时您会创建多个图稿的副本，并在文档的各画板中使用它们。如果要对所有该对象都进行修改，则可以使用全局编辑来编辑所有类似的对象。在本节中，您将打开一个带有图标的新文件，并对其内容进行全局编辑。

1 选择"文件">"打开"，然后在硬盘上的"Lesson">"Lesson14"文件夹中打开"L14_start2.ai"文件。

2 选择"文件">"存储为"。在"存储为"对话框中，定位到"Lesson14"文件夹，并将文件命名为"Icons.ai"。从"格式"菜单中选择"Adobe Illustrator（ai）"（macOS）或从"保存类型"菜单中选择"Adobe Illustrator（*.AI）"（Windows），然后单击"保存"按钮。

3 在"Illustrator 选项"对话框中，保持选项为默认设置，然后单击"确定"按钮。

4 选择"视图">"全部适合窗口大小"。

5 选中"选择工具"后，单击较大的麦克风图标后面的黑色圆圈，如图 14-42 所示。

如果需要编辑所有的图标后面的圆圈，可以使用多种方法来选择它们，比如使用"选择">"相同"命令，但使用该命

图14-42

令的前提是它们都具有相似的外观属性。若要使用全局编辑，您可以在同一画板或所有画板上选择具有共同属性（如描边、填充、大小）的对象。

6 在"属性"面板的"快速操作"部分中单击"启动全局编辑"按钮，如图 14-43 左图所示。

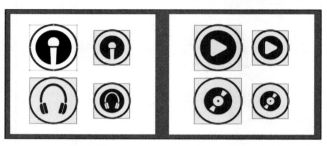

图14-43

现在，本例中所有圆圈都被选中了，您可以对它们进行编辑。您最初选择的对象用红色高亮显示，而类似的对象则用蓝色高亮显示，如图 14-42 中图和右图所示。您还可以使用"全局编辑"选项进一步缩小需要选定的对象的范围，这是您接下来要执行的操作。

注意 默认情况下，当所选内容包括插件图或网格图时，将启用"外观选项"。

7 单击"停止全局编辑"按钮右侧的箭头，显示选项菜单。选择"外观"以选中具有与所选圆形相同的外观属性的所有内容，如图 14-44 所示。保持菜单呈显示状态。

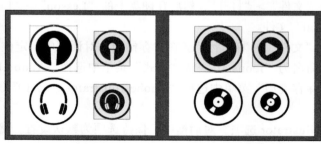

图14-44

8 从"全局编辑"选项菜单中选择"大小"以进一步优化搜索，从而选中具有相同形状、外观属性和大小的对象。现在应该只选中了两个圆圈，如图 14-45 所示。

您可以通过在指定画板上选择搜索类似对象，来进一步优化您的选择。

9 在"属性"面板中单击"描边"框，确保选中了"色板"选项，然后对描边应用如图 14-46 所示的红色色板。如果看到警告对话框，请单击"确定"按钮。

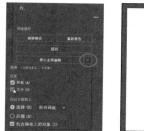
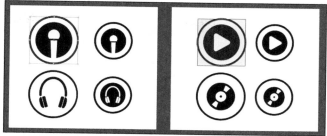

图14-45

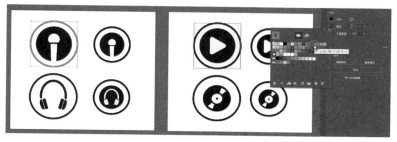

图14-46

10 在面板以外的区域单击以隐藏面板，两个选中的对象的外观都将更改，如图 14-47 所示。

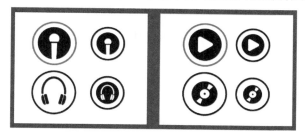

图14-47

11 选择"选择">"取消选择"，然后选择"文件">"存储"。

12 选择"文件">"关闭"。

14.4　复习题

1　使用符号有哪 3 个优点？

2　如何更新现有的符号？

3　什么是动态符号？

4　在 Illustrator 中，哪些类型的内容可以保存在库中？

5　说明如何嵌入链接的库图形资源。

14.5　复习题答案

1　使用符号的 3 个优点如下。

- 编辑一个符号，它所有的符号实例都将自动更新。
- 可以将图稿映射到 3D 对象（本课未介绍该内容）。
- 使用符号可以减小整个文件大小。

2　要更新现有符号，请双击"符号"面板中该符号的图标、双击画板上的符号实例或在画板上选中该实例然后单击"属性"面板中的"编辑符号"按钮。然后，您就可以在隔离模式下对现有符号进行编辑了。

3　当符号保存为"动态符号"时，您可以使用"直接选择工具" ▷ 更改实例的某些外观属性，而无须编辑原始符号。

4　在 Illustrator 中，您可以将颜色（填充和描边）、文字对象、图形资源和文字格式等内容保存到库中。

5　默认情况下，将图形资源从"库"面板拖动到文档中时，会创建指向原始库资源的链接。若要嵌入图形资源，请在文档中选中该资源，然后在"属性"面板中单击"嵌入"按钮。一旦嵌入，如果编辑了原始库资源，图形也就不会更新。

第15课 Illustrator与其他 Adobe应用程序联用

本课概览

在本课中，您将学习如何执行以下操作。

- 在 Illustrator 文件中置入链接图形和嵌入图形。
- 变换和裁剪图像。
- 创建和编辑剪切蒙版。
- 使用文字制作图像蒙版。
- 创建和编辑不透明蒙版。
- 使用"链接"面板。
- 嵌入和取消嵌入图像。

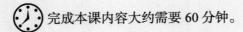完成本课内容大约需要 60 分钟。

您可以轻松地将图像添加到 Adobe Illustrator 文件中。这是将栅格图像与矢量图稿结合的好方法。

15.1 开始本课

在开始本课之前,请还原 Adobe Illustrator 的默认首选项。然后,您将打开本课的最终图稿文件,以查看您将创建的内容。

 注意 如果您还没有从您的"账户"页面下载本课的课程文件到您的计算机中,请立即下载。具体操作请参阅本书"前言"部分。

1 为了确保工具的功能和默认值完全如本课所述,请删除或停用(通过重命名)Adobe Illustrator 首选项文件。具体操作请参阅本书"前言"部分中的"还原默认首选项"。

2 启动 Adobe Illustrator。

3 选择"文件">"打开",然后在复制到硬盘上的"Lesson">"Lesson15"文件夹中打开"L15_end.ai"文件。

这是旅行社的一系列社交内容图像,如图 15-1 所示。"L15_end.ai"文件中的字体已转换为轮廓("文字">"创建轮廓")以避免丢失字体,并且图像也已被嵌入。

4 选择"视图">"全部适合窗口大小",可使其保持打开状态以供参考,或选择"文件">"关闭"。

5 选择"文件">"打开"。在"打开"对话框中,定位到"Lessons">"Lesson15"文件夹,然后选择"L15_start.ai"文件。单击"打开"按钮,打开文件,如图 15-2 所示。

这是旅行社社交内容的未完成版本。在本课程中,您将为其添加和编辑图形。

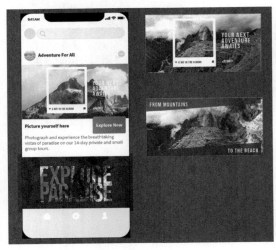

图15-1

图15-2

 注意 您需要联网以激活字体,该过程可能需要几分钟。

6 很可能会出现"缺少字体"对话框,如图 15-3 所示。单击"激活字体"按钮激活所有缺少的字体。激活字体后，您会看到消息提示不再缺少字体，请单击"关闭"按钮。

如果无法激活字体，则可以转到 Creative Cloud 桌面应用程序，然后在右上角单击"字体"图标 f 来查看具体问题（有关如何解决该问题的更多信息，请参阅 9.3.1 节）。

您也可以单击"缺少字体"对话框中的"关闭"，然后在操作时忽略缺少的字体。您还可以单击"缺少字体"对话框中的"查找字体"按钮，并将字体替换为计算机上的本地字体。

图15-3

 注意 您还可以转到"Illustrator 帮助"（"帮助">"Illustrator 帮助"）并搜索"查找缺少字体"。

7 选择"文件">"存储为"。在"存储为"对话框中，定位到"Lesson15"文件夹，打开该文件夹，并将文件命名为"SocialTravel.ai"。从"格式"菜单中选择"Adobe Illustrator（ai）"（macOS）或从"保存类型"菜单中选择"Adobe Illustrator（*.AI）"（Windows），然后单击"保存"按钮。

8 在"Illustrator 选项"对话框中，使选项参数保持默认设置，然后单击"确定"按钮。

9 选择"窗口">"工作区">"重置基本功能"以重置基本工作区。

10 选择"视图">"所有适合窗口大小"。

使用Adobe Bridge

Adobe Bridge是您的Adobe Creative Cloud会员订阅提供的应用程序。Bridge为您提供了一种集中访问创意项目所需的媒体资源的方式，如图15-4所示。

Bridge简化了您的工作流程，并让您在工作时保持井然有序。您可以轻松地批量编辑、添加水印，甚至集中设置颜色首选项。您可以通过选择"文件">"在Bridge中浏览"（如果它已安装在您的计算机上），从Illustrator内部访问Adobe Bridge。

图15-4

15.2　组合图稿

您可以通过多种方式将 Illustrator 图稿与其他图形应用程序中的图像组合起来，以获得各种创意效果。通过在应用程序之间共享图稿，您可以将连续色调绘图、照片与矢量图稿结合起来。虽然 Illustrator 允许您创建某些类型的栅格图像，但是 Adobe Photoshop 更擅长处理多图像编辑任务。因此，您可以在 Photoshop 中编辑或创建图像，然后将其置入 Illustrator。

本课将引导您创建一幅合成图，将位图图像与矢量图组合起来，以及使用不同应用程序。首先，您将把在 Photoshop 中创建的照片图像添加到在 Illustrator 中创建的社交内容中；然后，您将为图像创建蒙版，更新置入的图像。

15.3　置入图像文件

您可以使用"打开"命令、"置入"命令、"粘贴"命令、拖放操作和"库"面板，将 Photoshop 或其他应用程序中的栅格图稿添加到 Illustrator 中。Illustrator 支持大多数 Adobe Photoshop 数据，包括图层、图层组合、可编辑的文本和路径。这意味着，您可以在 Photoshop 和 Illustrator 之间传输文件，并且能够编辑文件中的图稿。

 注意　Illustrator 支持 DeviceN 栅格。例如，如果您在 Photoshop 中创建了一个双色调图像并将其置入 Illustrator，它将正确分离并打印专色。

使用"文件">"置入"命令置入文件时，无论图像是什么类型（JPEG、GIF、PSD、AI等），都可以嵌入或链接图像。嵌入文件将在 Illustrator 文件中保存该图像的副本，因此会增加 Illustrator 文件的大小。链接文件只在 Illustrator 文件中创建指向外部图像的链接，所以不会显著增加 Illustrator 文件的大小。链接到图像可确保 Illustrator 文件能够及时反映图像的更新。但是，链接的图像必须始终伴随着 Illustrator 文件，否则链接将中断，且置入的图像也不会再出现在 Illustrator 文件的图稿中。

15.3.1　置入图像

首先，您将向文档置入一个 JPEG（.jpg）图像。
1　选择"文件">"置入"。
2　定位到"Lessons">"Lesson15">"images"文件夹，然后选择"Mountains2.jpg"文件。确保在"置入"对话框中选中"链接"复选框，如图 15-5 所示。

注意　在 macOS 上，您可能需要单击"置入"对话框中的"选项"按钮来显示"链接"选项。

3　单击"置入"按钮。
鼠标指针现在应显示为一个加载图形的样式。你可以在指针旁边看到"1/1"，指示即将置入的图像数量，另外还有一个缩略图，这样您就可以看到您置入的是什么图像。

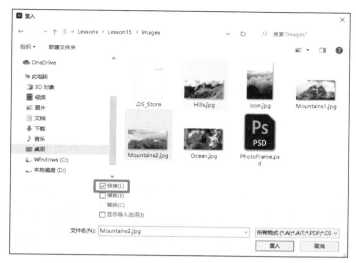

图15-5

4 将鼠标指针移动到左侧画板的左边缘附近，单击置入图像，如图 15-6 所示。保持图像呈选中状态。

图15-6

Ai | **提示** 所选图像上的"×"表示这是链接的图像（要显示边缘，请选择"查看"＞"显示边缘"）。

图像以其 100% 原始尺寸显示在画板上，而且图像的左上角位于您单击的位置。您还可以在置入图像时，按住鼠标左键拖动鼠标指针形成一个选框区域，对置入图像进行大小限定。

请注意，选中图像后，您会在"属性"面板（"窗口"＞"属性"）顶部看到"链接的文件"字样，表示图像已链接到其源文件，如图 15-7 所示。默认情况下，置入的图像是链接到源文件的。因此，如果在 Illustrator 外部编辑了源文件，则在 Illustrator 中置入的图像也会相应地更新。如果在置入时取消选中"链接"复选框，则图像文件会直接嵌入 Illustrator 文件。

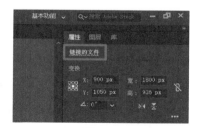

图15-7

15.3.2 变换置入的图像

像在 Illustrator 文件中对其他对象进行操作那样，您也可以复制和变换置入的栅格图像。与矢量图稿不同的是，对于栅格图像，您需要考虑图像分辨率，因为分辨率较低的栅格图像在打印时可能会出现像素锯齿。在 Illustrator 中操作时，缩小图像可以提高其分辨率，而放大图像则会降低其分辨率。在 Illustrator 中对链接的图像执行的变换以及任何操作导致的分辨率变化都不会改变原始图像，所做的更改仅影响在 Illustrator 中渲染图像的方式。接下来，您将变换"Mountains2.jpg"图像。

1　选中"选择工具" ▶，同时按住 Shift 键，按住鼠标左键将图像右下定界点向中心拖动，直到其宽度略大于画板。松开鼠标左键，然后松开 Shift 键，如图 15-8 所示。

图15-8

 提示　与其他图稿类似，您也可以按住"Option + Shift"（macOS）或"Alt + Shift"（Windows）组合键，拖动围绕图像的一个定界点，以从中心调整大小，同时保持图像比例不变。

2　在"属性"面板中，单击"属性"面板顶部的文本"链接的文件"以查看"链接"面板。在"链接"面板中选中"Mountains2.jpg"文件后，单击面板左下角的"显示链接信息"箭头以查看有关图像的信息，如图 15-9 所示。

您可以查看缩放百分比以及旋转信息、大小等。注意，PPI（像素每英寸）值大约为 100。PPI 是指图像的分辨率。

如果像上一步那样缩放置入的栅格图像，则 Illustrator 中的图像分辨率将发生变化（置入的原始图像不受影响）。如果将图像拉大，分辨率会降低；相反，如果将图像缩小，则分辨率会升高。其他变换如旋转，也可以通过您在第 5 课中学到的各种方法应用到图像中。

图15-9

 提示　若要变换置入的图像，您还可以打开"属性"面板或"变换"面板（"窗口" > "变换"），并在其中更改设置。

3　按 Esc 键隐藏面板。

4　单击"属性"面板中的"水平轴翻转"按钮，沿中心水平翻转图像，如图 15-10 所示。

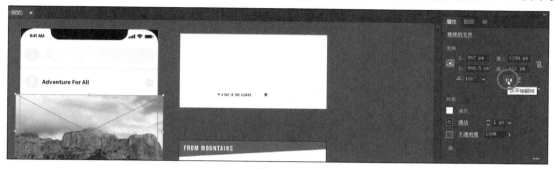

图15-10

5　使图像保持选中状态，然后选择"文件">"存储"。

15.3.3　裁剪图像

在 Illustrator 中，您可以遮挡或隐藏图像的一部分，也可以裁剪图像以永久删除部分图像。在裁剪图像时，您可以定义分辨率，这是减少文件大小和提高性能的有效方法。在 Windows（64 位）和 macOS 上裁剪图像时，Illustrator 会自动识别所选图像的视觉重要部分。这是由 Adobe Sensei 提供的内容感知裁剪功能。接下来，您将裁剪部分山脉的图像。

1　在仍然选中图像的情况下，单击"属性"面板中的"裁剪图像"按钮，如图 15-11 所示。在弹出的警告对话框中，单击"确定"按钮。

链接的图像（如山峰图像）在裁剪后，会嵌入 Illustrator 文件。Illustrator 会自动识别所选图像的视觉重要部分，而且图像上会显示一个默认裁剪框。如果有必要，您可以调整此裁剪框的尺寸，而剪裁框以外的图稿其余部分会变暗，在完成裁剪之前无法选择。

图15-11

 提示　若要裁剪所选图像，您还可以选择"对象">"裁剪图像"或从上下文菜单中选择"裁剪图像"（右键单击图像或按住 Ctrl 键并单击图像）。

 提示　通过选择"Illustrator">"首选项">"常规"（macOS）或"编辑">"首选项">"常规"（Windows），然后取消选中"启用内容识别默认设置"复选框，可以关闭内容感知功能。

2　按住鼠标左键拖动裁剪手柄，裁掉图像的底部和顶部，并且在图像左右两侧将其裁到与画板边缘齐平。您最初看到的剪裁框可能与图 15-12 左图所示有所不同，这没关系。您在操作时可以图 15-12 右图作为最终参考。

图15-12

您可以拖动出现在图像周围的手柄来裁剪图像的不同部分，还可以在"属性"面板中定义要裁剪的大小（宽度和高度）。

3 单击"属性"面板中的PPI（分辨率）菜单，如图15-13所示。

PPI是图像的分辨率。PPI菜单中任何高于图像原始分辨率的选项都将被禁用。您可以输入的最大值等于原始图像分辨率，而对链接图稿的PPI可输入"300"。如果要缩小文件大小，请选择比原始分辨率更低的分辨率。

> **Ai** **注意** 较低的PPI可能会导致图像不适合打印。

> **Ai** **注意** 根据您图像的大小，"中（150 ppi）"选项可能不会变暗，这是正常的。

4 将鼠标指针移动到图像的中心，然后将裁剪框向下拖动一点，以在图像的顶部进行更多裁剪，如图15-14所示。

5 在"属性"面板中单击"应用"按钮，永久性裁剪图像，如图15-15所示。

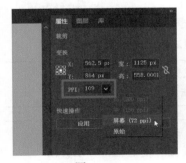

图15-13

图15-14

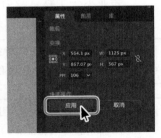

图15-15

由于图像在裁剪时已经嵌入，因此裁剪不会影响原始图像文件。

6 如果有需要，将图像拖动到如图15-16所示位置。

7 单击"属性"面板中的"排列"按钮，然后选择"后移一层"，执行此操作几次，使图像位于插图和文本的后面，如图 15-16 所示。

图15-16

8　选择"选择" > "取消选择"，然后选择"文件" > "存储"。

15.3.4　使用显示导入选项置入 Photoshop 图像

在 Illustrator 中置入包含多个图层的 Photoshop 文件时，可以在导入文件时更改图像选项。例如，如果置入 Photoshop 文件（.psd），则可以选择拼合图像，或者保留文件中的原始 Photoshop 图层。下面，您将置入一个 Photoshop 文件，然后设置导入选项将其嵌入 Illustrator 文件。

1　选择"文件" > "置入"。

2　在"置入"对话框中，定位到"Lessons" > "Lesson15" > "images"文件夹，然后选择"PhotoFrame.psd"文件，如图 15-17 所示。在"置入"对话框中，设置以下选项（此为 Windows 若在 macOS 上看不到这些选项，请单击"选项"按钮）。

• 链接：取消选中。（取消选中"链接"选项可将图像文件嵌入 Illustrator 文件。如您所见，嵌入 Photoshop 文件可在置入时提供更多选项。）

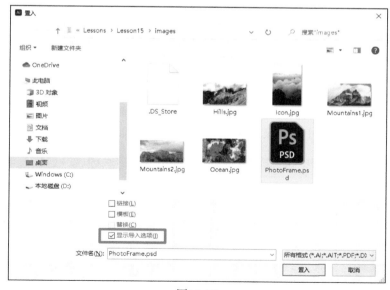

图15-17

- 显示导入选项：选中。（选择此选项将打开一个导入选项对话框，您可以在置入之前设置导入选项。）

3　单击"置入"按钮。

由于文件具有多个图层，且您在"置入"对话框中选择了"显示导入选项"，此时会弹出
"Photoshop 导入选项"对话框。

4　在"Photoshop 导入选项"对话框中，设置以下选项，
如图 15-18 所示。

- 图层复合：Beach。（图层复合是您在 Photoshop 中创建的"图层"面板状态的快照。在 Photoshop 中，您可以在单个 Photoshop 文件中创建、管理和查看图层布局。Photoshop 中图层复合关联的所有注释都将显示在"注释"区域中。）

- 显示预览：选中（在预览框中显示所选图层复合的预览）。

- 将图层转换为对象：选中。（仅当您取消选择"链接"选项，并选择嵌入 Photoshop 图像时，此选项和"将图层拼合为单个图像"选项才可用。）

- 导入隐藏图层：选中（可导入在 Photoshop 中隐藏的图层）。

图15-18

5　单击"确定"按钮。

6　将鼠标指针移到右侧画板的左上角。按住鼠标左键从画板的左上角拖动到画板的右下角以置入图像并调整其大小，确保该图像覆盖整个画板，如图 15-19 所示。

 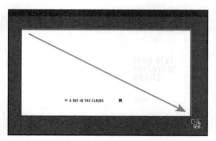

图15-19

您已将"PhotoFrame.psd"文件中的 Photoshop 图层变换为可以在 Illustrator 中显示和隐藏的图层，而不是将整个文件拼合为单个图像。如果在置入 Photoshop 文件时选择了"链接"选项（链接到原始 PSD 文件），那么"Photoshop 导入选项"对话框的"选项"部分中仅有唯一可选项"将图层拼合为单个图像"。请注意，在画板上仍选中图像的情况下，"属性"面板的顶部显示"编组"一词。在保存和置入时，Photoshop 图层将编组在一起。

7   选择"对象">"排列">"置于底层"，将图像置于画板上内容的底层。

8   单击文档窗口右侧的"图层"面板选项卡以打开"图层"面板。按住鼠标左键将"图层"面板的左边缘向左侧拖动，使面板变宽，以便您可以查看图层名称。

9   单击面板底部的"定位对象"按钮，在"图层"面板中显示图像内容，如图 15-20 所示。

注意"PhotoFrame.psd"的子图层。这些子图层是 Photoshop 中的图层，现在出现在 Illustrator 的"图层"面板中，这是因为您在"置入"图像时选择了不拼合图层。

当您置入带有图层的 Photoshop 文件并在"Photoshop 导入选项"对话框中选择"将图层转换为对象"选项时，Illustrator 会将 Photoshop 中的图层视为编组中的单独子图层。Photoshop 图像中有一个白色相框，但是画板上已经有一个相框，因此接下来您将隐藏 Photoshop 文件的白色相框及其中一张图像。

10   在"图层"面板中，在子图层"Pic Frame"和"Beach"图像的左侧单击眼睛图标并将其隐藏，如图 15-21 所示。单击山图像图层的可视性列（本例中山图像图层已被命名为"< 背景 >0"）以显示山图像。

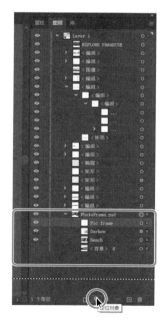

图15-20

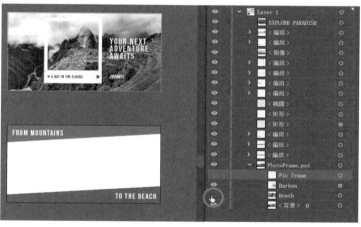

图15-21

15.3.5 置入多个图像

在 Illustrator 中，您还可以一次性置入多个文件。接下来，您将同时置入多张图像，然后将其放置在画板上。

1　选择"文件" > "置入"。
2　在"置入"对话框中，打开"Lesson" > "Lesson15" > "images"文件夹，选中"Hills.jpg"文件，然后按住 Command 键（macOS）或 Ctrl 键（Windows）单击名为"Icon.jpg"的图像以选中两个图像文件。在 macOS 上，如有必要，单击"选项"按钮以显示其他选项。取消选中"显示导入选项"复选框，并确保未选中"链接"复选框。

> **Ai** **提示**　您也可以通过按住 Shift 键在"置入"对话框中连续选中一系列文件。

> **Ai** **注意**　您在 Illustrator 中看到的"置入"对话框可能会以不同的视图（如"列表视图"）显示图像，这不影响操作。

3　单击"置入"按钮。

> **Ai** **提示**　若要丢弃已加载并准备置入的资源，请使用箭头键定位到该资源，然后按 Esc 键。

4　将鼠标指针移动到画板的左侧"Adventure For All"文本的旁边，按向右或向左箭头键几次（或向上和向下箭头键），观察鼠标指针旁边的图像缩略图之间的循环切换，在看到图像缩略图时，按住鼠标左键拖框以较小的尺寸置入图像，如图 15-22 所示。
您可以在文档窗口中单击将图像直接以原始图像的 100% 大小置入，也可以按住鼠标左键拖框单击并拖动来置入图像。置入图像时，按住鼠标左键拖动可以调整图像的大小。在 Illustrator 中调整图像大小可能会导致分辨率与原始分辨率不同。另外，当您在文档窗口中单击或拖动时，无论在鼠标指针旁显示的是哪个缩略图，都是要置入的图像。

图15-22

5　将鼠标指针移动到右侧画板中，将其移动至画板的左上角，然后按住鼠标左键拖过画板的右下角以置入和缩放图像，如图 15-23 所示。保持图像呈选中状态。

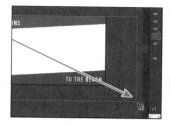

图15-23

6 单击"属性"面板选项卡以显示该面板,单击"属性"面板中的"排列"按钮,然后选择"置于底层",将图像排列在画板上其他内容的下层,如图 15-24 所示。

图15-24

7 保持图像呈选中状态,并选择"文件">"存储"。

15.4 给图像添加蒙版

> **Ai** **注意** 通常,"剪切蒙版""剪贴路径"和"蒙版"的意思是一样的。

为了实现某些设计效果,您可以为内容应用剪切蒙版(剪贴路径)。剪切蒙版是一种对象,其形状遮罩其他图稿,只有位于形状内的图稿可见。图 15-25 的左图是顶层为白色圆形的图像,图 15-25 的右图,白色圆圈被用来遮罩或隐藏部分图像。

只有矢量对象才能成为剪贴路径(蒙版),但是您可以为任何图稿添加蒙版。您还可以向 Illustrator 文档导入在 Photoshop 文件中创建的蒙版。剪贴路径和被遮罩对象称为剪切组。

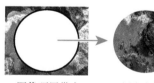

图像顶层带有   遮罩(隐藏)
白色圆形   部分图像

图15-25

15.4.1 给图像添加简单蒙版

在本节中,您将看到如何让 Illustrator 在"Hills.jpg"图像上创建一个简单的蒙版,以便隐藏部分图像。

1 在仍然选中"Hills.jpg"图像的情况下,在"属性"面板中,单击"快速操作"部分中的

"蒙版"按钮，如图 15-26 所示。

图15-26

单击"蒙版"按钮，可将一个形状和大小均与图像相同的剪切蒙版应用于图像。在这种情况下，图像本身看起来并没有任何变化。

> **提示** 您还可以通过选择"对象">"剪切蒙版">"制作"来应用剪切蒙版。

2 在"图层"面板中，单击面板底部的"定位对象"按钮 ，如图 15-27 所示。

注意包含在"<剪切组>"子图层中的"<剪贴路径>"和"<图像>"子图层。"<剪贴路径>"对象是创建的蒙版，"<剪切组>"是包含蒙版和被遮罩对象（被裁剪后的嵌入图像）的集合。

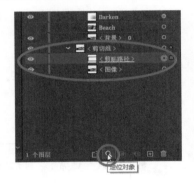

图15-27

15.4.2 编辑剪贴路径（蒙版）

为了编辑剪贴路径，您需要选择该路径。通过前面的讲解，您已经知道 Illustrator 提供了几种方法来选择路径。接下来，您将编辑上一节创建的蒙版。

1 单击"属性"面板选项卡以显示该面板。在画板上仍选中"Hills.jpg"图像的情况下，单击"属性"面板顶部的"编辑内容"按钮 ，如图 15-28 左图所示。

2 单击"图层"面板选项卡，您会注意到"<图像>"子图层（在"<剪切组>"中）名称最右侧出现了选择指示器（小蓝框），这意味着它在画板上被选中了，如图 15-28 右图所示。

> **提示** 您还可以双击剪切组（带有剪贴路径的对象）进入隔离模式。然后，您可以单击选中被遮罩的对象（在本例中为图像），也可以单击剪贴路径边缘以选中剪贴路径。完成编辑后，您可以使用前面课程介绍的各种方法（如按 Esc 键）退出隔离模式。

图15-28

3 单击"属性"面板选项卡，然后在"属性"面板顶部单击"编辑剪贴路径"按钮，会在"图层"面板中选中"＜剪贴路径＞"图层，如图 15-29 所示。

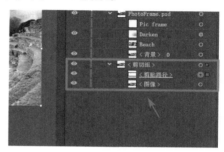

图15-29

对象被遮罩时，您可以编辑蒙版、被遮罩的对象或两者兼而有之。使用以上提到的两个按钮可选中要编辑的对象。首次单击选中被遮罩的对象时，您将同时编辑蒙版和被遮罩对象。

> **提示** 您还可以使用变换选项（如旋转、倾斜等）或使用"直接选择工具"▷编辑剪贴路径。

4 选中"选择工具"▶后，按住鼠标左键拖动所选蒙版的右下定界点，使其适合画板大小，如图 15-30 所示。

5 单击"属性"面板顶部的"编辑内容"按钮，编辑"Hills.jpg"图像，而不是蒙版，如图 15-31 左图所示。

6 选中"选择工具"，在蒙版范围内按住鼠标左键小心地拖动，以将图像重新定位在蒙版的中央，然后松开鼠标左键，如图 15-31 右图所示。请注意，您正在移动的是图像而不是蒙版。

图15-30

> **提示** 您还可以按键盘上的方向键来重新定位图像。

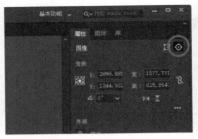

图15-31

选择"编辑内容"按钮 ◎ 后，可以对图像应用多种变换，包括缩放、移动、旋转等。

7 选择"视图">"所有适合窗口大小"。

8 选择"选择">"取消选择"，然后选择"文件">"存储"。

15.4.3 用形状创建蒙版

您还可以使用形状来创建蒙版。在本节中，您将用一个圆形制作一个小小的图像图标并遮罩图像。

1 选择"Adventure For All"文本左侧的灰色圆形，并按住鼠标左键将其拖动到"Icon.jpg"图像的上部，如图 15-32 所示。圆形将放置在图像后面。

2 按"Command+ +"（macOS）或"Ctrl+ +"（Windows）4次左右，放大视图。

3 单击"属性"面板中的"排列"按钮，然后选择"置于顶层"，将圆形排列在"Icon.jpg"图像的上层。

图15-32

4 按住 Shift 键并单击图像以选中圆形和图像，单击"属性"面板的"快速操作"部分中的"建立剪贴蒙版"按钮，以圆形遮罩图像，如图 15-33 所示。

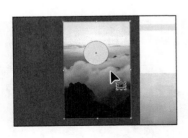

图15-33

现在已经隐藏了圆形范围之外的图像。

5 在圆形中双击以进入隔离模式，调整图像的大小和位置，如图 15-34 所示。在隔离模式下，您可以分别编辑图像和遮罩（圆形）。

6 将指针移到图像上方，然后单击（注意不要单击圆形的边缘）以将其选中。

7 按住 Shift 键，按住鼠标左键拖动图像的一角，缩小图像，如图 15-35 左图所示。松开鼠标左键，然后松开 Shift 键。

8 将鼠标指针移到图像上，待指针变为 ▶ 时，按住鼠标左键拖动图像以重新调整图像位置，如图 15-35 右图所示。

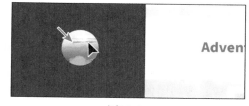

图15-34

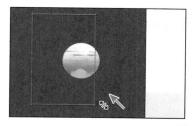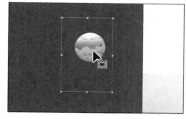

图15-35

9 按 Esc 键，退出隔离模式。

10 在图像蒙版以外的地方单击以取消选中图像，然后按住鼠标左键将圆形拖到画板上的"Adventure For All"文本的左侧，如图 15-36 所示。

11 选择"选择">"取消选择"，然后选择"视图">"全部适合窗口大小"以再次查看所有内容。

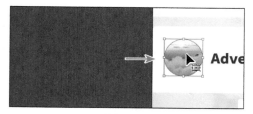

图15-36

15.4.4 用文本创建蒙版

在本节中，您将使用文本作为置入图像的蒙版。在本例中，文本将保持可编辑状态，而不是转换为轮廓。另外，您将使用之前作为 Photoshop 文件一部分的置入图像。

1 选中"选择工具" ▶ 后，在右上画板中单击您之前置入的 Photoshop 文件。

2 在"图层"面板中，单击"定位对象"按钮 🔍，突出显示"图层"面板中的置入图像内容。

3 单击海滩图像（"Beach"）左侧的可视性列以显示它。然后单击"图层"面板中的选择指示器以仅选中该图像，如图 15-37 所示。

图15-37

4 选择"编辑">"复制",然后选择"编辑">"粘贴"。

5 选择"编辑">"粘贴",粘贴另一个副本,然后按住鼠标左键将其拖动到空白区域。

6 在"图层"面板中,单击"PhotoFrame.psd"组中海滩图像("Beach")左侧的眼睛图标,再次将其隐藏。

7 拖动图像的第一个副本到文本"EXPLORE PARADISE"上层。确保图像的位置大致如图 15-38 所示。

8 单击"属性"面板选项卡以显示该面板。单击"属性"面板中的"排列"按钮,然后选择"置于底层",效果如图 15-39 所示。

图15-38

图15-39

您现在能看到"EXPLORE PARADISE"文本。要从文本创建蒙版,文本需要在图像上层。

9 选择"编辑">"复制",复制图像,然后选择"编辑">"贴在前面"。

10 选择"对象">"隐藏">"所选对象"隐藏副本。

11 单击文本下方的图像,然后按住 Shift 键并单击"EXPLORE PARADISE"文本,以同时选中它们。

12 在"属性"面板中,单击"建立剪贴蒙版"按钮,如图 15-40 所示。

图15-40

现在,图像应被文本遮罩,如图 15-41 所示。

13 在"图层"面板中,单击"图层"面板底部隐藏的"Beach"图像的可视性列以显示它,如图 15-42 所示。

14 在工具栏中选中"矩形工具"▢,并按住鼠标左键绘制一个和图像一样大的矩形。单击"属性"面板中的"填色"框,然后选择深灰色色板。

图15-41   图15-42

15 在"属性"面板中将"不透明度"更改为"80%",如图 15-43 所示。

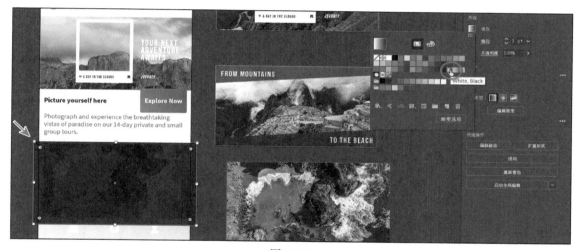

图15-43

16 单击"排列"按钮,然后选择"置于底层",将矩形置于蒙版图像下层。单击"排列"按钮,然后选择"前移一层",将其置于未遮盖的图像之前,如图 15-44 所示。

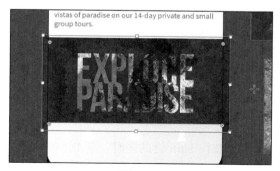

图15-44

17 选择"选择">"取消选择",然后选择"文件">"存储"。

使用多种形状遮罩对象

您可以轻松地用单个形状或多个形状（见图15-45）创建蒙版。

- 要使用多个形状创建剪切蒙版，首先需要将这些形状转换为复合路径。这可以通过先选中将用作蒙版的形状，然后选择"对象">"复合路径">"建立"来实现。

- 确保复合路径位于要遮罩的内容之上，并且同时选择了这两个内容，选择"对象">"剪切蒙版">"建立"即可。

图15-45

15.4.5 创建不透明蒙版

不透明蒙版不同于剪切蒙版，因为它允许您遮罩对象并改变图稿的透明度。您可以使用"透明度"面板制作和编辑不透明蒙版。在本节中，您将为海滩图像副本创建一个不透明蒙版，使其逐渐融入另一个图像中。

1 选中"选择工具" ▶ 后，选中复制的海滩图像并将其拖到图15-46所示位置。

2 在工具栏中选中"矩形工具" □，按住鼠标左键拖动创建一个覆盖大部分海滩图像的矩形，如图15-47左图所示，它将成为蒙版。

图15-46

3 按 D 键为新矩形设置默认描边（黑色，1 pt）和填色（白色），如图15-47右图所示，以便接下来更轻松地选择和移动它。

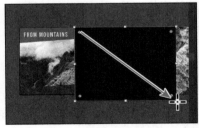

图15-47

4 选中"选择工具"，然后在按住 Shift 键的同时，单击沙滩图像以将其选中。

5 单击"属性"面板选项卡以再次查看"属性"面板。单击"不透明度"一词以打开"透明度"面板，单击"制作蒙版"按钮，然后保持图稿呈选中状态和面板呈显示状态，如图15-48所示。

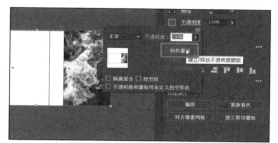

图15-48

Ai | **注意** 如果要创建与图像具有相同尺寸的不透明蒙版，不需要绘制形状，只需单击"透明度"面板中的"制作蒙版"按钮。

单击"制作蒙版"按钮后，该按钮现在显示为"释放"。如果再次单击该按钮，沙滩图像将不再被遮罩。

15.4.6　编辑不透明蒙版

接下来，您将调整上一节创建的不透明蒙版。

1 选择"窗口">"透明度"以打开"透明度"面板。

   您将看到与单击"属性"面板中的"不透明度"一词打开的面板相同的面板。当您单击"不透明度"显示"透明度"面板时，您需要隐藏该面板使您在本节中所做的更改生效，而在自由浮动的"透明度"面板中，更改将自动发生。

2 在"透明度"面板中，按住 Shift 键并单击蒙版缩略图（由黑色背景上的白色矩形表示）以禁用蒙版。

   请注意，"透明度"面板上的蒙版上会出现一个红色的"×"，并且整个海滩图像会重新出现在文档窗口中，如图 15-49 所示。

   如果您需要对被遮罩对象进行任何操作，则禁用蒙版对再次查看所有被遮罩的对象（在本例中为沙滩图像）很有用。

图15-49

3 在"透明度"面板中，按住 Shift 键并单击蒙版缩略图，再次启用蒙版。

Ai | **提示** 若要禁用和启用不透明蒙版，您还可以单击"透明度"面板菜单图标▤以选择"停用不透明蒙版"或"启用不透明蒙版"。

提示 要在画板上单独显示蒙版（如果原始蒙版有其他颜色，则以灰度显示），还可以按住 Option 键（macOS）或 Alt 键（Windows），在"透明度"面板中单击蒙版缩略图。

4 单击选中"透明度"面板右侧的蒙版缩略图。如果未在画板上选中蒙版，请使用"选择工具"▶单击选中它，如图 15-50 所示。

单击"透明度"面板中的不透明蒙版缩略图可在画板上选中蒙版（矩形）。选择蒙版后，您将无法在画板上编辑其他图稿。另外，请注意，文档选项卡中会显示"（<不透明蒙版>/不透明蒙版）"，表示您正在编辑该蒙版。

5 单击"图层"面板选项卡以显示"图层"面板，然后单击"<不透明蒙版>"图层的显示三角形▶以显示内容，如图 15-51 所示。

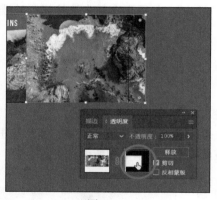

图15-50

图15-51

6 在"透明度"面板和画板上仍选中蒙版，在"属性"面板中将"填色"更改为白色到黑色的线性渐变（名称为"White，Black"），如图 15-52 所示。

图15-52

您现在可以看到，在蒙版的白色部分，海滩图像显示；而在蒙版的黑色部分，海滩图像被隐藏起来。这种渐变蒙版会逐渐显示图像。

7 确保已选中工具栏底部的"填色"框。

8 选中"渐变工具" ，将鼠标指针移到海滩图像的右侧，按住鼠标左键向左拖到图像的左
　边缘，如图 15-53 所示。

请注意，此时蒙版在"透明度"面板中的外
观已发生改变。接下来，您将移动图像，但
不移动不透明蒙版。在"透明度"面板中选
择图像缩略图后，默认情况下，图像和蒙版
会链接在一起，所以在移动图像时，蒙版也
会移动。

图15-53

9 在"透明度"面板中，单击图像缩略图，停止编辑蒙版。单击图像缩略图和蒙版缩略
　图之间的链接图标 🔗，如图 15-54 所示。这样就可以只移动图像或蒙版，而不会同时移动
　二者。

Ai | **注意** 只有在"透明度"面板中选中了图像缩略图（而不是蒙版缩略图），您才能
访问链接图标。

---

10 选中"选择工具"，按住鼠标左键将沙滩图像向左稍微拖动，然后松开鼠标左键以查看其
　位置，如图 15-55 所示。

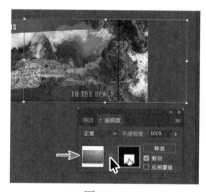

图15-54

图15-55

Ai | **注意** 您在操作时，海滩图像的位置不需要与图 15-55 完全一致。

---

11 在"透明度"面板中，单击图像缩略图和蒙版缩略图之间的断开链接图标 🔗，将两者再次
　链接在一起，如图 15-56 所示。

12 按住鼠标左键将海滩图像向左侧拖动，以覆盖更多的山脉图像。

13 按住 Shift 键，单击选中山脉图像，选择"对象">"排列">"置于底层"，将其置于画板
　上的文本的下层，如图 15-57 所示。

14 选择"选择">"取消选择"，然后选择"文件">"存储"。

图15-56

图15-57

15.5 使用图像链接

> **注意** 有关如何使用链接和 Creative Cloud 库项目的更多信息，参见第 14 课"创建 T 恤图稿"。

当您将图像置入 Illustrator 中时，可以链接图像或嵌入图像。您可以使用"链接"面板查看和管理所有链接图像或嵌入图像。"链接"面板显示了图像的缩略图，并使用各种图标来表示图像的状态。在"链接"面板中，您可以查看已链接或嵌入的图像，替换置入的图像，更新在 Illustrator 外部编辑的链接图像，或在链接图像的原始应用程序（如 Photoshop）中编辑它。

15.5.1 查找链接信息

当您置入图像时，了解原始图像的位置、对图像应用的变换（如旋转和缩放）以及其他更多信息很重要。接下来，您将通过浏览"链接"面板来了解链接信息。

1 选择"窗口" > "工作区" > "重置基本功能"。
2 选择"窗口" > "链接"打开"链接"面板。
3 在"链接"面板中选中"Icon.jpg"图像，单击"链接"面板左下角的显示三角形▶，在面板底部显示链接信息，如图 15-58 所示。

> **提示** 您还可以双击"链接"面板列表中的图像来查看图像信息。

> **注意** 实际操作时，您看到的链接信息可能与您在图中看到的信息不同，不用在意。

在"链接"面板中，您将看到已置入的所有图像的列表。您可以通过图像名称或缩略图右侧的嵌入图标 判断图像是否已被嵌入。如果在"链接"面板中看不到图像的名称，则通常表示该图像是在置入时嵌入的，或者是与保留了图层的分层 PSD 文件一起使用的，或者是粘贴到 Illustrator 中的。您还可以看到有关图像的信息，例如嵌入（嵌入的文件）、分辨率、变换信息等。

4 单击图像列表下方的"转至链接"按钮。"Icon.jpg"图像将被选中并居中显示在文档窗口，如图 15-59 所示。

图15-58

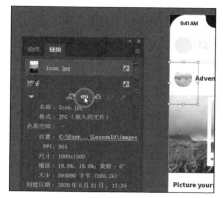

图15-59

5　选择"选择">"取消选择"，然后选择"文件">"存储"。

15.5.2　嵌入和取消嵌入图像

如前所述，如果您选择在置入图像时不链接到该图像，则该图像将嵌入 Illustrator 文件。这意味着图像数据将存储在 Illustrator 文件中。您也可以在置入并链接图像，再选择嵌入图像。此外，您可能希望在 Illustrator 外部使用嵌入图像，或在类似 Photoshop 这样的图像编辑应用程序中对其进行编辑。Illustrator 允许您取消嵌入图像，从而将嵌入的图像作为 PSD 或 TIFF 文件（您可以选择）保存到您的文件系统，并自动将其链接到 Illustrator 文件。接下来，您将在 Illustrator 文档中取消嵌入图像。

1　选择"视图">"全部适合窗口大小"。

2　单击选中右下方画板上的"Hills.jpg"图像（山脉）。

　　您最初置入"Hills.jpg"图像时选中了"嵌入"复选框。而嵌入图像后，您可能需要在 Photoshop 之类的应用程序中对该图像进行编辑。此时，您需要取消嵌入该图像来对其进行编辑，这是您接下来将对图像所做的操作。

3　单击"属性"面板中的"取消嵌入"按钮，如图 15-60 所示。

Ai　**提示**　您也可以单击"链接"面板菜单图标▤来选择"取消嵌入"。

4　在弹出的对话框中，定位到"Lessons">"Lesson15">"images"文件夹。确保从"文件格式"菜单（macOS）或"保存类型"（Windows）菜单中选择"Photoshop（*.PSD）"，然后单击"保存"按钮，如图 15-61 所示。

Ai　**注意**　嵌入的"Hills.jpg"图像数据从文件中解压缩，并作为 PSD 文件保存在"images"文件夹中。画板上的图像现在链接到 PSD 文件。您可以说这是一个链接的图形，因为当选中它时，它会在边界框中显示"×"。

图15-60

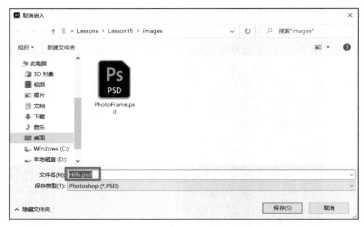

图15-61

如果在 Photoshop 中编辑"Hills.psd"文件，由于图像已链接，其将在 Illustrator 中进行更新。

5 选择"选择">"取消选择"。

15.5.3 替换链接图像

您可以轻松地将链接或嵌入的图像替换为另一幅图像来更新图稿。替换图像要放置在原始图像所在的位置，如果新图像具有与原始图像相同的尺寸，则无须进行调整。如果尺寸不同，则您可能需要调整替换图像的大小以匹配原始图像。接下来，您将替换图像。

1 单击选中左侧画板上的"Mountains2.jpg"图像。这是您置入的第一张图像。

2 在"链接"面板中，在图片列表下方单击"重新链接"按钮 ，如图 15-62 所示。

3 在打开的对话框中，定位到"Lessons">"Lesson15">"images"文件夹，然后选择"Mountains1.jpg"图像。确保已选择"链接"选项，单击"置入"按钮以替换图像。如图 15-63 所示。

图15-62

图15-63

4 选择"选择">"取消选择"，然后选择"文件">"存储"。

5 根据需要，选择"文件">"关闭"，重复几次，以关闭所有打开的文件。

15.6　复习题

1　指出 Illustrator 中链接和嵌入之间的区别。
2　置入图像时如何显示选项？
3　哪些类型的对象可用作蒙版？
4　如何为置入的图像创建不透明蒙版？
5　描述如何替换置入的图像。

15.7　复习题答案

1　链接文件是一个独立的外部文件，通过链接与 Illustrator 文件关联。链接文件
　　不会显著地增加 Illustrator 文件的大小。为保留链接并确保在打开 Illustrator 文
　　件时显示置入文件，被链接的文件必须随 Illustrator 文件一起提供。嵌入文件
　　将成为 Illustrator 文件的一部分，因此嵌入文件后，Illustrator 文件会相应增大。
　　由于嵌入文件是 Illustrator 文件的一部分，所以不存在断开链接的问题。无论
　　是链接文件还是嵌入文件，都可以使用“链接”面板中的“重新链接”按钮
　　来更新。
2　使用“文件”>“置入”命令置入图像时，在“置入”对话框中，选择“显示
　　导入选项”选项。选择此选项将打开“导入选项”对话框，您可以在其中设置
　　导入选项，然后再置入图像。在 macOS 中，如果在“导入选项”对话框中看
　　不到选项，请单击“选项”按钮。
3　蒙版可以是简单路径，也可以是复合路径。您可以通过置入 Photoshop 文件来
　　导入蒙版（例如不透明蒙版），还可以使用位于对象组或图层上层的任何形状
　　来创建剪切蒙版。
4　将用作蒙版的对象放在要遮罩的对象的上层，可以创建不透明蒙版。选择蒙版
　　和要遮罩的对象，然后单击“透明度”面板中的“制作蒙版”按钮，或从“透
　　明度”面板菜单中选择“建立不透明蒙版”。
5　要替换置入的图像，可以在“链接”面板中选择该图像，然后单击“重新链
　　接”按钮，选择用于替换的图像后，单击“置入”按钮。

第16课 分享项目

本课概览

在本课中，您将学习如何执行以下操作。

- 打包文件。
- 创建 PDF 文件。
- 创建像素级优化的图稿。
- 使用"导出为多种屏幕所用格式"命令。
- 使用"资源导出"面板。

完成本课内容大约需要 30 分钟。

您可以使用多种方法将您的项目分享和导出为 PDF 文件，或者优化您在 Illustrator 中创建的内容，以便在 Web、App 以及屏幕演示文稿中使用。

16.1 开始本课

开始本课之前，请还原 Adobe Illustrator 的默认首选项，并打开课程文件。

> **Ai** | **注意** 如果您还没有从您的"账户"页面下载本课的课程文件到您的计算机中，请立即下载。具体操作请参阅本书"前言"部分。

1. 为了确保工具的功能和默认值完全如本课所述，请删除或停用（通过重命名）Adobe Illustrator 首选项文件。具体操作请参阅本书"前言"部分的"还原默认首选项"。
2. 启动 Adobe Illustrator。
3. 选择"文件">"打开"。在"打开"对话框中，找到"Lessons">"Lesson16"文件夹。选择"L16_start1.ai"文件，然后单击"打开"按钮。

> **Ai** | **注意** 本课所用课程文件由 Meng He 设计。

4. 在弹出的警告对话框中选中"应用于全部"复选框，单击"忽略"按钮，如图 16-1 所示。警告对话框显示至少有一张图像（Ocean.jpg）链接到不在您系统中的 Illustrator 文档。您将打开"链接"面板查看哪个文件丢失了，然后替换它们，而不是直接在对话框中替换丢失的文件。
5. 如果您跳过了第 15 课，"缺少字体"对话框很有可能再次弹出。单击"激活字体"按钮以激活所有缺少字体，如图 16-2 所示（您的缺少字体列表可能和图 16-2 有所不同）。字体被激活后，您会看到一条信息，提示没有缺少字体，单击"关闭"按钮。

图16-1

图16-2

6. 选择"窗口">"工作区">"重置基本功能"，确保工作区为默认设置。

> **Ai** | **注意** 如果在"工作区"菜单中看不到"重置基本功能"，请先选择"窗口">"工作区">"基本功能"，然后再选择"窗口">"工作区">"重置基本功能"。

7　选择"视图">"画板适合窗口大小"。

8　如果选中了任何内容，请选择"选择">"取消选择"。

9　选择"窗口">"链接"，以打开"链接"面板。在"链接"面板中，您可以通过名称右侧的图标 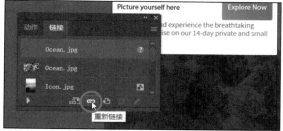 看到 Illustrator 无法在您的系统中找到的被链接的图像。

10　在"链接"面板中，选中右侧带有图标 的"Ocean.jpg"图像，在面板底部单击"重新链接"按钮，以链接缺少的图像到原始位置，如图 16-3 所示。

11　在打开的对话框中，定位到"Lessons">"Lesson16">"images"文件夹，选中"Ocean.jpg"图像，单击"置入"按钮，如图 16-4 所示。

图16-3

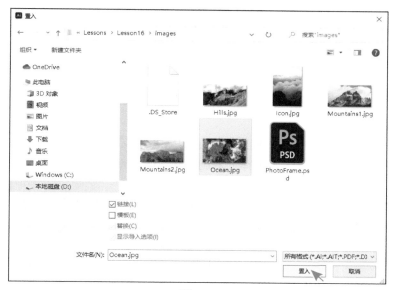

图16-4

12　选择"选择">"取消选择"，然后选择"文件">"存储"。

13　关闭"链接"面板。

16.2　打包文件

Illustrator 在打包文件时，将创建一个文件夹，其中包括 Illustrator 文档的副本、所需字体、链接图像的副本以及一个关于打包文件信息的报告。这是一个用来分发 Illustrator 项目中所有必需文件的简便方法。下面，您将打包打开的文件。

1 选择"文件">"打包"，如图 16-5 所示。在"打包"对话框中，设置如图 16-5 所示的选项。

- 单击文件夹图标，定位到"Lesson16"文件夹。单击"选择"（macOS）或"选择文件夹"（Windows），返回到"打包"对话框。

- 文件夹名称：Social。

- 选项：保持默认设置。

"复制链接"复选框会把所有链接文件复制到新创建的文件夹中。"收集不同文件夹中的链接"选项将会创建一个名为"Links"的文件夹，并将所有链接复制到该文件夹。"将已链接的文件重新连接到文档"选项将会更新 Illustrator 文档中的链接，使其链接到打包时新创建的副本中。

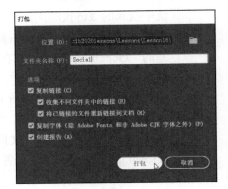

图16-5

2 单击"打包"按钮。

3 接下来弹出的对话框会提示字体授权信息，单击"确定"按钮即可。

单击"返回"按钮支持取消选择"复制字体"（Adobe 字体和非 Adobe CJK 字体除外）选项。

4 在最后弹出的对话框中，单击"显示文件包"按钮，如图 16-6 所示，查看打包的文件夹。

图16-6

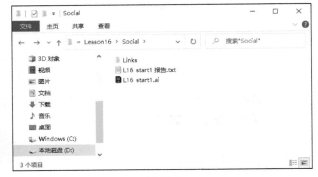

图16-7

打包的文件夹中有 Illustrator 文档副本以及名为"Links"的文件夹，Links 文件夹中包含所有链接的图像，如图 16-7 所示。"L16 start1 报告 .txt"文件中包含有关文档内容的信息。

5 返回到 Illustrator。

16.3 创建 PDF 文件

便携式文档格式（PDF）是一种通用文件格式，可保留在各种应用程序和平台上创建的源文档的字体、图像和版面。Adobe PDF 是在全球范围内安全、可靠地分发和交换电子文档和表单的文件标准。Adobe PDF 文件结构紧凑而完整，任何人都可以使用免费的 Adobe Acrobat Reader 或其他与 PDF 兼容的应用程序来共享、查看和打印 Adobe PDF 文件。

您可以在 Illustrator 中创建不同类型的 PDF 文件，如多页 PDF、分层 PDF 和 PDF/x 兼容的文件。分层 PDF 允许您存储一个带有图层、可在不同上下文中使用的 PDF 文件。PDF/x 兼容的文件减少了打印中的颜色、字体和陷印问题的出现。接下来，您将把此项目存储为 PDF 格式，以便将其发送给别人查看。

1 选择"文件" > "存储为"，在"存储为"对话框中，从"格式"菜单中选择"Adobe PDF（pdf）"（macOS）或从"保存类型"菜单中选择"Adobe PDF（*.PDF）"（Windows），并定位到"Lessons" > "Lesson16"文件夹。在对话框的底部，您可以选择保存全部画板或部分画板到 PDF 文件。此文档仅包含一个画板，因此该选项不可选。单击"保存"按钮。创建 PDF 时，如果要保存所有画板到一个 PDF 文件，则选中"全部"复选框；如果仅保存画板中某个画板亚组为一个 PDF 文件，则选中"范围"复选框，并输入保存画板范围。比如，某个文档有 3 个画板，范围"1-3"表示保存所有 3 个画板，而范围"1，3"则表示保存第一个和第三个画板。

2 在"存储 Adobe PDF"对话框中，单击"Adobe PDF 预设"菜单，查看所有可用的 PDF 预设。确保选中了"[Illustrator 默认值]"，然后单击"存储 PDF"按钮，如图 16-8 所示。

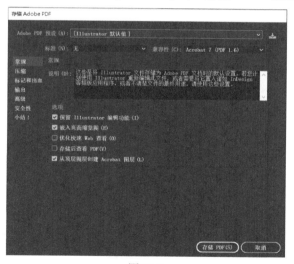

图16-8

 注意 如果要了解"存储 Adobe PDF"对话框中的选项和其他预设信息，请选择"帮助" > "Illustrator 帮助"，并搜索"创建 Adobe PDF 文件"。

自定义创建 PDF 的方法有很多种。使用 "[Illustrator 默认值]" 预设创建 PDF 将创建一个保留所有 Illustrator 数据的 PDF 文件。在 Illustrator 中重新打开使用此预设创建的 PDF 文件时，不会丢失任何数据。如果出于特定目的保存 PDF（比如在 Web 上查看或打印），则可能需要选择其他预设或调整选项。

3 选择 "文件" > "存储"（如有需要），然后选择 "文件" > "关闭"。

 注意　您可能会留意到，当前打开的是 PDF 文件（L16_start1.pdf）。

16.4　创建像素级优化图稿

当创建用于 Web、移动应用、屏幕演示文稿等的内容时，将矢量图保存成清晰的位图就很重要了。为了创建像素级精确的图稿，您可以使用 "对齐像素" 选项将图稿与像素网格对齐。像素网格是一个每英寸长宽各有 72 个小方格的网格。在启用像素预览模式（"视图" > "像素预览"）的情况下，将视图缩放到 600% 或更高时，您可以查看像素网格。

对齐像素是一个对象级属性，它使对象的垂直和水平路径都与像素网格对齐。只要为对象设置了该属性，修改对象时对象中的任何垂直或水平路径都会与像素网格对齐。

16.4.1　在像素预览中预览图稿

以 GIF、JPG 或 PNG 等格式导出图稿时，任何矢量图稿都会在生成的文件中被栅格化。而启用 "像素预览" 是一种查看图稿被栅格化后的外观的好方法。接下来，您将使用 "像素预览" 查看图稿。

1 选择 "文件" > "打开"。在 "打开" 对话框中，找到 "Lessons" > "Lesson16" 文件夹。选择 "L16_start2.ai" 文件，然后单击 "打开" 按钮。

2 选择 "文件" > "文档颜色模式"，您将发现此时选择了 RGB 颜色。

 提示　创建文档后，可以使用 "文件" > "文档颜色模式" 命令更改文档的颜色模式。这将为您新创建的所有颜色和现有色板设置默认的颜色模式。RGB 是为 Web、App 或屏幕演示文稿等创建内容时使用的理想颜色模式。

针对屏幕查看（如 Web、App 等）进行设计时，RGB（红色、绿色、蓝色）是 Illustrator 中文档的首选颜色模式。创建新文档（"文件 > 新建"）时，您可以通过 "颜色模式" 选项选择要使用的颜色模式。在 "新建文档" 对话框中，选择除 "打印" 以外的任何文档配置文件，"颜色模式" 都会默认设置为 "RGB 颜色"。

3 选中 "选择工具" ▶，然后单击选中页面中间的 "JUPITER"（木星）图标。按 "Command++"（macOS）或 "Ctrl ++"（Windows）组合键，重复几次，连续放大所选图稿。

4 选择 "视图" > "像素预览"，预览整个图稿的栅格化版本，如图 16-9 所示。

图16-9

16.4.2 将新建图稿与像素网格对齐

使用"像素预览",您能够看到像素网格,并能使图稿与像素网格对齐。而启用"对齐像素"("视图">"对齐像素")后,绘制、修改或变换生成的形状都会对齐到像素网格且显示得更清晰,这使大多数图稿(包括大多数实时形状)自动与像素网格对齐。在本节中,您将查看像素网格,并了解如何将新建图稿与之对齐。

1 选择"视图">"画板适合窗口大小"。
2 选中"选择工具"▶后,单击选择带有文本"SEARCH"的蓝色按钮形状,如图16-10所示。
3 连续按下"Command++"(macOS)或"Ctrl++"(Windows)组合键几次,直到在文档窗口左下角的状态栏中看到600%。

图16-10

将图稿至少放大到600%,并启用"像素预览",您就可以看到像素网格。像素网格将画板划分为边长为1 pt(1/72 in)的小格子。在接下来的步骤中,您需要使像素网格可见(缩放级别为600%或更高)。

4 按 Backspace 或 Delete 键删除选中的矩形。
5 选中工具栏中的"矩形工具"▢,绘制一个与上一步删除的矩形大小大致相当的矩形,如图 16-11 左图所示。

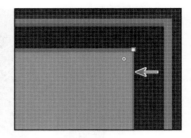

图16-11

您可能会注意到，矩形的边缘看起来有点"模糊"（见图 16-11 右图），这是因为本文档中关闭了"对齐像素"。因此，默认情况下，矩形的直边不会对齐到像素网格。

6 按 Backspace 或 Delete 键删除矩形。

7 选择"视图">"对齐像素"，启用"对齐像素"。

现在，绘制、修改或变换的任意形状都将对齐到像素网格。当您使用 Web 或移动文档配置文件创建新文档时，默认将启用"对齐像素"。

> **Ai** | **提示** 您也可以在选中"选择工具"但不选中任何内容的情况下，单击"属性"面板中的"对齐像素"选项，您还可以在"控制"面板（"窗口">"控制"）右侧选择"创建和变换时将贴图对齐到像素网格"选项 启用"对齐像素"。

8 选中"矩形工具"后，绘制一个简单的矩形来创建按钮，此时边缘将更清晰，如图 16-12 所示。

绘制的图稿的垂直和水平边都对齐到像素网格。在下一节中，您将把现有图稿对齐到像素网格。在本例中，重绘矩形形状只是为了让您了解启用与不启用"对齐像素"的差异。

9 单击"属性"面板中的"排列"按钮，然后选择"置于底层"，将其排列在"SEARCH"文本下层。

10 选中"选择工具"，并按住鼠标左键将矩形拖动到图 16-13 中所示的位置。

拖动过程中，您可能会注意到图稿会对齐到像素网格。

> **Ai** | **提示** 您可以按方向键移动所选图稿，图稿将对齐到像素网格。

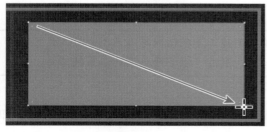

图16-12

图16-13

16.4.3　将现有图稿与像素网格对齐

您可以通过多种方式将现有图稿与像素网格对齐，这也是您将在本节中执行的操作。

1　按"Command+-"（macOS）或"Ctrl+-"（Windows）组合键 1 次，缩小视图。

2　选中"选择工具" ▶，然后单击选中您绘制的矩形周围的蓝色描边矩形，如图 16-14 所示。

3　单击右侧"属性"面板中的"对齐像素网格"按钮（或选择"对象">"设为像素级优化"），如图 16-15 所示。

描边矩形是在未选择"视图">"对齐像素"时创建的，因此将该矩形对齐到像素网格后，其水平边和垂直边都与最近的像素网格线对齐，如图 16-16 所示。完成此操作后，将保留实时形状和实时角部。

> **Ai**　**注意**　在这种情况下，"属性"面板中的"对齐像素网格"按钮和"设为像素级优化"命令将执行相同的操作。

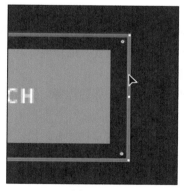
图16-14

图16-15

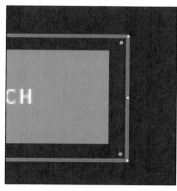
图16-16

对齐像素的对象如果没有笔直的垂直线段或水平线段，则不会微调到对齐像素网格。例如，倾斜旋转的矩形没有垂直线段或水平线段，因此在为其设置对齐像素属性时，其不会产生微移进而生成清晰的路径。

4　单击以选中按钮左侧的蓝色"V"（您可能需要向左滚动视图窗口），如图 16-17 所示。选择"对象">"设为像素级优化"。您将在文档窗口中看到一条消息，提示"选区包含无法像素级优化的图稿"，如图 16-17 所示。在这种情况下，意味着所选对象没有笔直的垂直线段或水平线段能与像素网格对齐。

> **Ai**　**注意**　选择开放路径时，"对齐像素网格"按钮不会出现在"属性"面板中。

5 单击"V"周围的蓝色正方形，如图 16-18 所示，按"Command++"（macOS）或"Ctrl+ +"（Windows），重复几次，连续放大所选图稿。

6 按住鼠标左键拖动顶部定界点，使正方形稍微变大一些，如图 16-19 所示。

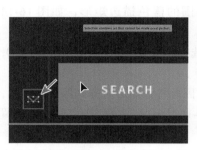

图16-17

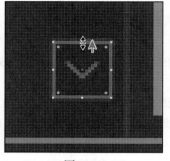

图16-18

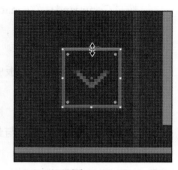

图16-19

拖动后，请注意使用角部或侧边控点调整形状的大小，修复相应的边缘（将其对齐到像素网格）。

7 选择"编辑">"还原缩放"，使其保持为正方形。

8 单击"属性"面板中的"对齐像素网格"按钮，确保其所有垂直或水平边都与像素网格对齐。需要注意的是，当对这么小的形状对齐像素时，它可能会移动位置，所以它不再与"V"的中心对齐。接下来，您将使"V"与正方形中心对齐。

9 按住 Shift 键，然后单击"V"将其选中。松开 Shift 键，然后单击正方形的边缘，使其成为关键对象，如图 16-20 所示。

10 单击"水平居中对齐"按钮[图]以及"垂直居中对齐"按钮[图]，如图 16-21 所示，使"V"和正方形中心对齐，如图 16-22 所示。

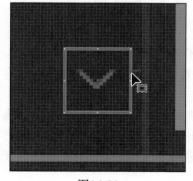

图16-20

图16-21

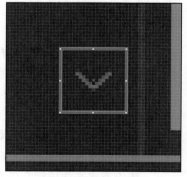

图16-22

11 选择"选择">"取消选择"（如果可用），然后选择"文件">"存储"。

16.5　导出画板和资源

Ai　**提示**　要了解有关使用 Web 图形的详细信息,请在"Illustrator 帮助"("帮助">"Illustrator 帮助")中搜索"导出图稿的文件格式"。

在 Illustrator 中,使用"文件">"导出">"导出为多种屏幕所用格式"命令和"资源导出"面板,可以导出整个画板,或显示正在进行的设计,或所选资产(本书中的"导出资产"和"导出资源"是一个意思,之所以没有统一是因为 Illustrator 2020 软件简体中文版不同的地方即是如此)。导出的内容可以不同的文件格式保存,如 JPEG、SVG、PDF 和 PNG。这些格式适用于 Web、设备和屏幕演示文稿,并且与大多数浏览器兼容,当然每种格式都具有不同的功能。所选图稿将自动与设计的其余内容隔离,并保存为单独的文件。

将内容切片

在执行"导出为多种屏幕所用格式"命令或打开"资源导出"面板之前,您需要隔离要导出的图稿。这需要通过将图稿放在自定义画板上或通过对内容切片来完成。在 Illustrator(旧版)中,您可以通过创建切片在图稿中定义不同Web元素的边界,如图16-23所示。使用"文件">"导出">"存储为Web使用格式(旧版)"命令保存图稿时,可以选择将每个切片存储为具有自己的格式和设置的单独的文件。

图16-23

现在,使用"文件">"导出为多种屏幕所用格式"命令或"资源导出"面板切片时,不再需要隔离图稿,因为程序会自动隔离图稿。

16.5.1　导出画板

在本节中,您将看到如何导出文档中的画板。如果您希望向他人展示您正在进行的设计,或预览用于演示文稿、网站、App 等的设计,则可以导出文档中的画板。

1　选择"视图">"像素预览",将其关闭。

2　选择"视图">"画板适合窗口大小"。

3　选择"文件">"导出">"导出为多种屏幕所用格式"。
在弹出的"导出为多种屏幕所用格式"对话框中,您可以在"导出画板"和"导出资产"之间进行选择。确定要导出的内容后,您可以在对话框的右侧进行导出设置,如图 16-24 所示。

4　选中"画板"选项卡,在对话框的右侧,确保选择了"全部",如图 16-24 所示。

图16-24

您可以选择导出所有画板或指定画板。本文档只有一个画板，因此选择"全部"与选择"范围"为"1"的结果是一样的。选择"整篇文档"则会将所有图稿导出为一个文件。

5 单击"导出至"字段右侧的文件夹图标 ，如图 16-25 所示，找到"Lessons">"Lesson16"文件夹，然后单击"选择"（macOS）或"选择文件夹"（Windows）。单击"格式"菜单，然后选择"JPG 80"，如图 16-25 所示。

图16-25

在"导出为多种屏幕所用格式"对话框的"格式"部分，可以为导出的资产设置缩放、添加（或直接编辑）后缀并更改格式，还可以通过单击"+添加缩放"按钮使用不同缩放比例和格式来导出多个版本。

> **Ai** **提示** 为了避免创建子文件夹（如文件夹"1x"），您可以在导出时，在"导出为多种屏幕所用格式"对话框中取消选中"创建子文件夹"复选框。

6 单击"导出画板"按钮。

此时会打开"Lesson16"文件夹，您会看到一个名为"1x"的文件夹，在该文件夹里面有名为"Artboard 1-80.jpg"的图片。后缀"-80"是指导出时设置的图片质量。

7 关闭该文件夹，并返回到 Illustrator。

16.5.2 导出资源

您还可以使用"资源导出"面板快速、轻松地以多种文件格式（如 JPG、PNG 和 SVG）导出各个资源。"资源导出"面板允许您收集您可能频繁导出的资源，并且应用于 Web 和移动工作流，因为它支持一次性导出多种资源。在本节中，您将打开"资源导出"面板，并了解如何在该面板中收集图稿，然后将其导出。

 注意 有多种方法可以以不同格式导出图稿。您可以在 Illustrator 文档中选中图稿，然后选择"文件" > "导出所选项目"。这会将所选图稿添加到"资源导出"面板，并打开"导出为多种屏幕所用格式"对话框。然后您可以选择与 16.5.1 节所示相同的格式导出资源。

1 选中"选择工具" ▶，单击选中位于画板中间标记为"JUPITER"的图稿，如图 16-26 所示。
2 按"Command++"（macOS）或"Ctrl++"（Windows）组合键，重复几次，连续放大图稿。
3 按住 Shift 键，单击选择图稿右侧标记为"SATURN"的图形，如图 16-27 所示。

图16-26

图16-27

4 选中图稿后，选择"窗口" > "资源导出"以打开"资源导出"面板。
在"资源导出"面板中，您可以保存内容以便立即或以后导出。如您所见，它可以与"导出为多种屏幕所用格式"对话框结合起来使用，为所选资源设置导出选项。

 提示 要将图稿添加到"资源导出"面板，您还可以右键单击文档窗口中的图稿，然后选择"收集以导出" > "作为单个资源" / "作为多个资源"或"对象" > "收集以导出" > "作为单个资源" / "作为多个资源"。

5 将所选图稿拖到"资源导出"面板的顶部。当您看到加号 + 时，松开鼠标左键，将图稿添加到"资源导出"面板，如图 16-28 所示。

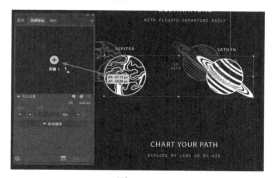

图16-28

这些资源与文档中的原始图稿相关联。换句话说，如果更新文档中的原始图稿，则"资源导出"面板中相应的资源也会更新。添加到"资源导出"面板中的所有资源都将与此面板保存在一起，除非您将其从文档或"资源导出"面板中删除。

> **Ai** | **提示** 要从"资源导出"面板中删除资源，您可以删除文档中的原始图稿，也可以在"资源导出"面板中选择资源缩略图，然后单击"从该面板删除选定的资源"按钮。

6 在"资源导出"面板中，单击与"JUPITER"图形相对应的项目名称，将其重命名为 Jupiter；单击与 SATURN 图形相对应的项目名称，并将其重命名为"Saturn"，如图 16-29 所示。按回车键确认重命名。

图16-29

显示的资源名称将取决于"图层"面板中图稿的名称。此外，如何在"资源导出"面板中命名资源将由您自行决定。命名资源后，您将能更方便地跟踪每种资源的用途。

> **Ai** | **提示** 如果按住 Option 键（macOS）或 Alt（Windows），加选多个对象，然后将其拖动到"资源导出"面板中，则所选内容将成为"资源导出"面板中的单个资源。

7 在"资源导出"面板中，单击并选中 Jupiter 资产缩略图。当您使用各种方法将资源添加到面板后，导出资源之前您需要先选中资源。

8 在"资源导出"面板的"导出设置"区域中，从"格式"菜单中选择"SVG"（如有必要），如图 16-30 所示。

SVG 格式是网站 logo 的完美选择，但有时合作者可能会要求提供 PNG 或其他格式的文件。

> **Ai** | **注意** 如果要创建在 iOS 或 Android 上使用的资源，则可以单击"iOS"或"Android"选项，显示适合每个平台的缩放导出预设列表。

9 单击"+ 添加缩放"按钮，以其他格式导出图稿（在本例中）。从"缩放"菜单中选择"1x"，并确保"格式"为 PNG，如图 16-31 所示。

> **Ai** | **注意** 图 16-31 左图表示单击"+ 添加缩放"按钮后的结果。

这会为"资源导出"面板中的所选资源创建 SVG 文件和 PNG 文件。如果您需要所选资源的多个缩放版本（例如，JPEG 或 PNG 等位图格式的 Retina 显示屏和非 Retina 显示屏显示形式），也可以设置缩放（1x、2x 等）。您还可以为导出的文件名添加后缀。后缀可能类似

于 "@ 1x"，表示导出资源的 100% 缩放版本。

图16-30   图16-31

> **Ai** **提示**　您还可以单击"资源导出"面板底部的"启动'导出为多种屏幕所用格式'"
> 按钮。这将打开"导出为多种屏幕所用格式"对话框，此对话框和选择"文件" >
> "导出" > "导出为多种屏幕所用格式"弹出的对话框一致。

10 在"资源导出"面板顶部单击选中"Jupiter"缩略图，单击"资源导出"面板底部的"导
出…"按钮，导出所选资源。在弹出的对话框中，找到"Lessons" > "Lesson16" > "Asset_
Export"文件夹，然后单击"选择"（macOS）或"选择文件夹"（Windows），导出资源，
如图 16-32 所示。

图16-32

SVG 文件（Jupiter. svg）和 PNG 文件（Jupiter. png）都将导出到"Asset_Export"文件夹
下的独立文件夹中。

16.5　导出画板和资源　**467**

16.6　复习题

1　描述打包 Illustrator 文档的作用。
2　为什么要将内容与像素网格对齐？
3　描述如何导出图稿。
4　指出可以在"导出为多种屏幕所用格式"对话框和"资源导出"面板中选择的图像文件类型。
5　描述使用"资源导出"面板导出资源的一般过程。

16.7　复习题答案

1　打包可用于收集 Illustrator 文档所需的全部文件。打包将创建 Illustrator 文件、链接图像和所需字体（如果有要求）的副本，并将所有副本文件收集到一个文件夹中。
2　将内容与像素网格对齐对提供具有清晰边缘的图稿非常有用。为支持的图稿启用"对齐像素"时，对象中的所有水平和垂直线段都将与像素网格对齐。
3　要导出画板，需要选择"文件">"导出">"导出为"（本课未介绍）或者"文件">"导出">"导出为多种屏幕所用格式"。在弹出的"导出为多种屏幕所用格式"对话框中，您可以选择导出图稿或导出资源，还可以选择导出全部画板或指定范围的画板。
4　在"导出多种屏幕所用格式"对话框和"资源导出"面板中可以选择的图像文件类型有 PNG、JPEG、SVG 和 PDF。
5　要使用"资源导出"面板导出资源，就需要在"资源导出"面板中收集要导出的图稿。在"资源导出"面板中，您可以选中要导出的资源，设置导出选项，然后导出。

附录 Adobe Illustrator 2020新特性

Adobe Illustrator 2020 具有全新而富有创意的功能，可帮助您更高效地为打印、Web 和数字视频出版物制作图稿。本书的功能和练习基于 Adobe Illustrator 2020 来呈现。在这里，您将了解该软件的众多新功能。

增强路径简化功能

如果图稿中包含复杂路径，您想要更轻松地编辑它们，请使用"简化"功能来减少锚点数量。选中路径后，选择"对象" > "路径" > "简化"，将显示简化选项以简化路径。您可以单击附图 1 圆圈圈出的更多选项图标，在"简化"对话框中查看更多选项。

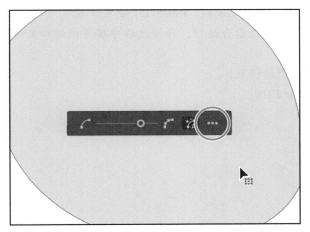 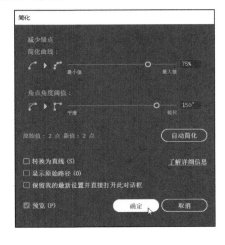

附图1

自动拼写检查

Illustrator 现在具有自动检查拼写错误的功能。启用"自动拼写检查"功能后，Illustrator 将在您键入文本时自动检查拼写，所有拼写错误的单词都将在文档中突出显示，如附图 2 所示。执行以下操作之一可以启用此功能。

附图2

- 选择"编辑">"拼写">"自动拼写检查"。
- 在文本上右键单击，选择"拼写">"自动拼写检查"

其他增强功能

以下是 Illustrator 2020 中的其他增强功能。

- **优化远程网络上的文件处理**：优化了在远程网络上打开和存储文件的操作。
- **减少文件打开问题**：改进了避免文件损坏的机制，如果文件无法自动恢复，Illustrator 将显示有效的信息来说明文件错误和故障排除步骤并提供文件恢复选项。
- **稳定性和其他增强功能**：此版本带来了更优秀的应用程序性能、更高的稳定性、更流畅的工作流程和更丰富的用户体验。
- **更快速地呈现效果**：可以更快速地应用模糊、投影和内外发光效果。
- **重新着色选项**：重新着色图稿功能现在支持自由格式渐变。
- **后台导出**：在 Illustrator 2020 中，当您选择"文件">"导出屏幕"时，导出的主要过程将在后台运行，您可以继续处理其他工作。导出完成后，Illustrator 会通知您。
- **后台存储**：在 Illustrator 2020 中，存储也在后台运行，存储过程中您可以继续处理其他工作。

Adobe 致力于为满足您的图稿制作需求提供最佳工具。

我们希望您像我们一样喜欢应用 Illustrator 2020。